应用型高校产教融合系列教材

光电专业产教融合系列

光电信息技术实验教程

王慧琴 ◎ 主编

赖盛英 李兴佳 ◎ 副主编

清华大学出版社

北 京

内 容 简 介

本书为应用型高校产教融合系列教材之一。全书共分 8 章,系统介绍了光电信息技术相关实验,从基本原理、实验方法到应用拓展,特别设立创新专题,介绍了系列创新实训项目。第 1 章介绍实验基础知识,第 2～7 章分别介绍光电信息检测技术、光谱测量技术、光信息调制和空间光调制技术、激光原理与技术、光纤技术及应用、显示与照明技术,第 8 章为光电创新实训,包括介绍光学器材搭建与液体浓度测量、光电传感与迷宫智能车系统构建、复杂结构光学现象研究和研发具备人脸识别功能的病毒检测装置 4 组创新专题。

本书主要用于光电信息科学与工程、应用物理学、测控技术与器材等专业高年级本科生以及相关专业的研究生的光电信息专业实验教学,也可作为光通信、光电子技术、应用电子等相关领域从业人员的学习参考书。

图书在版编目 (CIP) 数据

光电信息技术实验教程 / 王慧琴主编. -- 北京 : 清华大学出版社,2025.5.
(应用型高校产教融合系列教材). -- ISBN 978-7-302-69072-6

Ⅰ. TN2-33

中国国家版本馆 CIP 数据核字第 2025GJ5395 号

责任编辑:刘 杨
封面设计:何凤霞
责任校对:赵丽敏
责任印制:沈 露

出版发行:清华大学出版社
    网 址:https://www.tup.com.cn,https://www.wqxuetang.com
    地 址:北京清华大学学研大厦 A 座   邮 编:100084
    社 总 机:010-83470000   邮 购:010-62786544
    投稿与读者服务:010-62776969,c-service@tup.tsinghua.edu.cn
    质量反馈:010-62772015,zhiliang@tup.tsinghua.edu.cn
印 装 者:三河市少明印务有限公司
经 销:全国新华书店
开 本:185mm×260mm   印 张:17   字 数:410 千字
版 次:2025 年 6 月第 1 版   印 次:2025 年 6 月第 1 次印刷
定 价:59.00 元

产品编号:105820-01

应用型高校产教融合系列教材

总编委会

主　　任：李　江

副 主 任：夏春明

秘 书 长：饶品华

学校委员（按姓氏笔画排序）：

王　迪　　王国强　　王金果　　方　宇　　刘志钢　　李媛媛

何法江　　辛斌杰　　陈　浩　　金晓怡　　胡　斌　　顾　艺

高　瞩

企业委员（按姓氏笔画排序）：

马文臣　　勾　天　　冯建光　　刘　郴　　李长乐　　张　鑫

张红兵　　张凌翔　　范海翔　　尚存良　　姜小峰　　洪立春

高艳辉　　黄　敏　　普丽娜

教材是知识传播的主要载体、教学的根本依据、人才培养的重要基石。《国务院办公厅关于深化产教融合的若干意见》明确提出,要深化"引企入教"改革,支持引导企业深度参与职业学校、高等学校教育教学改革,多种方式参与学校专业规划、教材开发、教学设计、课程设置、实习实训,促进企业需求融入人才培养环节。随着科技的飞速发展和产业结构的不断升级,高等教育与产业界的紧密结合已成为培养创新型人才、推动社会进步的重要途径。产教融合不仅是教育与产业协同发展的必然趋势,更是提高教育质量、促进学生就业、服务经济社会发展的有效手段。

上海工程技术大学是教育部"卓越工程师教育培养计划"首批试点高校、全国地方高校新工科建设牵头单位、上海市"高水平地方应用型高校"试点建设单位,具有40多年的产学合作教育经验。学校坚持依托现代产业办学、服务经济社会发展的办学宗旨,以现代产业发展需求为导向,学科群、专业群对接产业链和技术链,以产学研战略联盟为平台,与行业、企业共同构建了协同办学、协同育人、协同创新的"三协同"模式。

在实施"卓越工程师教育培养计划"期间,学校自2010年开始陆续出版了一系列卓越工程师教育培养计划配套教材,为培养出具备卓越能力的工程师作出了贡献。时隔10多年,为贯彻国家有关战略要求,落实《国务院办公厅关于深化产教融合的若干意见》,结合《现代产业学院建设指南(试行)》《上海工程技术大学合作教育新方案实施意见》文件精神,进一步编写了这套强调科学性、先进性、原创性、适用性的高质量应用型高校产教融合系列教材,深入推动产教融合实践与探索,加强校企合作,引导行业企业深度参与教材编写,提升人才培养的适应性,旨在培养学生的创新思维和实践能力,为学生提供更加贴近实际、更具前瞻性的学习材料,使他们在学习过程中能够更好地适应未来职业发展的需要。

在教材编写过程中,始终坚持以习近平新时代中国特色社会主义思想为指导,全面贯彻党的教育方针,落实立德树人根本任务,质量为先,立足于合作教育的传承与创新,突出产教融合、校企合作特色,校企双元开发,注重理论与实践、案例等相结合,以真实生产项目、典型工作任务、案例等为载体,构建项目化、任务式、模块化、基于实际生产工作过程的教材体系,力求通过与企业的紧密合作,紧跟产业发展趋势和行业人才需求,将行业、产业、企业发展的新技术、新工艺、新规范纳入教材,使教材既具有理论深度,能够反映未来技术发展,又具有实践指导意义,使学生能够在学习过程中与行业需求保持同步。

系列教材注重培养学生的创新能力和实践能力。通过设置丰富的实践案例和实验项目,引导学生将所学知识应用于实际问题的解决中。相信通过这样的学习方式,学生将更加具备竞争力,成为推动经济社会发展的有生力量。

　　本套应用型高校产教融合系列教材的出版,既是学校教育教学改革成果的集中展示,也是对未来产教融合教育发展的积极探索。教材的特色和价值不仅体现在内容的全面性和前沿性上,更体现在其对于产教融合教育模式的深入探索和实践上。期待系列教材能够为高等教育改革和创新人才培养贡献力量,为广大学生和教育工作者提供一个全新的教学平台,共同推动产教融合教育的发展和创新,更好地赋能新质生产力发展。

中国工程院院士、中国工程院原常务副院长

2024 年 5 月

前 言

PREFACE

本书为应用型高校产教融合系列教材之一,在应用型高校产教融合系列教材总编委会和光电专业产教融合子系列教材编委会的指导下,按照产教融合教材建设要求编写完成,由上海工程技术大学、中科爱比赛思光电科技有限公司、复拓科学器材(苏州)有限公司、凤凰光学科技有限公司和大恒新纪元科技股份有限公司共同完成。

本书力求顺应当今虚拟现实、人工智能等技术高度融合的新工科发展趋势,结合光电行业人才的社会需求,以产教融合、协同培养为特色,对接光电行业,与产业深度融合,兼顾光电信息科学与工程专业常规开设的专业课程,重点聚焦于光电信息检测技术、光谱测量技术、光信息调制和空间光调制技术、激光原理与技术、光纤技术及应用、显示与照明技术等融合度高的光电技术领域。为使教材更具有实操性,共编入50个实验项目和4组创新专题16个创新实训项目。学生通过系统地学习光电信息专业实验,可在光电信息科学与工程专业实验的基础知识、基本方法和基本技能等方面得到训练,提高研究光电现象和解决光电专业问题的实践能力,形成良好的实验习惯和严谨的科学作风,进一步提升综合运用光学知识和创新的能力。

本书由王慧琴、赖盛英、李兴佳共同编写,其中王慧琴编写第1、4、5章和8.1节与8.3节,赖盛英编写第6、7章和8.2节,李兴佳编写第2、3章和8.4节,王慧琴负责全书统稿和审核修改工作。凤凰光学科技有限公司李洪亮参与了部分章节产教融合案例的收集,并为实验技术支持提供了良好的建议,南昌大学李寅老师为8.3节的编写提供了有益讨论。全书由王慧琴任主编,赖盛英、李兴佳任副主编。

衷心感谢清华大学出版社对本书出版给予的支持;衷心感谢上海工程技术大学教务处对编者们长期教学的鼓励和资助,衷心感谢上海工程技术大学物理实验中心、光电系的领导和同事的支持和有益讨论,衷心感谢历届参与创新实验项目设计和实践的同学们;同时衷心感谢社会各界从事光电专业理论及实验教学的同仁们为本书的编写提供的有益讨论。

由于光电信息技术应用面广、更新快,本书不可能全面涵盖并一一讲透。限于编者的水平,疏漏之处在所难免,敬请读者多提宝贵意见,给予中肯的批评与斧正,以使本书不断完善。

作者谨识
2024 年 12 月于上海程园

目 录

CONTENTS

第1章 绪论

随着信息化的高速发展、智能化的不断深入,社会对光电技术支持的需求也进入了一个旺盛时期。目前,虚拟现实技术、人工智能技术突飞猛进,催化了光电行业的快速发展,对光电信息人才的需求大大增加。

1.1 光电信息技术实验的内容、要求和特点

"光电信息技术实验"课程的设置旨在培养在光电子技术、光信息技术、测控技术与器材和光学器材等领域的高素质人才,培养能够利用所学知识解决问题、具备一定开发能力的光电应用型人才。

光电信息科学与工程专业的学生通过系统实验学习和实践培训,实现以下目标:①巩固和掌握"光电子学""光电检测技术""光电通信技术""激光原理与技术""光电显示技术"等课程的基本概念和基础知识,具备正确使用光学器材、综合运用光学方法进行分析测量的基本技能,以及严谨处理数据、分析实验影响因素和进行实验结果呈现等方面的综合能力。②提高研究光学现象和解决光学问题的实践能力,具备合理选用恰当的器材对光电信息领域复杂问题进行分析、设计和创新的能力,并能自主搭建实验装置进行研究的能力。③培养良好的实验习惯和严谨的科学作风,爱护公共财物,爱惜实验器材,尊重客观实验获得的数据,维护实验科学的尊严。

学习这门课的基本要求:合理搭建光路、规范操作器材、认真观察现象、正确分析结果。要有严谨的科学态度和良好的实验习惯,认真对待每一次实验,实验前做好预习,实验时认真观察、仔细记录各种现象和数据,实验结束后及时做好实验总结和撰写报告。

光电信息技术实验的特点:①理论水平要求高。光信号是频率极高的电磁波,观察到的一般是一定时间内的平均效果,只有靠扎实的理论支撑才能把握实验现象,且专业实验是建立在近现代理论和技术基础之上,对理论水平要求高。②器材调节要求高。器材精密度高,必须细心调节,才能保证测量精度。③实验能力要求高。对实验技能、理论基础、判断能力都有较高的要求。④实验环境要求高。为取得较好的实验效果,实验必须在低光照度、低干扰、防震的环境下进行。因此要小心谨慎,安全操作,避免外界干扰,正确读数,并注意保护视力。

1.2　光电信息技术实验的基本操作规范

为了保证实验顺利进行,要求培养严肃认真的实验习惯,严格遵守实验室规则,按照实验操作规程进行实验。此外,对于光学实验室,另加特别规定如下:

(1) 大部分光学元件是玻璃制成的,光学面经过精细抛光,不能用手直接触摸光学元件的光学面,手只能接触元件的磨砂面。光学元器件之间严禁相互摩擦、碰撞、挤压等。使用时,要轻拿轻放,以免对其造成损伤而影响其透光性和其他光学性质。

(2) 不要对着光学元件和光学系统大声讲话、咳嗽和打喷嚏等,以免污染光学元件。若光学面落有灰尘或沾有油污等斑渍,则严禁用嘴吹,不得用手、布直接擦拭。应先了解清楚光学表面是否镀有特殊膜,而后选用干净、柔软的脱脂毛刷轻轻掸除,或用橡皮球吹除,必要时可用脱脂棉球沾上酒精乙醚混合液轻轻擦拭。

(3) 大部分光学器材精密、贵重且易碎,其中含有很多经过精密加工的零部件,如光谱仪和单色仪的狭缝、迈克耳孙干涉仪的蜗轮蜗杆、分光计的读数度盘等,都需要按操作规则小心使用,在没有学习器材的使用方法之前,不可随意拧旋钮或拧螺丝、乱碰器材或随便接通电源,切忌拆卸器材。

(4) 实验中使用的激光是高亮度光源,切莫对着激光观测,以免损伤眼睛。

(5) 进入实验室后,不得喧哗,更不准打闹,以免器材震动造成损坏或打碎器材。在防震台上进行实验时,不得随意走动,不得将身体倚靠在平台上,以免影响实验测量结果。

(6) 要注意清洁、讲究卫生,不得将食品、雨伞等与实验无关的物品带入实验室,避免污染器材和实验室。

(7) 实验完毕,要让指导教师检查实验结果和器材的使用情况。待指导教师检查并签字后,整理器材和桌椅并放置整齐,填写器材使用卡,经指导教师允许后方可离开实验室。

1.3　光电信息技术实验的观测方法

光电信息技术实验的观测方法可分为主观观察方法和客观测量方法两类。用眼睛对实验现象进行观察的方法,称为主观观察方法。这种观察方法不但简便灵活,而且具有很高的光灵敏度,能同时观察到图像还有立体感和颜色的分布。但人眼观察有一定局限性,有时必须采用光探测器如光电管、光敏电阻和光电池等来弥补人眼的不足,将这种借助于器材测量的方法称为客观测量方法。

1.3.1　主观观察方法

1. 人眼的视觉

人眼本身就是一个成像的光学系统,如图 1.1 所示。观察者看到的图像就是被观察的物体在人眼视网膜上所成的实像。人眼视网膜上分布有大量的感光细胞,感光细胞有视杆细胞和视锥细胞两种。视杆细胞感受弱光,它不能分辨颜色和物体细节,只有明暗感觉,但它的感光灵敏度却比视锥细胞高几十倍;视锥细胞分管亮视觉,有颜色感觉和较高的分辨能力,能分辨图像的细节。因此,只有在明视环境下视锥细胞才能起作用,才能看到鲜艳的颜色。由于视杆细胞不能使人眼明辨颜色，所以光线昏暗时所有物体看起来都是呈灰色的。

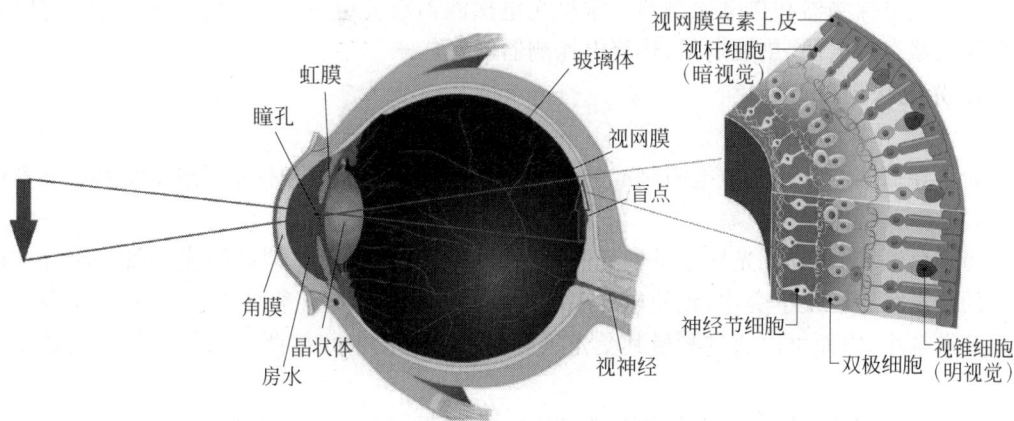

图 1.1　眼睛的结构与观察成像原理

2. 人眼的色觉

人眼对于不同波长的光波灵敏度是不同的，一般情况下人眼只能对 $380\sim760$ nm 的可见光波产生视觉反应，它对黄绿光的感光灵敏度最高，而对红光的感光灵敏度则低得多。一般人眼感光灵敏度最高的光的波长为 555 nm。

3. 人眼的亮度感觉

人眼所能感觉的亮度范围是非常宽的，光辐射通量变化的范围在 $4\times10^{-17}\sim2\times10^{-5}$ J/s 均能为眼所感受，上下限之比可达 $10^{12}:1$，这种观测范围跨越 12 个数量级，是其他探测器所无法比拟的。但是，人眼并不能同时感受这样大的亮度范围，当适应了某一环境下的平均亮度后，视觉范围就有了一定的限制。在正常亮度时，人眼所能区分的亮度上下限之比为 $10^3:1$，当亮度很低时，其比值降至 $10:1$。

4. 人眼的分辨率

当人眼观察两个物点时，如果两物点靠得很近，视角减小到一定程度，人眼就不再能分辨了。说明人眼分辨景物细节的能力有一个极限值，这个极限值被称为最小分辨角，这种分辨细节的能力称为人眼的分辨率。在正常光照度下，人眼黄斑区的最小分辨角约为 $1'$。

5. 视差

人们观察远近不同的物体 A 和 B 时，常会发生视觉差异的现象，称为视差。实验中常常会提到在读数时要注意视差问题。除读数视差外，在光学实验中可能产生视差的还有：判断被测物与像，或像与像是否重合。如果未重合，判断哪个对象离观测者更近一些，对于指导器材的调节、确定像的位置很有帮助。在光学实验中，常通过助视光学器材（如测微目镜、显微镜、望远镜等）来测量物像的大小，这就要求像和助视光学器材中的测量准线（叉丝）必须对准，并同处一个平面，即要求两者之间不存在视差，标志着助视测量器材已调节好。

1.3.2　客观测量方法

人眼观测的局限已如前所述，对超出可见光范围的光学现象，或对测量有较高的精度要求,就需借助其他探测器进行客观测量,以弥补人眼的不足。光辐射探测器是一种把光辐射信号转变为电信号的器件,其工作原理是基于光辐射与物质的相互作用所产生的光电效应,通常分为光电探测器和热电探测器。常见光电探测器有光电导探测器、光电管、光电池等;热电探测器有热电偶、热敏电阻、热释电探测器等。

1. 光电探测器

1) 光电导探测器

光电导探测器是用光敏电阻制成的一种光探测器,利用半导体材料被光照射后材料电导率会发生改变的物理现象。

当硫化镉、硒化镉等光导管受到光照后,并没有发射光电子,但此时光导管中半导体内电子的能量状态已发生变化,致使电导率增加(即电阻变小)。照射的光通量越大,光导管的电阻变得越小,因而可以通过测量其受光照后电阻的变化来间接测量入射光的辐射通量的大小。

光导管的光谱灵敏度分布与材料有关,在可见光区,硫化镉光导管的灵敏波长在510 nm 附近,硒化镉光导管在 720 nm 附近;测量近红外光时,常用硫化铅、锑化铟等光导管。

2) 光电管

光电管是基于外光电效应的基本光电转换器件。光电二极管是光电管的一个主要类别,其工作原理是基于光生伏特效应,利用光的变化引起光电二极管电流变化,把光信号转换成电信号,是一种光电传感器件。它有一个阴极和一个阳极,装在一个抽成真空或充有惰性气体的玻璃管内,阴极涂有适当的光电发射材料,称为光阴极。当满足一定条件的光照射光阴极后,光阴极表面就会发出电子,此时在两极间加上电压,则会在回路中产生光电流,光电流大小与光强呈正比。因此通过测量光电流的大小即可得知光强大小。

光电倍增管是一种将微弱光信号转换成电信号的光探测器件,具有灵敏度极高、响应速度快、噪声低、光敏面大等特点。

3) 光电池

光电池即太阳能电池,也称零偏压 PN 结光伏探测器,其在电路中无须外加电压,就可把太阳能直接转换为电能。常用的光电池有硅光电池和硒光电池两种:硒光电池的光谱响应范围为 380~750 nm,峰值波长为 570 nm,与人眼的光谱灵敏度曲线很相近,经常用于与人的视觉有关的测控技术中;硅光电池的光谱响应范围为 400~1000 nm,峰值波长为780 nm,其光谱响应范围宽,响应快,性能稳定,寿命长,常用在光度、色度和辐射测量技术中。光电池使用过程中应避免长时间集中照射光电池上某一部位,以免加速老化。

除此之外,还有集成光电接收器,它是由光检测器及前置放大器组成的具有接收光功能的混合集成模块或单片集成组件,如基于 CMOS(complementary metal oxide semiconductor,互补金属氧化物半导体)工艺的集成光电探测器和CCD(charge-coupled device,电荷耦合器件),都是实验室常用的光电探测设备。

2. 热电探测器

热电探测器是指利用探测元件吸收红外辐射的能量而引起温升,再把温升转变成电荷变化的一种探测器。

3. 使用光辐射探测器的注意事项

（1）光辐射探测器应存放在暗处，避免强光照射，以免出现灵敏度下降的"疲劳"现象。一旦出现"疲劳"现象，应立即停止使用，并将它存放到暗处，则其灵敏度可全部或部分恢复。

（2）注意减小非信号光产生的本底电流（包括热激发产生的"暗电流"以及环境杂散光产生的光电流）的影响，并在测量值中扣除。

（3）光辐射探测器的外接电路的电阻要小，以便探测器保持良好的线性响应，如直接用电流计显示光电流，则应选择低内阻电流计或采用补偿式测量电路，具体的线性范围应由实测确定。

（4）如果待测光信号是脉冲光信号，则应选择响应时间短于脉冲光的变化周期的光电探测器，方能较好地反映待测光源的脉冲特性。

（5）任何光辐射探测器初次投入使用前，必须先经过光照预热，待性能稳定后，才能进行精确的测量工作。

1.4　常用光源

根据不同的需要，实验室常备有单色、复色和白色光源。常用光源按发光形式分为热辐射光源、气体放电型光源、电致发光光源、激光光源四类。

1.4.1　热辐射光源

常用热辐射光源有普通白炽灯、卤钨灯两种，其发射光谱多为连续光谱，主要用于非相干照明和连续光谱照明。

普通白炽灯是将灯丝通电加热到白炽状态，利用热辐射发出可见光的电光源。一般用作白光光源，对光源要求不高的可选用此类光源。

卤钨灯是指填充含有部分卤族元素或卤化物的充气白炽灯，需要高亮度光源时可选用卤钨灯。卤钨灯灯丝一般呈线状、排丝状或点状，泡壳有长管形、圆柱形和球形。排丝状卤钨灯一般可作为均匀面光源使用；点状卤钨灯灯丝线度小，亮度高，适宜作点光源。

1.4.2　气体放电型光源

气体放电型光源是指由气体、金属蒸气混合放电而发光的灯，通过气体放电将电能转换为光的一种电光源。低压钠灯和低压汞灯是光学实验室用得最多的气体放电型光源。

低压钠灯：钠黄光的平均波长为 589.3 nm，是 589.0 nm 和 589.6 nm 两条主特征光谱线的平均值，这两条主特征谱线被称为钠黄双线或钠 D 线。注意：钠灯通电后必须经过一段时间的预热，钠蒸气才能达到正常的工作气压而稳定发光。

低压汞灯：低压汞灯的发光效率较高，光谱分布在紫外、可见和红外区。在可见光范围内的主特征谱线是 579.0 nm、577.0 nm、546.1 nm、434.8 nm 和 404.7 nm，交流供电线路可通用。

1.4.3　电致发光光源

电致发光光源是指在电场作用下使物质发光的光源，包括场致发光光源和发光二极管

(light-emitting diode,LED)两种。对光源要求不高的场合,可选用此类光源。显微镜光源主要是用于给显微镜观察时补光,一般为 LED 灯珠,功率一般在几瓦左右,这种灯发热量极少,在观察时对产品的温度影响很小。

1.4.4 激光光源

激光光源是利用激发态粒子受激辐射发光的电光源,是一种相干光源。激光光源可按其工作物质分为固体激光源、气体激光源、液体激光源和半导体激光源。激光光源的品种已达数百种,输出波长从短波紫外到远红外。氦氖激光器可连续发射波长为 632.8 nm、发散角小于 2 mrad 的激光,具有单色性好、相干性好、亮度高等特点,是光学实验中最常用的一种光源。

激光器的触发电压和工作电压都很高,使用时应注意安全;另外,激光光强很高,在任何情况下都不能迎着激光进行观察,以免损伤眼睛。

1.5 常用光学测量器材

1.5.1 望远镜

1. 结构

望远镜是用来观察远距离目标的一种助视光学器材。望远镜的结构特点是两分立系统的光学间隔为零,即物镜的后焦平面和目镜的前焦平面重合。远处物体经物镜在其后焦平面上成一倒立缩小的实像,此像作为目镜的物再经目镜形成一视角放大的虚像被眼睛接收。

一般折射式望远镜结构如图 1.2 所示。物镜 L_1 是一块消色差复合正透镜,镶嵌在套筒 M_1 的前端,M_1 套在镜筒 N 上,可前后移动。目镜 L_2 通常由两块凸透镜组成,装在目镜筒 M_2 的两端,靠近物镜的透镜称接场镜,靠近眼睛的称接目镜,M_2 可套入镜筒 N 并可前后移动。实验用测量望远镜在镜筒 N 内靠近物镜的一侧还装有十字准线 K。

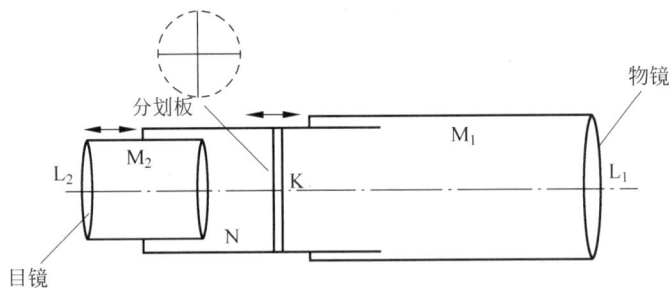

图 1.2 望远镜的结构

2. 调节方法

(1) 调节目镜,即改变 L_2 和 K 之间的距离,使得视野中能清晰地看到十字准线像。

(2) 物镜调焦,即改变 L_1 和 K 之间的距离,使得视野中能同时清晰地看到准线和观察物的像,且无视差。产生视差的原因,是观察物通过物镜所成的像与准线不在同一平面内。当双目左右或上下稍微改变视线方向时,可看到两个像之间有相对位移,这时称之为有视差。

1.5.2 测微目镜

1. 结构

测微目镜一般用作光学器材的附件,配在适当的光学器材上可作各种用途的测量。其结构如图 1.3 所示,图 1.3(a)为实物图。

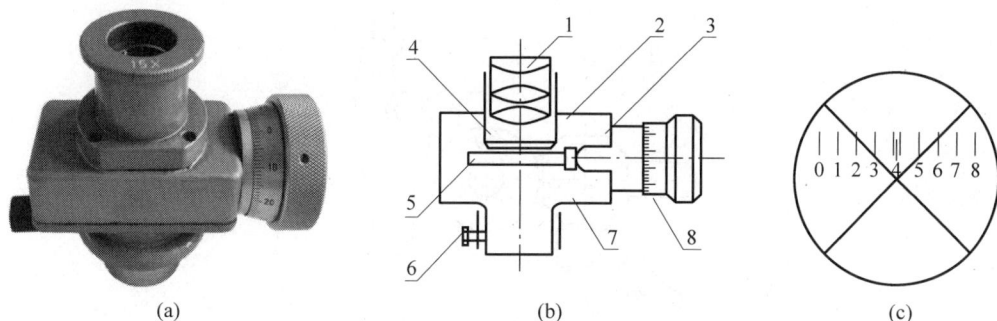

1—目镜;2—本体盒;3—丝杆;4—玻璃标尺;5—分划板;6—螺钉;7—接头套筒;8—读数鼓轮。

图 1.3 测微目镜结构及读数

如图 1.3(b)所示,带有目镜(1)的镜筒与本体盒(2)相连,而接头套筒(7)与另一带有物镜的镜筒(图中未画出)相套接,构成一台显微镜。靠近目镜焦平面的内侧,固定了一块量程为 8 mm、分度值为 1 mm 的玻璃标尺(4)。与之相距 0.1 mm 处平行地放置另一块玻璃分划板(5),其上刻有十字线和一组双线作为准线。在目镜中观察时,即可看到玻璃标尺(4)上放大的刻线像及与其相叠的准线像(图 1.3(c))。因为分划板(5)的框架与读数鼓轮(8)带动的丝杆通过弹簧相连,故当读数鼓轮(8)转动时,可推动分划板(5)左右移动。鼓轮每转一圈,分划板上的准线移动 1 mm,而鼓轮轮周边刻有 100 个分格,因此鼓轮每转过一分格,准线相应地移动 0.01 mm。测量时,当准线对准被测物上某一位置时,该位置的读数为主尺上准线所指示的整数毫米值加上读数鼓轮(8)上小数位读数值。

2. 调节方法

(1) 调节目镜与分划板的间距,直到分划板上刻线清晰可见。

(2) 调节整个目镜镜筒与被测物的间距,使在视场中看到被测物的像也最清晰,并须仔细调节使准线像与被测物像之间无视差。

(3) 转动读数鼓轮,推动分划板,使分划板十字线的交点或双线对准被测物像的一端,记下读数;继续沿同一方向转动鼓轮,使十字线交点或双线对准被测物像的另一端,记下读数。两者之差即是被测的长度。

(4) 使用测微目镜测量时,应注意消除丝杆的螺距误差,测量时只能沿同一方向转动鼓轮。

1.5.3 移测显微镜

1. 结构

移测显微镜是用于精确测量长度的专用显微镜,由螺旋测微计和显微镜组成,根据不同的测量要求,选用量程、分度值和视角放大率不同的移测显微镜。移测显微镜的物镜应在严格准确的横向放大率下工作,为此,在预定放大率的物镜像平面处会安置一块分划板,并与物镜固结为一个整体。为使各种视度的人都能使用,显微镜的目镜可以根据需要进行调节。常用的 JCD-Ⅱ型移测显微镜结构如图 1.4 所示。

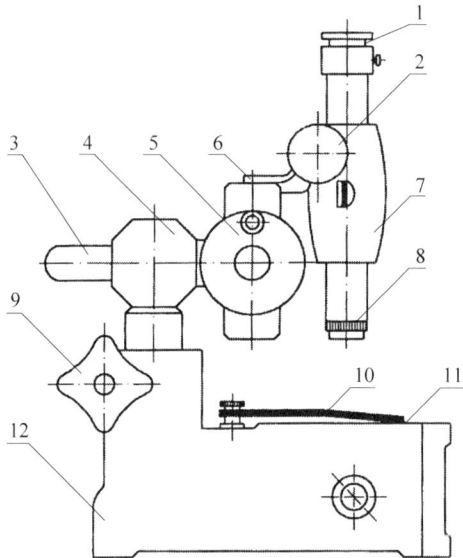

1—目镜;2—调焦旋钮;3—方轴;4—接头轴;5—测微手轮;6—标尺;7—镜筒支架;8—物镜;
9—旋手;10—弹簧压片;11—载物台;12—底座。

图 1.4 JCD-Ⅱ型移测显微镜

调焦旋钮(2)用于显微镜调焦,旋转测微手轮(5),可使镜筒支架(7)带动镜筒沿导轨移动,测微装置分度值为 0.01 mm,其读数方法与一般的螺旋测微计相同。测量架方轴(3)可插入接头轴(4)的十字孔中,并可前后移动。接头轴可在底座(12)内旋转、升降,并用旋手(9)固定。

2. 调节方法

(1)将被测物体置于载物台面玻璃上,并用弹簧压片压紧,使其处于镜筒下方。

(2)调节目镜,直至看清十字分划板。

(3)转动调焦旋钮调节物镜,使被测物体清晰可见,并尽量消除与分划板之间的视差。调整被测量物,使其被测部分横向和显微镜移动方向平行。

(4)转动测微手轮,使十字分划板纵丝对准待测长度的起点,记下此时读数 A,沿同一方向继续转动测微手轮,使分划板纵丝恰好止于待测长度的终点,记下读数 B,则所测长度 $L = |A - B|$。

其他常用光学测量器材如:平行光管、分光计(测角仪)、单色仪、光照度计、光度计、光功率计、色度计的结构和使用方法在此不一一介绍。

1.6 光学系统调节的基础技巧

1.6.1 光源平行度调节

实验开始前,应校准光源与实验平台之间的平行度。可用一光屏在导轨或光学平台上

8

平移,先用十字线标注光斑的中心位置,再移动光屏,观察光斑在屏上的位置变化和光强分布,然后调节光源的高度与倾斜角,使光源与导轨或光学平台平行。

1.6.2 等高共轴调节

调节各光学元件等高共轴的方法是:将调节好的光源和接收屏放在光具座导轨或光学平台上,并保持一定距离,然后在光屏上用十字线标出光斑中心位置,以此位置作为标准,进行各光学元件等高共轴的调节(用位移法使两像中心重合或不同大小的实像中心重合),直到光经过各个光学元件后光斑中心位置仍然在十字线交叉位置,说明各光学元件的光轴已共轴,且与导轨或平台平行。

1.6.3 光束的准直调节

准直光束是指具有很小的发散角,即在一定传播距离内光斑半径不发生明显变化的光束,简言之,就是平行光。光束的准直一般有以下三种基本调节方法:

1. 光斑法

如图 1.5 所示,当光源(或光阑)S 位于透镜 L 的焦点处时,则经过透镜后将出射平行光(准直光),此时前后移动接收屏 P,光斑大小不变;如果光斑会发生变化,则平移透镜 L 直至光斑不随接收屏移动而变化。这样调节可获得准直光束,也可以通过这种方法粗略判断光束的平行度。

2. 自准直法

当点光源在透镜的焦平面上时,出射光束为准直光束,若用一反射镜把此光束反射使之返回点光源处(图 1.6),可得清晰等大的点光源像。如果反射回来的像不清晰、不等大时,可前后平移透镜,根据小孔光阑处反射像的清晰程度来判断光束的准直程度。此方法较前一种方法精确。

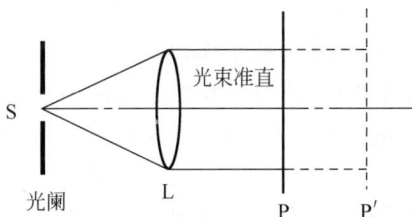

图 1.5 光斑法

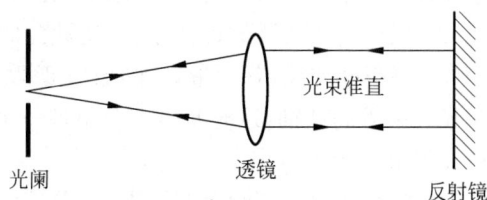

图 1.6 自准直法

3. 横向剪切干涉法

横向剪切干涉法是利用平板上、下表面的反射波在叠加区域产生的干涉条纹来判断准直光束的方法(图 1.7)。在准直镜后的光路中放入一个平行平板,前后平移准直物镜,会观察到干涉条纹的形状与间距会发生变化,当条纹平直且间距较宽时,则从准直物镜出射的光束为较严格的准直光束。这是获得准直光束更为精确的方法。

1.6.4 针孔滤波器

理论上将激光光束近似为高斯光束,而实际的激光光束是高斯光束与噪声的叠加。噪

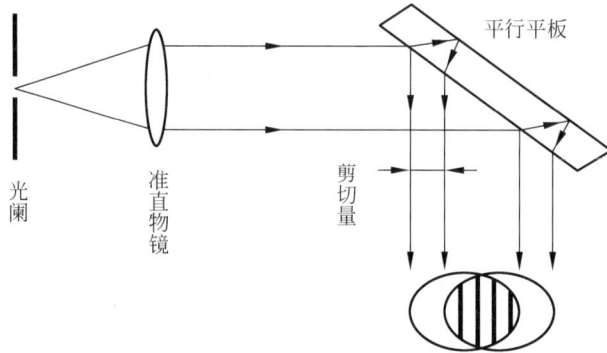

图 1.7　横向剪切干涉法

声频谱大多位于高频部分,因此在频谱上,噪声谱和高斯光束谱是近似分离的,只要选择适当直径的针孔就可以滤掉这部分噪声,从而获得较纯净的低频高斯光束。也就是说,针孔起到了低通滤波器的作用。针孔滤波器一般是厚度为 0.5 mm 的铟钢片,用激光打孔的方法制成 5~30 μm 的针孔。针孔在使用时要放在扩束镜后焦面上的亮斑处,如图 1.8 所示,这样杂散光中的高频噪声就会被针孔过滤掉。

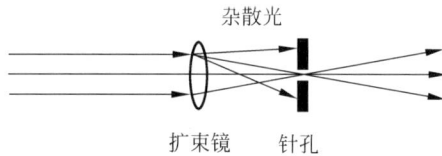

图 1.8　针孔滤波器光路图

针孔滤波器的调节方法:

(1) 在激光器前一定距离处放置一光屏,调整激光器高度和倾角,让激光水平入射到光屏中央,固定光屏,并在激光光点处做好记号。

(2) 把针孔滤波器的针孔拿出,使针孔面朝上,不要接触桌面或工作台。

(3) 将空间滤波器(不带针孔)放置于激光器和光屏之间,调整空间滤波器的高度使之与激光光束等高共轴,这时光屏上会出现一个亮度均匀的圆形光斑,并且光斑的中心应与我们在光屏上做的记号重合。

(4) 把针孔放到空间滤波器上,调节安装空间滤波器的三维可调支架的前后方向平移的旋钮,使扩束镜向针孔方向移动;当在光屏上出现光点后,调节空间滤波器支架的左右和上下方向平移的旋钮,使光点移到光屏中间的记号上。

(5) 重复步骤(4),使光斑的亮度逐渐增加,直至在光屏上观察到同心的亮暗交替的衍射环。

(6) 沿前后、左右和上下三个方向微调空间滤波器支架的平移旋钮,使中央亮斑半径不断扩大,亮度逐渐增加,直至最亮最均匀为止。

在扩束滤波后的光路中加入准直镜(平的一面对着扩束镜,另一面为光束输出面,两面不能搞混),调整准直镜的位置,即可获得准直光束。用前面三种方法可检测光束的准直度。

第 2 章　光电信息检测技术

　　光电信息检测技术是一种将光信号转换为电信号进行检测和测量,并将信息提取出来的重要技术,在许多领域中都有广泛的应用,如光通信、光谱分析、光电传感等。本章共安排 11 个实验,涵盖光敏电阻、光电二极管、光电三极管、硅光电池、太阳能电池、热敏电阻、色敏探测器、光电倍增管、光电耦合器、位置敏感探测器(position sensitive detector,PSD)特性参数测量、光电断续器等光电探测器的特性研究,光信号的转换和处理,以及光源的调节和光信号的分析等。通过学习本章内容,学生可以了解光电探测器的性能特点,掌握光电信号的测量和分析方法。通过光电信息探测技术实验的实践操作,深入理解光电探测技术的原理和应用,为将来在光通信、光电子器件等领域的研究和应用打下坚实的基础。同时,实验中涉及的信号处理和光源调节等技术,也有助于培养学生的创新设计能力和解决实际问题的能力。

2.1　光敏电阻光电特性测量实验

　　光敏电阻,也称为光敏电阻器(photoresistor)或光控电阻(light-dependent resistor,LDR),是一种根据光照强度变化而显著改变导电性能的电阻器。它由光敏材料制成,常用的材料有硫化镉(CdS)、硒化镉(CdSe)和硫化铟(InS)等。光敏电阻的特性参数包括灵敏度、响应时间和线性范围等。响应时间是指光敏电阻从光照强度变化到电阻值稳定的时间,一般以时间常数表示。线性范围是指光敏电阻对光照强度变化的响应能力在一定范围内保持线性关系的区域。光敏电阻在光控开关、光敏传感器、红外探测等领域有广泛的应用。

1. 实验目的

(1)掌握光敏电阻的工作原理和使用方法。

(2)掌握光强与光敏电阻阻值及光电流之间的关系测试方法。

2. 实验器材

光电技术综合实验平台一台,连接导线若干。光敏电阻,电源,万用表,光源,透光材料,遮光罩。

3. 实验原理

1)光敏电阻的工作原理

光敏电阻的工作原理是基于光敏材料光电导效应的半导体特性。光敏电阻的结构如

图 2.1 所示,管芯是一块安装在绝缘衬底上带有两个电极的光电导材料。当波长合适的光照射在光电导体上,光敏材料吸收光照,材料内的价带电子会吸收光子能量,跃迁到导带中,形成自由载流子。光敏材料的电阻值与载流子浓度有关:当光照强度增加时,光敏材料内的载流子浓度增加,此时电阻值减小;当光照强度减小时,载流子浓度减小,此时电阻值增加。光敏电阻的光电导膜一般做成梳状或弓字形以提高其灵敏度。

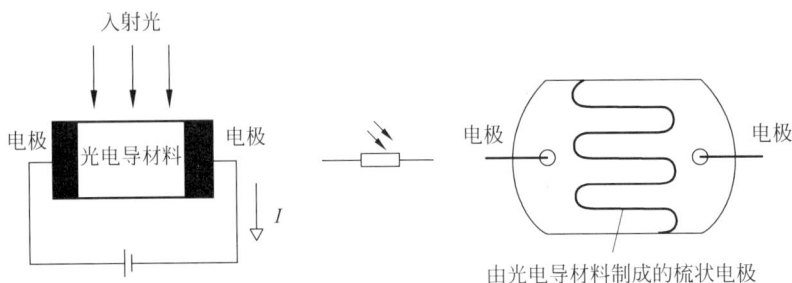

图 2.1 光敏电阻工作原理图

2) 光敏电阻的主要特性参数

(1) 灵敏度:灵敏度是指光敏电阻对光照强度变化的响应能力,一般以电阻值的变化率表示。灵敏度越高,表示光敏电阻对光照的变化越敏感。灵敏度 $S = \dfrac{\Delta R}{\Delta I}$,其中 ΔI 为光照强度的变化量。ΔR 为光敏电阻阻值的变化量。

(2) 响应时间:响应时间是指光敏电阻从光照强度变化到电阻值稳定的时间。响应时间越短,表示光敏电阻对光照强度变化的响应速度越快。

(3) 阻值范围:阻值范围是指光敏电阻在不同光照条件下的电阻值变化范围。不同型号的光敏电阻具有不同的阻值范围,可以根据具体的应用需求来选择合适的光敏电阻。

(4) 光照特性的线性度:线性度是指光敏电阻对光照强度变化的响应能力在一定范围内保持线性关系。较高的线性度表示光敏电阻对光照强度变化的响应能力更为准确和可靠。

(5) 温度特性:光敏电阻的电阻值随温度的变化而变化。光敏电阻的光电效应受温度影响较大,温度特性描述了光敏电阻阻值随温度变化的比例关系。

4. 实验内容及步骤

(1) 实验的光路结构、测试电路及套筒接口分别如图 2.2、图 2.3、图 2.4 所示,根据图 2.3 用导线连接光敏电阻与保护电阻。

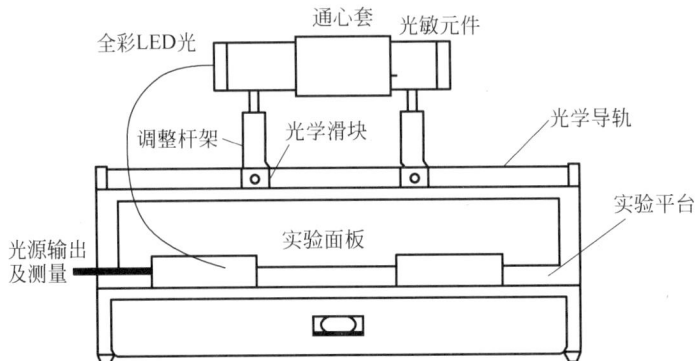

图 2.2 光路结构示意图

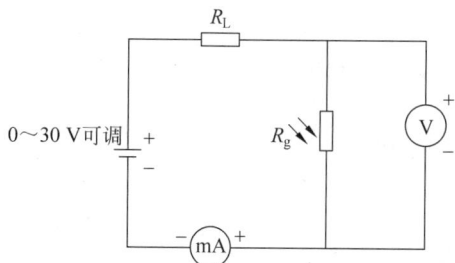

图 2.3 光敏电阻光电特性测量实验的测试电路

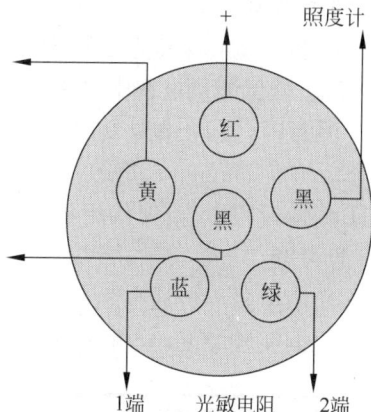

图 2.4 套筒(光敏电阻、光电二极管、光电三极管、硅光电池、太阳能电池)上端盖护套插座分布图

(2)光照度计置"200 lx"挡,电压表置"20 V"挡,电流表置"20 mA"挡(实验过程中,根据实际数值变化,切换到合适的挡位),逆时针旋动"电源调节"旋钮至不可调位置,将全彩光源驱动开关拨至静态。

(3)打开实验平台电源,调节光照度计"调零"旋钮,使光照度计显示"000.0",关闭实验平台电源。

(4)连接电路单元红色插孔至光照度计输入"＋"插孔,连接电路单元黑色插孔至光照度计输入"－"插孔。

(5)打开实验平台电源,此时光源指示显示白光,调节"静态光强"旋钮,使光照度计显示"50.0"lx 左右,调节"0～30 V 电源调节"旋钮,使其输出值为 10 V。此时电流表显示值即为光照度为 50 lx,流过光敏电阻的电流,记录此时电流及电压值。

(6)之后调节"静态光强"旋钮,使光照度在 50～600 lx,记录电流及电压值。

(7)实验完毕,关闭电源开关,将"电源调节"旋钮逆时针旋至最小,拆除连接导线并放置好。

另外,还可以进行其他类型的光敏电阻测量实验,如测量光敏电阻的光谱响应特性,即在不同波长的光照下,测量光敏电阻的电流值,以了解其对不同波长光的敏感程度。

5. 实验数据及结果处理

从光照度 50～600 lx 选取一系列光照度测量值,测量对应的电流值 I 及电压值 U,按照 $R=U/I$ 计算阻值,并将实验数据记录于表 2.1 中(光照度值设置可根据实际情况进行调整,表中光照度值仅供参考)。

表 2.1 光电特性数据记录表

光照度/lx	50	100	150	200	250	300	350	400	450	500	550	600
电压/V												
电流/mA												
电阻/kΩ												

6. 注意事项

（1）实验环境应保持光线稳定,避免强光直射或阴影干扰测量结果。可采用遮光罩或黑箱等措施,确保测量过程中光强保持恒定。

（2）测量时,要确保光敏电阻与电路连接良好,避免接触不良或接触松动导致测量误差。

（3）测量过程中,要保持测量电压稳定,避免电压波动对测量结果产生影响。

7. 思考题

（1）光敏电阻与普通电阻有什么不同?它有哪些特点?

（2）根据实验结果,分析光强与光敏电阻阻值有什么关系?

2.2 光电二极管伏安特性测量实验

光电二极管(photodiode)是一种半导体器件,能够将光能转化为电能。它是由一个 PN 结(PN junction)组成,其中 P(P 为 positive 的首字母,由空穴带正电而得名)区域富集了正电荷,N(N 为 negative 的首字母,由电子带负电而得名)区域富集了负电荷。当光照射到光电二极管上时,光子的能量会激发电子从价带跃迁到导带,产生电流。光电二极管具有许多优点,包括高灵敏度、快速响应时间、较宽的光谱响应范围和低功耗等,广泛应用于光通信、光测量、光电子学、光谱分析、光传感等领域。在光通信中,光电二极管被用作光接收器,将光信号转化为电信号,实现光电转换。在光测量中,光电二极管可以测量光强度、光谱分布、光功率等参数。在光电子学中,光电二极管可用于光电探测、光电转换等场景。光电二极管用作光传感器,可检测环境光强度、光照度等。它们被广泛应用于照明控制、安防监控、自动化设备等领域。总之,光电二极管是一种重要的光电器件,通过将光能转化为电能,实现光电转换,广泛应用于光学和电子领域。

1. 实验目的

（1）了解光电二极管的工作原理、使用方法及用途。

（2）掌握光电二极管的伏安特性及其测试方法。

2. 实验器材

光电技术综合实验平台,连接导线若干。光电二极管,光源,光强度计可调电源电压表,电流表。

3. 实验原理

1）光电二极管的工作原理

光电二极管是一种利用光照射到半导体材料上产生的光电效应,将光信号转化为电信号。它的工作原理基于 PN 结的特性。

光电二极管通常由 P 型半导体和 N 型半导体组成。P 区富集了正电荷,N 区富集了负电荷。当没有外部光照时,PN 结处形成了一个电势垒,阻止电子和空穴的自由移动。当光照射到光电二极管上时,光子的能量会激发 P 型和 N 型半导体中的电子从价带跃迁到导带,产生电子-空穴对。这些电子和空穴会沿着电场的方向分别向 PN 结的两侧移动。在电势垒的作用下,电子会向 N 区移动,而空穴会向 P 区移动。这导致在 PN 结两侧形成了电流。这个电流被称为光电流,是光电二极管对光照强度的响应。光电二极管的导通特性取决于 PN 结的材料和结构。一些光电二极管在光照下的电阻会发生明显的变化,被称为可变电阻型光电二极管。而另一些光电二极管在光照下则会产生明显的电流,被称为光电流型光敏二极管。

总结起来,光电二极管的工作原理是通过光子的能量激发半导体材料中的电子从价带跃迁到导带,产生电子-空穴对,从而在 PN 结两侧产生光电流。这使得光敏二极管能够将光能转化为电能,并在光照强度变化时产生相应的电信号。

2)光电二极管的主要特性参数

(1)灵敏度:光电二极管的灵敏度指其对光照强度变化的响应能力。一般以单位光功率下引起的电流变化或电阻值变化率来表示。灵敏度越高,光电二极管对光照的变化越敏感。

(2)光电流:光照射到光电二极管上产生的电流称为光电流。光电流的大小取决于光照强度和光电二极管的灵敏度。光电二极管的光电流通常在微安到毫安范围内。

(3)响应时间:光电二极管的响应时间是指光照强度变化到电流稳定的时间。响应时间取决于光电二极管的结构和材料特性,以及电路设计等因素。较短的响应时间,意味着光电二极管能够快速响应光照强度的变化。

(4)光谱响应范围:光电二极管对光的谱线范围的响应能力。不同类型的光电二极管对不同波长的光有不同的响应特性。光谱响应范围可以通过光电二极管的光谱响应曲线来描述。

4. 实验内容及步骤

(1)实验的光路结构如图 2.2 所示,测试电路如图 2.5 所示,套筒接口如图 2.4 所示。根据图 2.5 连接导线光电二极管 R_g 与保护电阻 R_L。

(2)光照度计置"200 lx"挡,电压表置"20 V"挡,电流表置"20 μA"挡(实验过程中根据实际数值变化,更换合适的挡位)。逆时针旋动"电源调节"旋钮至不可调位置。

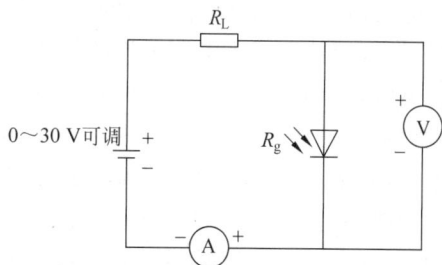

图 2.5 光电二极管伏安特性测量实验的测试电路

(3)打开实验平台电源,调节光照度计"调零"旋钮,使光照度计显示"000.0",关闭实验平台电源。

(4)连接电路单元红色插孔至光照度计输入"+"插孔,连接电路单元结构黑色插孔至光照度计输入"GND"插孔。

(5)打开实验平台电源,此时光源指示显示"0",按"光照度+"或"光照度−"按钮,使光照度计显示在"50.0"lx。

(6)调节"电源调节"旋钮,按照表 2.2 记录数据,并绘制"电压-电流"关系曲线。

(7)分别调节光照度计至 100~200 lx,记录并绘制"电压-电流"关系曲线。

(8)实验完毕,关闭电源开关,将"电源调节"旋钮逆时针旋至最小,拆除连接导线并放置好。

5. 实验数据及结果处理

填写表 2.2。

表 2.2　光电二极管伏安特性数据记录表　　　　　（光照度：50 lx）

电压/V	0	1	2	3	4	5	6	7	8	9	10
电流/μA											

按照表 2.2 记录数据,并绘制"电压-电流"关系,得到不同光照强度下的光电二极管伏安特性曲线。

6. 注意事项

（1）打开电源前,先将两个"电源调节"旋钮逆时针调至底端。

（2）实验操作中,不要带电插拔导线,应该在熟悉原理后,按照电路图连接,检查无误后,方可打开电源进行实验。

（3）使用光照度计、电流表或电压表等测量器材时,应先用大量程初判,若光照度计、电流表或电压表显示为"1_"时,说明测量超出量程,应切换至合适的量程后再测量。

（4）谨防任何电源的正极对其负极短路。

7. 思考题

试测试绘制不同光照度下光电二极管伏安特性曲线,并比较它们的异同。

2.3　光电三极管实验

光电三极管是一种特殊类型的三极管,它具有光敏元件的特性,能够将光能转化为电能,并进行电流放大。光电三极管的结构与普通的三极管相似,由三个区组成：发射区、基区和集电区,如图 2.6 所示。与普通的三极管不同的是,光电三极管的基区和集电区之间掺有光敏材料。例如,在光电探测中,光电三极管可用于检测环境光强度、测量光功率等。在光通信中,光电三极管可用作光接收器,将光信号转化为电信号进行处理。总之,光电三极管是一种能够将光能转化为电能,并进行电流放大的器件。通过光敏材料的特性和三极管的结构设计,光电三极管能够有效地响应光信号的变化,并将其转化为电信号进行放大,从而在各种应用中实现精确的光电转化和信号处理。

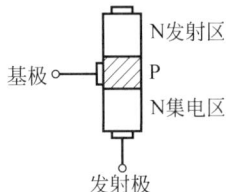

图 2.6　光电三极管的结构

1. 实验目的

（1）了解光电三极管的工作原理和使用方法及用途。

（2）掌握光电三极管的伏安特性及其测试方法。

2. 实验器材

光电技术综合实验平台,连接导线若干。

3. 实验原理

1）光电三极管的工作原理

当没有外部光照射时,光电三极管处于截止状态。此时,基极和集电极之间的电流非常小,没有放大效应。当光照射到光电三极管的光敏材料上时,光子的能量会激发光敏材料中的电子,使其进入导电状态。在导电状态下,光敏材料中的电子会通过基极电流进入基区。基区电流的变化会引起集电区电流的放大,从而实现电信号的放大。光电三极管的输出电流取决于光照强度和光电三极管的灵敏度。当光照强度增加时,光电三极管的输出电流也随之增加。光电三极管具有高灵敏度和快速响应的特点,可以用于光电探测、光通信、光测量和光电子学等领域。通过选择合适的光敏材料和结构设计,可以实现不同波长范围内的光敏感应。需要注意的是,光电三极管需要外部电源供电,并在适当的偏置电路中才能正常工作。此外,光电三极管的工作性能也受温度和环境光照的影响,在实际应用中,其应用电路需要进行合适的设计和调整。

2) 光电三极管的主要特性参数

(1) 灵敏度:光电三极管的灵敏度指其对光照强度变化的响应能力。一般以单位光功率下引起的电流变化或电阻值变化率来表示。灵敏度越高,表示光电三极管对光照的变化越敏感。

(2) 光电流:光照射到光电三极管上时产生的电流称为光电流。光电流的大小取决于光照强度和光电三极管的灵敏度。

(3) 增益:光电三极管的增益指的是其输出电流与输入光电流之间的比例关系。增益可以表示为电流放大倍数,即输出电流与输入光电流的比值。增益越大,表示光电三极管具有更好的放大效果。

(4) 响应时间:光电三极管的响应时间是指光照强度变化到输出电流稳定的时间。响应时间取决于光电三极管的结构和材料特性,以及电路设计等因素。较短的响应时间意味着光电三极管能够快速响应光照强度的变化。

(5) 光谱响应范围:是指光电三极管能够响应的光的波长范围。光谱响应范围可以通过光电三极管的光谱响应曲线来描述。不同类型的光电三极管对不同波长的光有不同的响应特性。

4. 实验内容及步骤

(1) 实验的光路结构如图 2.2 所示,测试电路如图 2.7 所示,套筒接口如图 2.4 所示。根据图 2.7 连接导线光电三极管 R_g 与保护电阻 R_L。

(2) 光照度计置"200 lx"挡,电压表置"20 V"挡,电流表置"20 mA"挡(实验过程中根据实际数值变化,更换合适的挡位)。逆时针旋动"电源调节"旋钮至不可调位置。

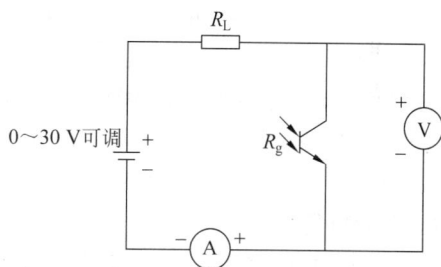

图 2.7 光电三极管实验的测试电路

(3) 打开实验平台电源,调节光照度计"调零"旋钮使光照度计显示"000.0",关闭实验平台电源。

(4) 连接电路单元红色插孔至光照度计输入"+"插孔,连接电路单元结构黑色插孔至光照度计输入"GND"插孔。

(5) 打开实验平台电源,此时光源指示显示"0",按"光照度+"或"光照度−"按钮,使光照度计显示在"50~200"lx 固定。

(6) 调节"电源调节"旋钮,按照表 2.3 记录数据,并绘制"电压-电流"关系曲线。

(7) 实验完毕,关闭电源开关,将"电源调节"旋钮逆时针旋至最小,拆除连接导线并放置好。

5. 实验数据及结果处理

填写表 2.3。

表 2.3 光电三极管伏安特性数据记录表 （光照度：50 lx）

电压/V	0	1	2	3	4	5	6	7	8	9	10
电流/mA											

按照表 2.3 记录数据，并绘制"电压-电流"关系，得到不同光照度下的光电三极管伏安特性曲线。

6. 注意事项

（1）打开电源前，先将两个"电源调节"旋钮逆时针调至底端。

（2）实验操作中，不要带电插拔导线，应该在熟悉原理后，按照电路图连接，检查无误后，方可打开电源进行实验。

（3）使用光照度计、电流表或电压表等测量器材，应先用大量程初判，若光照度计、电流表或电压表显示为"1_"时，说明测量超出量程，应切换至合适的量程后再测量。

（4）谨防任何电源短路。

7. 思考题

测试绘制不同光照度下光电三极管伏安特性曲线，并同光电二极管作比较。

2.4 硅光电池光电特性测量实验

硅光电池是一种常见的太阳能电池，其工作原理是利用光照射时产生的光电效应将光能转化为电能。为了评估和优化光电池的性能，需要测量其光电特性。本实验旨在通过测量光电池的伏安特性曲线、光谱响应范围和光电转换效率等，研究光电池的性能和性能影响因素。通过本实验，可以深入了解光电池的光电特性和性能，探索光电池的优化方法，为光电池的应用和发展提供有力支持。

1. 实验目的

（1）了解硅光电池的工作原理和使用方法及用途。

（2）掌握硅光电池光照特性测量方法。

2. 实验器材

光电技术综合实验平台，连接导线若干。

3. 实验原理

1）硅光电池的基本结构和工作原理

硅光电池是目前最广泛应用的光电池之一。根据衬底材料的不同，它可分为 2DR 型和 2CR 型。2DR 型硅光电池的结构如图 2.8(a)所示，它的衬底是 P 型硅，通过在衬底上扩散磷来形成 N 型层，将其作为受光面，构成 PN 结；而 2CR 型硅光电池则是以 N 型硅作为衬底，在衬底上扩散硼以形成 P 型层，作为受光面，构成 PN 结。之后，经过各种工艺处理，在衬底和光敏面分别引出输出电极，并涂覆二氧化硅作为保护膜，最终制成硅光电池。

硅光电池的受光面常制成梳齿状或"E"字形，如图 2.8(b)所示，以减小硅光电池的内电阻。此外，在光敏面上涂覆的薄层二氧化硅透明膜，既具有防潮和防尘的保护功能，又能减小

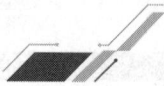

硅光电池表面对入射光的反射,增强对入射光的吸收。图 2.8(c)是硅光电池的表示符号。

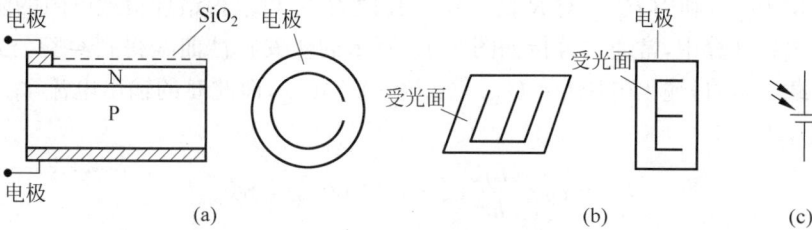

图 2.8 硅光电池结构示意图

(a) 结构;(b) 电极与受光面;(c) 符号

硅光电池的工作原理示意图如图 2.9 所示。当光照射到 PN 结时,光生电子和空穴在内建电场的作用下分别向 N 区和 P 区运动,形成输出电流 I,同时在负载电阻 R 上产生电压 U。根据欧姆定律,可以得出 PN 结获得的电流为:$I=U/R$。

偏置电压 $U=I_L R_L$,当以 I_L 为电流和电压的正方向时,可以得到如图 2.10 所示的伏安特性曲线。从该曲线可以看出,负载电阻 R_L 所获得的功率 $P_L=I_L U$。光电池输出电流 I_L 应包括光生电流 I_P、扩散电流 i_D 与暗电流 I_D 三部分,即

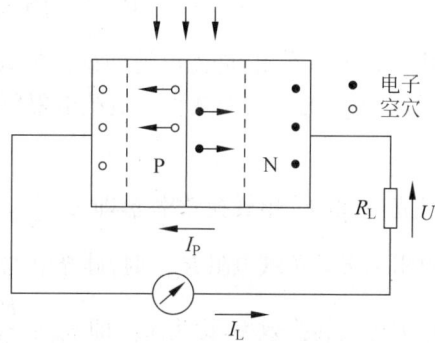

图 2.9 硅光电池工作原理示意图

$$I_L = I_P - I_D\left[\exp\left(\frac{qU}{kT}\right) - 1\right] = I_P - I_D\left[\exp\left(\frac{qI_L R_L}{kT}\right) - 1\right] \tag{2.1}$$

其中,q 为电子电荷量;R_L 为负载电阻阻值;k 为玻耳兹曼常数。

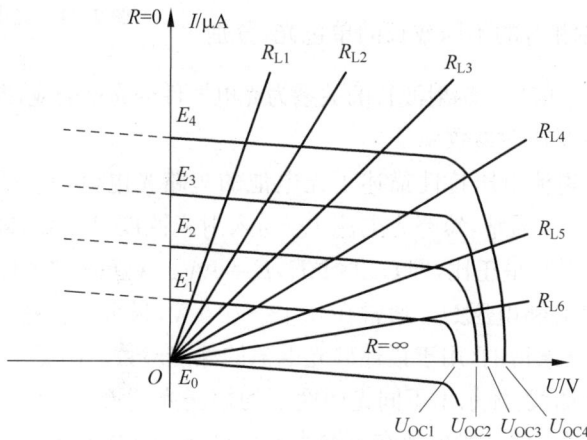

图 2.10 硅光电池的伏安特性曲线

负载所获得的功率为 $P_L=I_L^2 R_L$,因此,功率 P_L 与负载电阻的阻值有关。当 $R_L=0$(电路为短路)时,$U=0$,输出功率 $P_L=0$;当 $R_L \to \infty$(电路为开路)时,$I_L=0$,输出功率

$P_L = 0$；$\infty > R_L > 0$，输出功率 $P_L > 0$。显然，存在最佳负载电阻 R_L，此时负载可以获得最大的输出功率 P_{max}，利用 P_{max} 对 R 的一阶导数值为零，可求得最佳负载电阻的阻值。

在实际工程计算中，常通过分析如图 2.10 所示的伏安特性曲线得到经验公式，即当负载为最佳负载电阻时，输出电压 $U = U_m = (0.6 \sim 0.7)U_{oc}$，而此时的输出电流 I_m 近似等于光生电流 I_P，即

$$I_m = I_P = \frac{\eta q \lambda}{hc}(1 - e^{-ad})\Phi_{e,\lambda} = S\Phi_{e,\lambda} \tag{2.2}$$

式中，S 为硅光电池的灵敏度；η 为光电转换效率，$\Phi_{e,\lambda}$ 为入射光通量。a 为材料对光的吸收系数；d 为衰减系数；h 为普朗克常量。硅光电池的最佳负载电阻为

$$R_{opt} = \frac{U_m}{I_m} = \frac{(0.6 \sim 0.7)U_{oc}}{S\Phi_{e,\lambda}} \tag{2.3}$$

从上式可以看出，硅光电池的最佳负载电阻 R_{opt} 与入射辐射通量 $\Phi_{e,\lambda}$ 有关，并随入射辐射通量 $\Phi_{e,\lambda}$ 的增大而减小。负载电阻所获得的最大功率为

$$P_m = I_m U_m = (0.6 \sim 0.7)U_{oc}I_P \tag{2.4}$$

硅光电池的光电转换效率 η，即 $\eta = \frac{P}{\Phi}$，为硅光电池的输出功率与入射辐射通量之比。当负载电阻为最佳负载电阻 R_{opt} 时，硅光电池输出最大功率 P_m 与入射辐射通量之比，为硅光电池的最大光电转换效率，记为 η_m，即 $\eta_m = \frac{P_m}{\Phi}$。目前常温下，GaAs 材料的硅光电池的最大光电转换效率 η_m 高于其他材料的光电池，为 $22\% \sim 28\%$，但实际使用效率仅为 $10\% \sim 25\%$，这是因为实际器件的光敏面会有一定的反射损失，受到漏电导和串联电阻的影响等。

短路光电流 I_{sc} 和开路电压 U_{oc} 是光电池的两个非常重要的工作状态，它们分别对应于 $R_L = 0$ 和 $R_L \to \infty$ 的情况。光电池的等效电路如图 2.11 所示。

光电器件的灵敏度是入射辐射波长的函数，即 $S = \frac{\eta q \lambda}{hc}(1 - e^{-ad})$。以功率相等的不同波长的单色光，分别

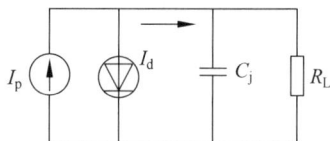

图 2.11　光电池等效电路图

作用于光电器件，其光电信号与辐射波长的关系为光电器件的光谱响应，即 $I = S(\lambda)\Phi_\lambda$。

2）硅光电池的主要特性参数

光电池的光照度-电流电压特性描述了光电池的短路光电流（I_{sc}）和开路电压（U_{oc}）与入射光照度之间的关系。通常，短路光电流 I_{sc} 与入射光照度呈正比，即 $I_{sc} \propto \Phi$，而开路电压 U_{oc} 与光照度 E 的对数呈正比，即 $U_{oc} \propto \ln E$，$E = \Phi A$，A 为被照的面积。

对于硅光电池，其开路电压 U_{oc} 通常在 $0.45 \sim 0.6$ V，最大不会超过 0.756 V。这些数值是在特定测试条件下测得的，用于描述硅光电池的性能参数。图 2.12 展示了硅光电池的光照度-电流电压特性曲线，显示出不同光照度下的短路光电流 I_{sc} 和开路电压 U_{oc} 之间的关系。这些特性曲线对于评估光电池在不同光照条件下的性能来说非常重要。

4. 实验内容及步骤

（1）实验的光路结构如图 2.2 所示，测试电路如图 2.13 所示，套筒接口如图 2.4 所示。根据图 2.13 连接导线硅光电池与可变电阻 R_L。

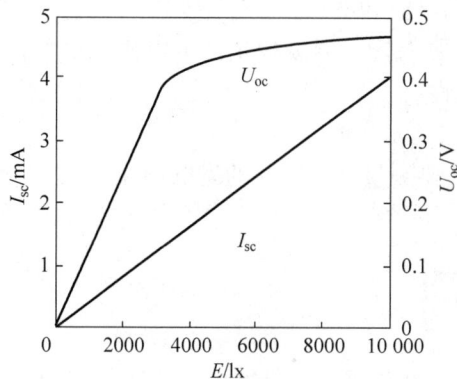

图 2.12　硅光电池的光照度-电流电压特性

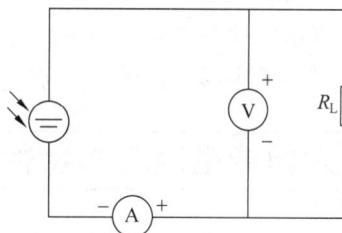

图 2.13　硅光电池光电特性测量实验的测试电路

（2）按照图 2.2、图 2.13 连接导线，R 为负载电阻。

（3）光照度计置"200 lx"挡，电压表置"20 V"挡，电流表置"200 μA"挡，逆时针旋动"电源调节"旋钮至不可调位置。

（4）打开实验平台电源，调节光照度计"调零"旋钮，使光照度计显示"000.0"，同时记录此时电流表显示值于表 2.14 中，关闭实验平台电源。

（5）连接电路单元结构红色插孔至光照度计输入"＋"插孔，连接电路单元结构黑色插孔至光照度计输入"GND"插孔。

（6）将全彩 LED 光源驱动开关 S1、S2、S3 全部拨上，打开实验平台电源，此时光源电压指示显示"0"，按"光照度－"或"光照度＋"按钮，使光照度计依次显示 0 lx、50 lx、100 lx、150 lx、200 lx，分别记录对应电流表显示值于表 2.4 中。

（7）按表 2.4 更换负载电阻，重复步骤（6），得到硅光电池的电流随负载变化的电流-负载特性关系。

（8）实验完毕，关闭所有电源，将"电压调节"旋钮逆时针旋至不可调位置，拆除导线并放置好。

5. 实验数据及结果处理

填写表 2.4。

表 2.4　短路电流数据记录表

光照度/lx	负载/Ω			
	2	10	47	100
0				
100				
150				
200				

作出硅光电池的电流随负载变化的电流-负载特性曲线。

6. 注意事项

（1）在进行硅光电池的光电特性测量时，应按照一定的顺序进行测量，例如，先测量开

路电压 U_{oc} 和短路光电流 I_{sc},再测量各个工作点的电流和电压。

(2) 硅光电池的性能与温度密切相关,因此需要保持其温度稳定。可以使用温度控制装置来控制硅光电池的温度,确保实验条件的一致性。

7. 思考题

(1) 光电特性测量实验的目的是什么? 为什么要测量硅光电池的光电特性?

(2) 在实验中,如何选择合适的测量顺序?

2.5 太阳能电池基本特性测量实验

太阳能电池也称为光伏电池,是一种将太阳光能转化为电能的设备。目前,技术成熟的太阳能电池是利用光电效应,将太阳能转化为直流电能的半导体器件。这种硅太阳能电池的基本结构是由多个薄层或多晶硅等材料组成的。当太阳光照射到太阳能电池表面时,光子会被吸收,并激发出电子。这些激发的电子会在半导体中形成电流,从而产生电能。太阳能电池通常由多个电池片组成太阳能电池组,以提高能量转换效率。太阳能电池作为一种清洁、可再生的能源解决方案,被广泛应用于各种领域,如家用、商业和工业领域。随着技术的不断进步,太阳能电池的效率和可靠性将不断提高,为可持续发展做出更大的贡献。

1. 实验目的

(1) 了解太阳能电池的工作原理和使用方法。

(2) 掌握太阳能电池特性及其测试方法。

2. 实验器材

实验仪(含 PSD 模块,光源,光学系统,信号放大器,数据采集系统,控制器,实验台架),计算机和软件等。

3. 实验原理

1) 太阳能电池的工作原理

太阳能电池能够吸收光的能量,并将所吸收的光子的能量转换为电能。在没有光照时,可将太阳能电池视为一个二极管,其正向偏压 U 与通过的电流 I 的关系为

$$I = I_0(e^{\frac{qU}{nkT}} - 1) \tag{2.5}$$

式中,I_0 是二极管的反向饱和电流;n 是理想二极管参数,理论值为 1;k 是玻耳兹曼常量;q 为电子的电荷量;T 为热力学温度。

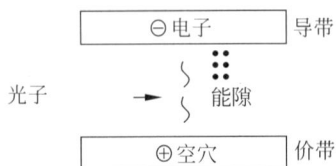

图 2.14　光电流示意图

由半导体理论可知,二极管主要是由如图 2.14 所示的能隙为 $E_c - E$ 的半导体所构成。E_c 为半导体导带,E 为半导体价带。当入射光子能量大于能隙时,光子被半导体所吸收,并产生电子-空穴对。电子-空穴对受到二极管内电场的影响而产生光生电动势,这一现象称为光伏效应。

太阳能电池的基本技术参数除短路电流 I_{sc} 和开路电压 U_{oc} 外,还有最大输出功率 P_{max} 和填充因子 FF(fill factor)。最大输出功率 P_{max} 是 IU 的最大值。填充因子 FF 定义为

$$FF = P_{max} / I_{sc} U_{oc} \qquad (2.6)$$

FF 是评价太阳能电池性能优劣的一个重要参数。FF 值越大,说明太阳能电池对光的利用率越高。

2) 太阳能电池的性能指标

太阳能电池的性能指标是衡量其工作效果和能量转换效率的重要参数。以下是一些常见的太阳能电池性能指标:

(1) 转换效率:太阳能电池的转换效率是指将太阳能转化为电能的能力,等于太阳能电池的输出功率与入射到太阳能电池表面的能量之比,即太阳能电池将太阳光转化为可用电能的比例通常以百分比表示。高转换效率意味着太阳能电池能够更有效地转化太阳能。

(2) 开路电压 U_{oc}:开路时太阳能电池的输出电压。开路电压是太阳能电池的最大输出电压。

(3) 短路电流 I_{sc}:将太阳能电池置于 AM1.5 光谱条件、100 mW/cm^2 的光源强度照射下,在电路中没有负载或电阻的情况下,太阳能电池的输出电流。短路电流是太阳能电池的最大输出电流。

(4) 最大输出功率 P_{max}:太阳能电池在特定电压(最佳工作电压)和电流(最佳工作电流)条件下能够获得的最大功率。最大功率点是太阳能电池的最佳工作状态。

(5) 填充因子 FF:填充因子是太阳能电池最大输出功率 P_{max} 与开路电压 U_{oc} 和短路电流 I_{sc} 乘积之间的比率。填充因子越接近 1,说明太阳能电池的性能越好。

(6) 温度系数:太阳能电池的温度系数是指太阳能电池性能随温度变化而变化的速率,常以温度每摄氏度变化引起的输出功率变化的百分比表示。温度系数可以衡量太阳能电池在高温或低温条件下的性能下降。

4. 实验内容及步骤

1) 太阳能电池暗特性

在没有入射光(全黑)的条件下,测量太阳能电池正向偏压时的伏安特性(直流偏压调节范围:0~3 V)。

(1) 测量电路如图 2.15 所示,将太阳能电池板正面朝下平放在桌面上。

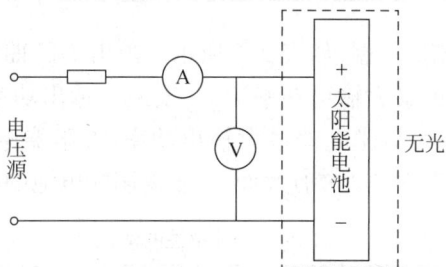

图 2.15 黑暗无光时太阳能电池测量电路

(2) 利用测得暗环境下的正向偏压时 I-U 关系数据,画出 I-U 曲线。

2) 光照下的太阳能电池的伏安特性测试与最大输出功率和转换效率的测试

(1) 检查实验仪是否断电,在断电情况下进行操作。

(2) 移动太阳能电池板,将其置于距灯(模拟太阳光源)约为 30 cm 处。

（3）用 2 号连接导线直接将太阳能电池板与电压表及电流表连接（红-正，黑-负），连接如图 2.11 所示。

（4）开启实验仪电源，调节负载电阻，在列表中记录对应的电压值及电流值。

（5）将光照度表探头放置在太阳能电池板附近，测量其光照度并记录。

（6）重复步骤（4）、步骤（5），进行多次测量。

（7）用 2 号电缆连接导线直接将太阳能电池板与电压表及电流表连接（红-正，黑-负），连接如图 2.15 及图 2.16 所示，分别用于测量开路电压 U_{oc} 和短路电流 I_{sc}。

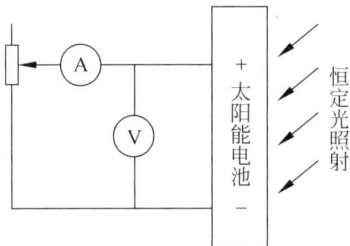

图 2.16　光照下太阳能电池测量电路

（8）开启实验仪电源，调节光强，测量不同光强条件下的开路电压 U_{oc}、短路电流 I_{sc}，及对应的光照度并记录（将光照度表探头放置在太阳能电池板附近）。

（9）关闭实验仪电源，拆除实验连线，整理实验器材。

5. 实验数据及结果处理

（1）记录无光照的暗环境下太阳能电池伏安特性的测试数据，如表 2.5 所示。画出 I-U 曲线图。

表 2.5　伏安特性的测试（暗环境）

光照度/lx	0											
电压/V												
电流/mA												

（2）记录伏安特性的测试数据，如表 2.6 所示。画出 I-U 曲线图，求短路电流 I_{sc} 和开路电压 U_{oc}，求太阳能电池的最大输出功率 P_{max} 及最大输出功率时的负载电阻，求填充因子 FF；太阳能转换效率＝太阳能电池最大输出功率/太阳能电池板接受的光能量，光能量＝太阳能电池板接受的功率密度×有效面积，求太阳能电池的转换效率。

表 2.6　伏安特性的测试

光照度/lx										
电压/V										
电流/mA										

（3）记录开路电压和短路电流测试数据，如表 2.7 所示，计算开路电压 U_{oc} 和短路电流 I_{sc} 的平均值。

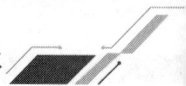

表 2.7　开路电压及短路电流测试

测试次数 i	1	2	3	4	5	平均值
开路电压/V						
短路电流/mA						

（4）将开路电压 U_{oc} 和短路电流 I_{sc} 与相对光强的数据记录到表 2.8 中，画出开路电压-光照度曲线及短路电流-光照度曲线，并求得其函数关系。

表 2.8　开路电压和短路电流与相对光强的函数关系测试

位置/cm	10	15	20	25	30	……	90	95	100
光照度/lx									
开路电压/V									
短路电流/mA									

6. 注意事项

（1）灯点亮时温度高，谨防烫伤；光强大，不要直视。

（2）实验过程中，严禁用导体接触实验仪裸露元器件及其引脚。

（3）实验操作中，不要带电插拔导线。应该在熟悉原理后，按照电路图连接，检查连接无误后，方可打开电源进行实验。

（4）使用光照度计、电流表或电压表时，应先用大量程初判，若光照度计、电流表或电压表显示为"1_"则说明测量超出量程，应选择合适的量程再测量。

（5）严禁将任何电源短路。

7. 思考题

（1）太阳能电池的转换效率与哪些因素有关，怎么提高其转换效率？

（2）查阅资料，对比单晶硅、多晶硅、非晶硅太阳能电池的光电转换效率。

（3）在太阳光照条件下，太阳能电池的转换效率与灯照条件下有什么不同？

2.6　热敏电阻特性测量实验

热敏电阻是一种电阻值随温度变化而变化的半导体元件。它广泛应用于温度测量、温度控制和火灾报警等领域。本实验通过搭建一个简单的电路，观察和分析热敏电阻的工作原理和特性，便于学生理解，为后续的应用和研究奠定基础。

1. 实验目的

（1）了解热敏电阻的基本原理和结构。

（2）理解热敏电阻的电阻值与环境温度的关系。

（3）掌握使用电流源和电压表来测量热敏电阻的电阻值的方法。

2. 实验器材

实验箱，热敏电阻，电流源，电压表，温度计，导线等。

3. 实验原理

1) 热敏电阻的工作原理

热敏电阻是一种传感器电阻,与一般的固定电阻不同,热敏电阻的电阻值会随温度的变化而改变。金属的电阻值随温度的升高而增大,但热敏电阻则不同,有的电阻值随温度的升高而急剧减小,并呈现非线性。在温度变化相同时,热敏电阻的阻值变化约为铅热电阻的10倍,因此,热敏电阻对温度的变化特别敏感。半导体的这种温度特性是因为半导体的导电方式是载流子(电子、空穴)导电。由于半导体中载流子的数目远比金属中的自由电子少得多,因此它的电阻率很大。随着温度的升高,半导体中参加导电的载流子数目就会增多,故而半导体导电率增加、电阻率降低,其工作原理如图 2.17 所示。

热敏电阻正是利用半导体的电阻值随温度显著变化这一特性制成的热敏元件。它是由某些金属氧化物按不同的配方制成的。在一定的温度范围内,测量热敏电阻阻值的变化,便可知被测介质的温度变化。

将热敏电阻安装在电路中,在环境温度相同时,热敏电阻的动作时间(电流降至起始电流的 50% 时所经历的时间)随着电流的增加而急剧缩短;在环境温度相对较高时,热敏电阻具有更短的动作时间和较小的维持电流、动作电流(产生动作电位而流动的微弱电流)。当电路正常工作时,热敏电阻温度与室温相近、电阻很小,串联在电路中不会阻碍电流通过;当电路因故障出现过电流时,热敏电阻的发热功率增加、温度上升,当温度超过开关温度时,正温度系数的热敏电阻的阻值会瞬间剧增,回路中的电流迅速减小到安全值。

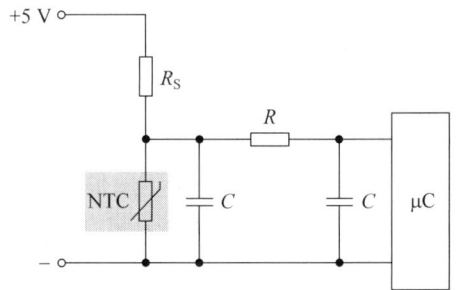

图 2.17　热敏电阻电路与工作原理图

2) 热敏电阻的主要特性参数

热敏电阻按照温度系数不同,它通常分为正温度系数(positive temperature coefficient,PTC)热敏电阻和负温度系数(negative temperature coefficient,NTC)热敏电阻。其主要特性参数包括:

(1) 标称阻值 R_C:指环境温度为 25℃ 时热敏电阻的实际电阻值。

(2) 实际阻值 R_T:在一定的温度条件下测得的热敏电阻的电阻值。

(3) 额定零功率电阻值 R_{25}:额定零功率电阻值是热敏电阻在基准温度 25℃ 时测得的电阻值,表示为 R_{25}。这个电阻值是热敏电阻的标称电阻值。

(4) 热敏指数 B 值:是热敏电阻的材料常数,描述热敏电阻材料物理特性的参数。是指两个温度(T_1 和 T_2,25℃ 和 50℃ 或 25℃ 和 85℃)下零功率电阻值(R_1 和 R_2)的自然对数之差与这两个温度倒数之差的比值,即 $B = \dfrac{\ln R_1 - \ln R_2}{1/T_1 - 1/T_2}$。

(5) 耗散系数 δ:在规定环境温度 T_0 下,NTC 热敏电阻耗散系数是电阻中耗散的功率变化 ΔW 与电阻体相应的温度变化 ΔT 之比值,即 $\delta = \dfrac{\Delta W}{\Delta T}$。

(6) 额定工作电流 I_M:热敏电阻在工作状态下规定的名义电流值。

(7) 额定功率 P_M:在规定的技术条件下,热敏电阻长期连续负载所允许的耗散功率。

在实际使用时不得超过额定功率。若热敏电阻工作的环境温度超过 25℃，则必须相应降低其负载。

（8）测量功率 P_C：在规定的环境温度下，热敏电阻受测试电流加热而引起的阻值变化不超过 0.1% 时所消耗的功率。

4. 实验内容及步骤

（1）准备实验设备：实验箱、热敏电阻、万用表、导线等。

（2）将实验箱开启并按照图 2.13 连接好电路并连接电源。

（3）将热敏电阻与万用表置于"电阻测量"挡相连。

（4）用导线将传感器与热敏电阻连接起来。

（5）将热敏电阻所在回路接入实验箱的控制板。

（6）调整实验箱的温度，使它从室温升高至 40℃，并记录热敏电阻在每个温度点对应的电阻值。

（7）分析实验结果，探讨热敏电阻的特性及其实际应用方式。

5. 实验数据及结果处理

根据表 2.9 中记录数据绘制温度-阻值关系曲线。

表 2.9　热敏电阻温度特性测量数据记录表

测试次数 i	1	2	3	4	5	6
温度 T/℃						
电阻值 R/Ω						

6. 注意事项

（1）实验过程中，应注意电压和电流的安全范围，避免触电和短路等意外情况发生。使用绝缘手套和绝缘工具，确保安全操作。

（2）热敏电阻对热源的敏感度较高，因此在实验中应尽量避免热源干扰，例如避免实验设备放置在加热源附近。

7. 思考题

（1）实验中，改变哪些条件可以观测到热敏电阻的电阻值发生变化？这些因素与热敏电阻的哪些特性有关？

（2）热敏电阻有哪些常见的类型及其应用领域？在这些领域中，使用热敏探测器有哪些优势和局限性？

2.7　色敏探测器实验

色敏探测器是一种能够感知不同波长的光线并产生相应的电信号的器件。它基于光电效应原理，当光线照射到色敏探测器上时，光子的能量被转化为电子的能量，从而产生电流或电压信号。色敏探测器广泛应用于光谱分析、光电传感、光通信等领域。在色敏探测器实验中，我们将学习色敏探测器的工作原理、特性，以及如何使用它来测量不同波长的光信号。通过实验，了解不同颜色的光对色敏探测器的响应情况，以及如何选择与工作条件相匹配的测量方法来提高测量精度,为今后的实验设计和研究奠定基础。

1. 实验目的

(1) 理解色敏探测器的工作原理和特性。

(2) 测量不同波长光信号的响应特性。

(3) 了解色敏探测器的应用领域和优缺点。

2. 实验器材

色敏探测器,LED光源,光照度计,数据采集系统,光源控制设备,稳压电源,滤光片,计算机及数据处理系统等。

3. 实验原理

1) 色敏探测器的工作原理

色敏探测器是半导体光敏器件的一种,其工作原理如图2.18所示。色敏探测器之所以能够识别颜色,其理论基础是光的吸收特性,即当入射到光电二极管上的光照强度保持不变时,输出的光电流随入射光波长的变化而发生变化。光电二极管的光谱特性,与PN结的深度相关:浅的PN结有较好的蓝紫光灵敏度,深的PN结红外灵敏度高。半导体色敏器件正是利用了这一特性,浅结的光电二极管对紫外光的灵敏度高,而红外部分吸收系数较小;红外部分的光子主要在深结区被吸收,因此,深结的光电二极管对红外光的灵敏度较高。

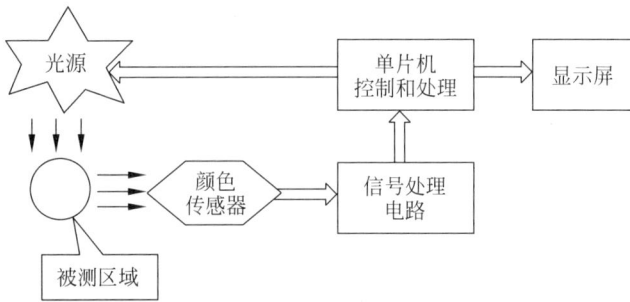

图2.18 色敏探测器工作原理图

2) 色敏探测器的主要特性参数

色敏探测器是由两只结深不同的光电二极管组合而成,其主要特性参数包括:

(1) 短路电流比-波长特性:浅结光电二极管的短路电流(I_{SD_1},在短波区较大)与深结光电二极管的短路电流(I_{SD_2},在长波区较大)之比,即为短路电流之比 I_{SD_1}/I_{SD_2},具体的短路电流测试原理如图2.19所示。短路电流之比与入射光波长有关。测量某一单色光的短路电流比值,即可确定该单色光的波长。因此,短路电流比-波长特性是表征半导体色敏器件对波长的识别能力,是赖以确定被测波长的基本特性。

(2) 温度特性:由于半导体色敏器件测定的是两只光电二极管短路电流之比,而这两只光电二极管是做在同一块材料上的,具有相同的温度系数,这种内部补偿作用使得半导体色敏器件的短路电流比对温度变化不敏感,所以通常可不考虑温度的影响。

(3) 光谱特性:表示的是色敏探测器所能检测的波长范围,不同型号之间略有差别。

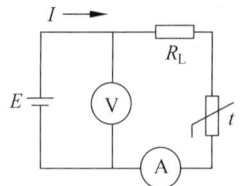

图2.19 色敏控测器的测试原理图

(4) 光照特性：是指在不同的光照作用下光电流有所不同。

4. 实验内容及步骤

(1) 准备实验器材：电流表、电压表、光电器件和光电技术综合平台、光通路组件、色敏传感器及封装组件、示波器、2选插头对(红色,50 cm)、2选插头对(黑色,50 cm)。

(2) 组装光通路组件,将光照度计与光照度计探头输出正负极对应相连(红为正极,黑为负极),将光源驱动及信号处理模块上 J_2 与光通路组件光源接口使用彩排数据线相连。

(3) 将开关 S_2 拨到"静态"。

(4) 将色敏传感器的红色输出端与电流表正极相连,黑色输出端与电流表负极相连。

(5) 打开光源电源,顺时针调节旋钮,逐渐增大光照度值,分别记下不同光照度下对应的光生电流值,填入表 2.10,使用电流表或光照度计时,先用最大量程初判,若电流表或光照度计显示为"1_"则说明测量超出量程,应改为合适的量程再测试。

(6) 实验完毕,将"光照度调节"旋钮逆时针调节到最小值位置后关闭电源。

(7) 关闭所有电源,拆除所有连线。

5. 实验数据及结果处理

(1) 色敏探测器光照特性数据记录(表 2.10)

表 2.10 色敏探测器光照特性数据记录表

测试次数 i	1	2	3	4	5	6
光照度/lx						
光电流/mA						

(2) 根据表 2.10 中实验数据作出色敏探测器光照特性曲线。

6. 注意事项

(1) 安全操作,实验过程中操作人员应避免触摸或直接暴露于高能量光线,以免对眼睛和皮肤造成伤害。如需使用高能量光源,应佩戴适当的防护眼镜和其他防护设备。

(2) 正确连接电路,确保电源正常供电,避免电路短路或过载。注意电源的极性,避免过高的电压或电流对色敏探测器造成损坏。

(3) 准确校准光学系统,可以获得精确的实验结果。校准包括调整光源的位置、聚焦和方向,以及适当选择和调整光学元件。

7. 思考题

(1) 色敏探测器的工作原理是什么? 它如何检测光的波长?

(2) 在色敏探测器实验中,为什么需要使用滤波器或光栅等光学元件? 它们的作用是什么?

2.8 光电倍增管实验

光电倍增管是将微弱的光信号转换成电信号的真空电子器件。光电倍增管常用在光学测量器材和光谱分析器材中。激光检测器材的发展与采用光电倍增管作为有效接收器密切相关。电视、电影的发射和图像传送也离不开光电倍增管。光电倍增管被广泛地应用在冶金、电子、机械、化工、地质、医疗、核工业、天文和宇宙空间研究等领域。通过光电倍增管特性参数测试实验,可以了解器件的性能和限制,为进一步优化器件设计和应用提供参考。同时,这些测试也有助于验证器件的质量和可靠性,确保其在实际应用中的准确性和稳定性。

1. 实验目的

(1) 了解光电倍增管的基本特性。

(2) 学习光电倍增管基本参数的测量方法。

(3) 学会正确使用光电倍增管。

2. 实验器材

光电倍增管,光源,稳压电源,信号放大器,示波器,信号采集卡,光学系统,温度控制装置,计算机及数据采集系统等。

3. 实验原理

1) 光电倍增管的工作原理

光电倍增管是一种真空光电器件,它主要由光入射窗、光电阴极、电子光学系统、倍增极和阳极组成。如图 2.20 所示,其工作原理如下。

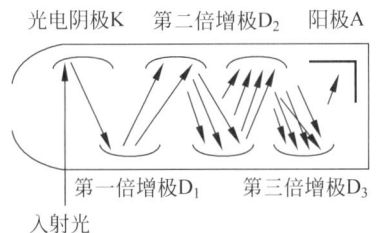

图 2.20 光电倍增管工作原理图

(1) 光子透过入射窗入射到光电阴极 K 上。

(2) 光电阴极上的电子受光子的激发,离开表面发射到真空中。

(3) 光电子通过电场加速和电子光学系统聚焦入射到第一倍增极 D_1 上,倍增极将发射出比入射电子数目更多的二次光电子。

(4) 入射电子经 N 级倍增极倍增后,光电子就放大 N 次。

(5) 经过倍增后的二次电子由阳极 A 收集起来,形成阳极光电流,在负载 R_L 上产生信号电压。

2) 光电倍增管的主要特性参数

(1) 灵敏度:灵敏度是衡量光电倍增管的重要参数。灵敏度一般分为辐照灵敏度 S 和光照灵敏度。辐照灵敏度 S 被定义为光电倍增管光电面的输出电流与入射光辐射功率之比,通常以 A/W 为单位。光照灵敏度被定义为光电倍增管的输出光电流与入射光通量之比,通常以 A/lm 为单位。光照灵敏度一般用来比较同一类型的光电倍增管的光阴极的灵敏度。但对不同光谱响应的光阴极,此数据就不能提供有效的比较。

(2) 量子效率:在特定的峰值波长下的量子效率能更明确地指示光电倍增管的性能。在给定辐射波长下,量子效率被定义为阴极发射的光电子数与入射光子数的比值,这个值通常以百分数表示,可由下式进行计算:

$$Q_E = (S \times 1240/\lambda) \times 100\% \tag{2.7}$$

式中,S 为给定波长下的辐射灵敏度,单位 A/W;λ 为波长,单位 nm。

(3) 光谱响应:光电倍增管的阴极吸收入射光子的能量并将其转换为光电子,其转换效率随入射光的波长变化。光谱响应范围的长波段取决于光阴极材料,短波段则取决于入射窗材料。不同的入射窗材料和光阴极材料有不同的光谱响应曲线,就是同一类型的光电倍增管,其光谱响应曲线也随制造工艺不同而在一定范围内变化。

(4) 电流放大倍数(增益):光电倍增管的电流放大倍数是其阳极输出电流与阴极光电

流的比值。在理想情况下,假定每个倍增极的平均二次发射倍数为 δ,具有几个倍增极的光电倍增管的电流增益为 δ_n。一般说来,二次发射系数由下式给出:

$$\delta = A \times V_D^\alpha \tag{2.8}$$

式中,A 为一常数;V_D 为极间电压;α 为由倍增极材料及其几何结构决定的系数,α 的数值一般介于 $0.7 \sim 0.8$。此时,$\delta_n = \delta^n$。

(5) 暗电流:当光电倍增管无光照射时(严格说来,在完全隔离辐射时)所产生的电流称为暗电流。一般说来,引起暗电流产生的原因有如下几个:欧姆漏电、热电荷发射、残余气体电离(离子反馈)、场致发射、玻璃发光、契伦柯夫辐射。

(6) 线性电流:线性电流的大小与光电倍增管的结构类型、工作电压、分压器设计等有关。破坏线性关系的原因主要来自两个方面:一方面,在线性低端,即输入信号很弱时,受到光电倍增管的暗电流干扰,这就决定了光电倍增管所能探测的最低信号;另一方面,在线性高端,即输入信号很强时,受到各种因素(通常有:光阴极的电阻效应、分压效应、空间电荷效应)的影响,这就决定了光电倍增管所能探测的最高信号。

4. 实验内容及步骤

(1) 准备实验器材:GDB221 型圆形鼠笼式 8 倍增极管、耐高压连接线等。

(2) 测量光电倍增管暗电流的电路图如图 2.21 所示。先将光电倍增管实验装置稳定地安装在光电实验平台上,再将光电倍增管实验装置的电源与实验平台电源连接好。

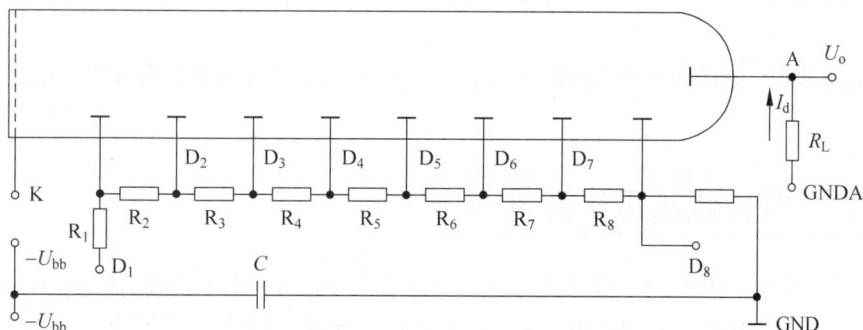

图 2.21 光电倍增管供电电路接线图

(3) 拧下实验装置后板上的固定螺钉,观察光电倍增管的安装结构与实验光源间的位置关系,然后再将后板用紧固螺丝固紧。

(4) 在实验装置面板上找到阴极 K 与第一倍增极 D_1、阳极 A 与地 GND 等接线端口,以及高压电源开关、高压电压调整旋钮、实验光源等。

(5) 将阴极 K 与第一倍增极 D_1 相连,在阳极 A 与地 GND 之间串联微安电流表(光电平台上安装的毫安表的 1 挡位)。

(6) 将高压电源的电压调整旋钮逆时针旋至最低位置。

(7) 打开光电实验平台的电源开关与光电倍增管实验装置的电源开关后,待观察到数字电流表均指示为零时,再打开光电倍增管实验装置的高压电源开关。

(8) 缓慢调节高压电源的调压旋钮,观测实验装置上高压电压表的示值,当电压分别为 200 V、400 V、600 V 和 800 V 时记录对应的电流值,即为光电倍增管在不同工作电压下的暗电流值 I_d,将所测得的数据填入表 2.11。

（9）关闭高压电源及光电综合实验平台的电源。

5. 实验数据及结果处理

（1）光电倍增管暗电流测量数据表（表 2.11）

表 2.11　光电倍增管暗电流测量数据记录表

测试次数 i	1	2	3	4	5	6	7	8
倍增管电压 U/V								
暗电流 I_d/mA								

（2）根据表 2.11，画出 $U\text{-}I_d$ 的关系曲线。

6. 注意事项

（1）在实验过程中，要注意光源和高压电源的安全操作。在进行实验前，确保已经了解并遵守相关实验室安全规范和操作指南。

（2）注意光电倍增管的极性，确保正确连接高压电源。一般来说，阳极为高压端，阴极为接地端。

（3）调节入射光强度，可以使用滤光片、可调光源或光纤耦合等方式来控制光强。

7. 思考题

（1）光电倍增管的特性参数是否受外界环境的影响？如果受影响，如何进行环境控制和校正？

（2）在实验中，如何对光电倍增管的输出信号进行放大和测量？有哪些常用的放大器和示波器？

2.9　光电耦合器应用电路实验

光电耦合器是一种将光信号转换为电信号的器件，常用于光电转换、光通信和光测量等领域。为了评估光电耦合器的性能，进行光电耦合器性能测试实验必不可少。通过测量光电耦合器的关键参数，如响应时间、灵敏度、幅度和频率响应等，评估其性能。通过实验，了解光电耦合器的工作原理、性能特点及其在实际应用中的适用性。通过分析和比较实验结果，评估光电耦合器的性能优劣，以便对其进行优化和改进，为进一步应用和研究光电耦合器提供有价值的数据和参考。

1. 实验目的

（1）熟悉光电耦合器及其种类，基本掌握常用光电耦合器的使用。

（2）掌握光电耦合器常用电路的设计、调试方法。

2. 实验器材

集成电路 LM358，TLP521-2 型光电耦合器，万用表，信号发生器，示波器等。

3. 实验原理

在电气测量与控制电路中，利用光电耦合器可实现输入输出的电气隔离，有效地提高控制系统的抗干扰能力，实现测试电路与被测试电路之间的隔离，能有效地保护测试设备。光电耦合器已广泛地应用于电气绝缘、电平转换、级间耦合、驱动电路、开关电路、斩波器、多谐振荡器、信号隔离等电路中。

1) 光电耦合器的种类

根据光电耦合器的输入输出关系,它可分为:非线性光电耦合器和线性光电耦合器。

非线性光电耦合器的电流传输特性曲线是非线性的,这类光电耦合器适合于开关信号的传输,不适合于传输模拟量,如 4N 系类光电耦合器;线性光电耦合器的电流传输特性曲线接近直线,并且小信号时性能较好,能以线性特性进行隔离控制,如 PC817 系列光电耦合器。

光电耦合器输出形式可分为以下几种。

(1) 光电器件输出型:光电二极管输出型,光电三极管输出型,光电池输出型,光控晶闸管输出型等。

(2) NPN 型三极管输出型:交流输入型,直流输入型,互补输出型等。

(3) 达林顿三极管输出型:交流输入型,直流输入型。

(4) 逻辑门电路输出型:门电路输出型,施密特触发输出型,三态门电路输出型等。

(5) 功率输出型:IGBT/MOSFET 等输出。

基于非线性光电耦合器和线性光电耦合器的以上特征,其主要应用如下:采用光电耦合器隔离驱动电路与微处理器,避免一旦驱动电路发生故障造成功率放大器中的高电平信号进入微处理器造成器件损坏,并可提高系统的抗干扰能力。

如图 2.22 所示,步进电机绕组采用达林顿管 TIP142 驱动。D 为步进电机绕组放电二极管。当控制信号输入为高电平 1 时,晶体管 VT_1 饱和导通,发光二极管 LED 亮,光电耦合器 A 中的光电三极管导通,晶体管 VT_2 导通,达林顿管 VT 导通,步进电机某一相控制绕组通电。反之,当控制信号输入为低电平 0 时,晶体管 VT_1 截止,LED 不亮,光电耦合器 A 中的光电三极管截止,晶体管 VT_2 截止,达林顿管 VT 截止,步进电机某一相控制绕组不通电。

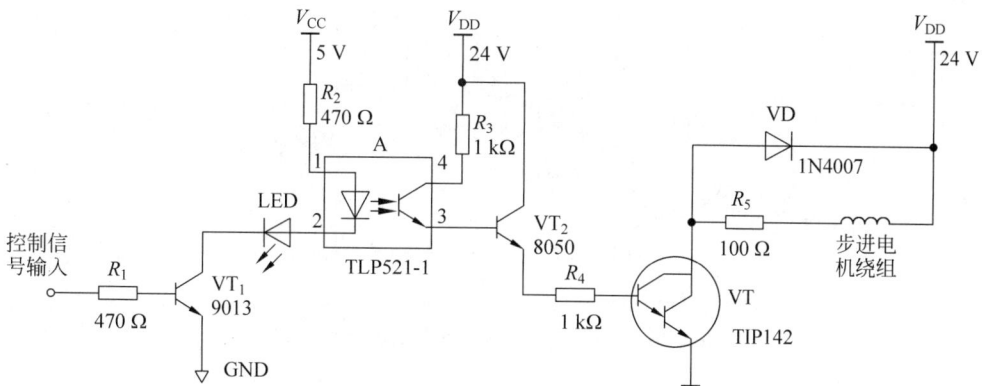

图 2.22　微处理器驱动步进电机电路中的单相电路图

如图 2.23 所示,VT 为光电耦合器发光源驱动晶体管,限流电阻 R_2 可按 $R_1 = (V_{DD} - V_F)/I_{FT}$ 计算。光电耦合器 A 的 I_{FT}(发光源二极管触发电流)为 15 mA;V_F(发光源二极管的正向电压)可取 1.2~1.4 V。当输入控制端为高电平时,晶体管 VT 饱和导通,光电耦合器触发双向晶闸管 VD 导通,接通交流负载。当双向晶闸管接感性交流负载时,为了防止浪涌电压损坏双向晶闸管,在双向晶闸管两极间并联一个 RC 阻容吸收电路。R_3 为双向晶闸管的门极电阻,可提高抗干扰能力。R_4 为触发功率双向晶闸管的限流电阻,其值由交流电网电压峰值与触发器输出端允许重复冲击电流峰值决定,可按 $R_4 = V_P / I_{TSM}$ 选取,其中,V_P 为交流电路中的峰值电压,I_{TSM} 为峰值重复浪涌电流(一般可取 1 A)。

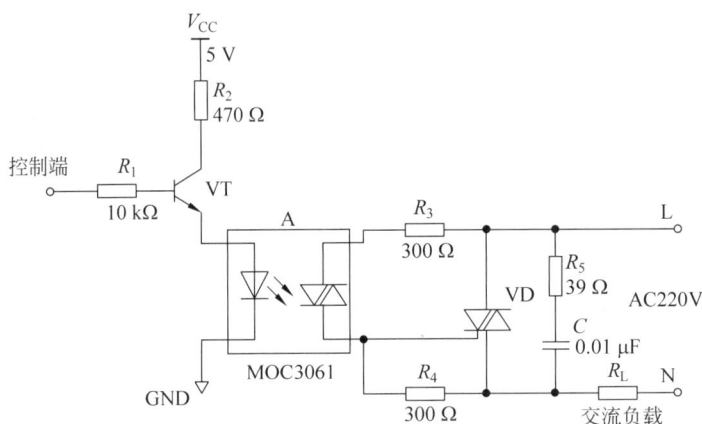

图 2.23　光电耦合器驱动双向晶闸管电路图

驱动电路:采用光电耦合器作用于固体继电器具有体积小、耦合密切、驱动功率小、动作速度快、工作温度范围宽等优点。在实际使用中,由于它没有一般电磁继电器常见的实际接点,因此不存在接触不良和燃弧打火等现象,也不会因外力或机械冲击引起误动作,图 2.24 为用光电耦合器驱动继电器的典型电路。

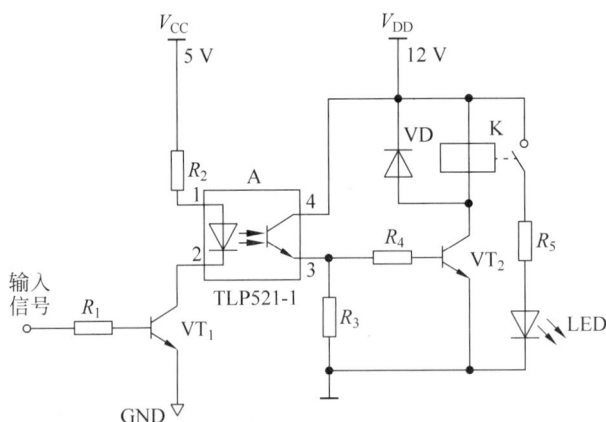

图 2.24　光电耦合器驱动继电器的典型电路

负载短路保护电路:当主回路电流超过额定值时,光电耦合器 A 中的光电三极管导通,V_{out} 端输出低电平。在该电路中,测量回路与开关控制电路间有效地实现了电隔离。(图 2.25)

2)光电耦合器放大电路

在电子控制系统中,为提高控制系统的抗干扰性能,可以对输入电压信号进行线性光隔离,普通光电耦合器在模拟电路中使用时,可通过非线性校正或补偿措施,实现模拟信号的

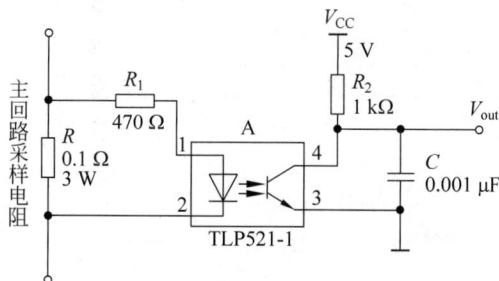

图 2.25 负载短路保护电路

线性传输。

单电源供电的模拟信号光电耦合放大电路。

单电源供电的模拟信号光电耦合放大电路如图 2.26 所示。采用两个独立的单电源与运放,通过两个光电耦合器实现前级与后级电路的隔离,可用于模拟信号的传输,避免干扰信号对输出信号的影响。

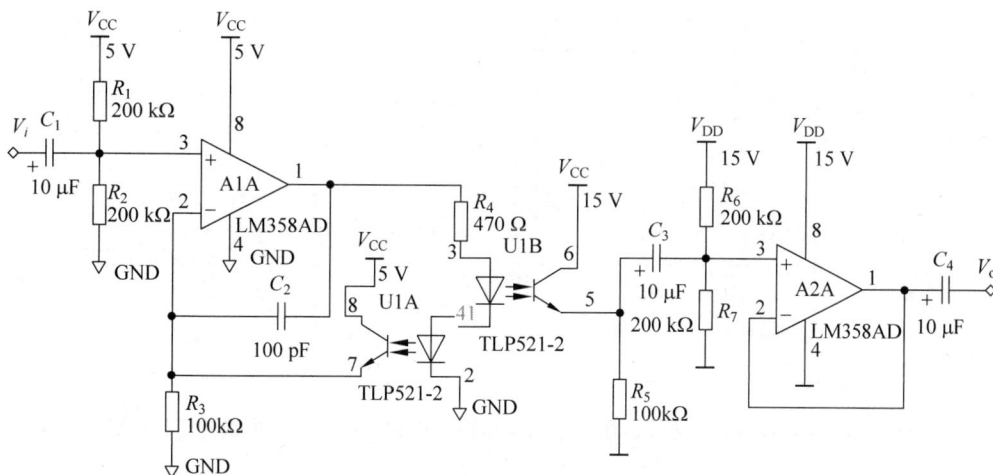

图 2.26 单电源供电的模拟信号光电耦合放大电路

对于模拟量的传输,最好采用线性度高的线性光电耦合器。这里选用 TLP521-2 光耦合器。这是一个由一个高输出发光二极管,一个 PN 光电二极管和一个放大器晶体管组成的器件,1 引脚和 2 引脚为发光二极管,3 引脚和 4 引脚为输入反馈光接收二极管,5 引脚和 6 引脚为输出光接收二极管。当发光二极管流过电流时,反馈光接收二极管产生控制电流,有效地消除发光二极管的非线性、漂移等特性,而输出光接收二极管作为输出电路的一部分,能产生与发光二极管光强度呈线性关系的光电流,实现测量电路与输出电路之间的线性传递。

由 HCNR200 光电耦合器构成的单电源供电的直流电压光电耦合传输电路、交流电压光电耦合传输电路分别如图 2.27 和图 2.28 所示。工作原理与非线性光电耦合器相类似。电路中的 C 是反馈电容,具有提高电路的稳定性,消除自激振荡,消除电路中的毛刺信号,降低电路的输出噪声等作用,其电容量可根据电路的频率特性来选取。

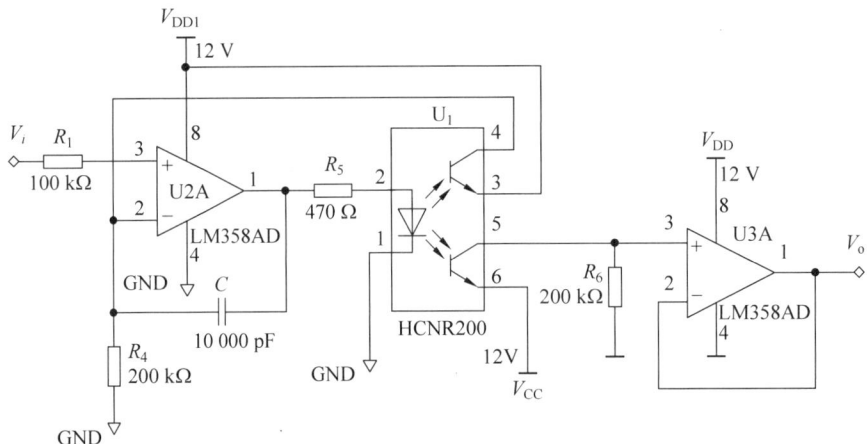

图 2.27　HCNR200 光电耦合器构成的单电源供电的直流电压光电耦合传输电路

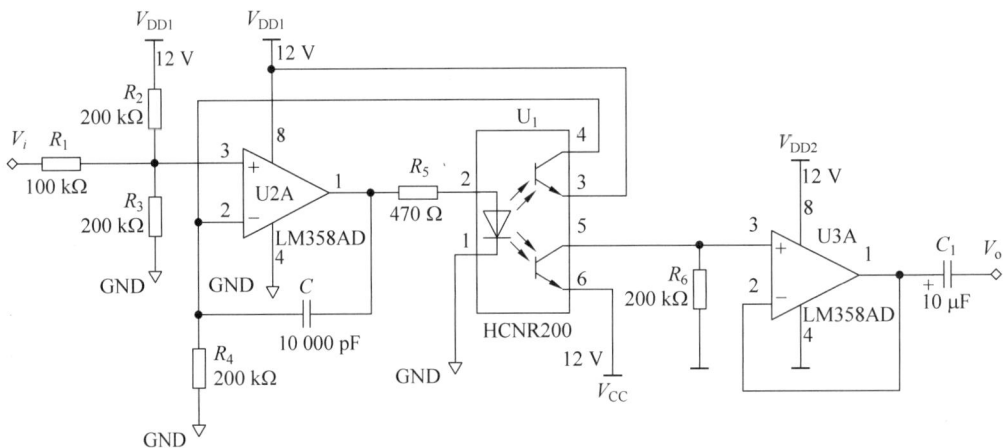

图 2.28　HCNR200 光电耦合器构成的单电源供电的交流电压光电耦合传输电路

　　两者主要区别在于其输入信号的类型不同,直流电压光耦合传输电路输入信号是直流,电压通常用于低频或恒定电流场合,而交流电压光耦合传输电路输入信号是交流电压,通常用于传输交流信号的场合。前者稳定性高,但对于动态信号传输能力较弱,后者适用广泛,隔离效果好,但对信号要求高,容易受干扰。

4. 实验内容及步骤

　　(1) 连接电路:根据光电耦合器的引脚布局和规格,将光电耦合器连接到测试电路中。确保正确连接电源和负载电阻等设备。

　　(2) 使用光功率计测量输入光功率。将光功率计的光探头对准光电耦合器的光输入端。

　　(3) 使用电流表或万用表测量输出电流。连接电流表或万用表到光电耦合器的输出端。

　　(4) 计算传输比。将输出电流除以输入光功率,得到传输比。

　　对实验测得的数据进行处理和分析。比较不同参数之间的关系,评估光电耦合器的性能。

5. 实验数据及结果处理

填写表 2.12。

表 2.12 光电耦合器性能测试数据记录表

V_i/V	V_0/V	V_0/V_i	$R_3/k\Omega$	$R_1/k\Omega$	R_3/R_1	相对误差

用数字万用表分别测量输入输出的电压,并绘制关系曲线。

6. 注意事项

(1) 确保实验过程中的光源和电源的安全操作,避免其造成人员伤害和设备损坏。

(2) 保持实验环境的温度稳定,避免温度变化对测试结果产生影响。

(3) 确保实验环境干净,避免灰尘或杂质附着在光电耦合器上,影响测试结果。

7. 思考题

(1) 如何控制实验的环境条件,温度、湿度等因素对实验结果有什么影响?

(2) 根据实验结果,你是否发现了改进光电耦合器性能的方法? 如何进一步优化实验设计和测试方法?

(3) 如何将光电耦合器应用于特定领域或解决特定问题?

2.10 位置敏感探测器特性参数测量实验

位置敏感探测器(position sensitive detector,PSD)是一种光电器件,能够感知光束入射到其敏感表面上的光斑的能量中心位置,从而实现位置信息的精确测量。与其他光电传感器相比,PSD 的主要优势在于其连续性,不存在盲区,并且无须额外的器件即可构建大面积的测量系统。现今,高性能 PSD 的光谱范围广泛,位置分辨率可达 0.1 μm,响应速度在 0.5 ps 以下,已被广泛用于满足低成本或高速位置检测的需求,例如非接触式距离测量、激光光束准直、物体光电追踪等场合。此外,它还在精密光学准直、生物医疗、机器人技术、过程控制和位置信息系统构建等领域得到广泛应用。

1. 实验目的

(1) 掌握 PSD 的工作原理。

(2) 了解 PSD 的特性,掌握其特性测试方法。

2. 实验器材

PSD 模块,光源,光学系统,信号放大器,数据采集系统,控制器,实验台架,计算机和软件等。

3. 实验原理

1) PSD 的工作原理

PSD 是一种利用嵌入的电阻层来产生位置灵敏信号电流的单一光电二极管。其工作原理基于半导体的横向光电效应,即当 PN 结的一侧受到非均匀辐照时,在 PN 结的平面上会产生电势差,导致光生伏特效应,形成电压或光生电流的生成。

PSD 由一个大面积的 PN 结和高阻半导体材料(I 型层)构成,如图 2.29 所示。在没有光照射的情况下,PN 结平面上的电势是均匀的,没有横向电势差。然而,当光束照射在 P 型层表面的特定区域时,光激发了光生电子-空穴对,这些电子-空穴对在 PN 结的耗尽层被分开,并在内建电场的作用下,电子向 N 型层运动,空穴向 P 型层运动。如果 N 型层高度掺杂,具有高电导率,并且充当等电势层,那么通过漂移运动的电子将快速分布在整个 N 型层上,离开光照区域。

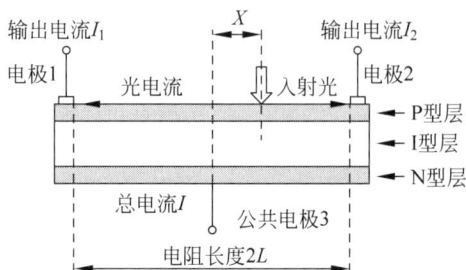

图 2.29　PSD 工作原理图

P 型层由于电阻率较高,造成光生空穴堆积,从而产生横向电势差。在横向电场的作用下,光生空穴将离开照射区域,朝着两个电极移动,形成横向电流。与此同时,运动中的空穴将抵消部分空间电荷,使一些空穴向 N 型层移动,而电子则向 P 型层移动,这形成了纵向回注漏电流。此外,由于薄层的分布电阻,设备工作时还会存在反向偏置下的 PN 结反向饱和电流,与电容器的充放电过程相同,因此伴随有电容效应。

如果 PSD 工作在反向偏置状态,光生电流将远远大于反向饱和电流和漏电流,假设 P 型层的电阻率均匀分布,那么在稳态情况下,可以认为光生电流在 P 型层上按照电阻层长度进行分流。如图 2.29 所示,如果以 PSD 器件的几何中心点作为坐标原点,光斑中心到原点的距离为 X,流过 N 型层上电极的电流为 I,分别流过两个电极的电流为 I_1 和 I_2,而 PSD 的光敏面长度为 $2L$,则可以建立如下关系:

$$I = I_1 + I_2 \tag{2.9}$$

$$I_1 = \frac{L - X}{2L} I \tag{2.10}$$

$$I_2 = \frac{L + X}{2L} I \tag{2.11}$$

$$X = L\left(\frac{I_2 - I_1}{I_2 + I_1}\right) \tag{2.12}$$

根据上述关系可知,通过适当的信号放大和运算处理电极 1 和电极 2 的输出电流,可以获得反映光斑位置的信号输出,从而可以测量光斑的能量中心相对于器件中心的位置 X。这个位置 X 的测量与电流 I_1 和电流 I_2 的和、差以及它们的比值有关,而与总电流无关。同时,流经电极 3 的电流即总电流 I,与光射强度呈正比,因此 PSD 器件不仅能够检测光斑的中心位置,还能够检测光斑的强度。

2) 位置敏感探测器的性能指标

PSD 是一种特殊的光生伏特器件,与一般的光生伏特器件有许多相似之处,但作为位置敏感探测器,PSD 具有一些独特的性能特点。PSD 的主要性能指标包括:

(1) 峰值响应灵敏度:峰值响应灵敏度表示 PSD 输出的光电流与入射光功率之比,即在单位光功率作用下 PSD 输出的最大光电流。对于弱光检测应用,峰值响应灵敏度是一个关键参数,选择具有较高响应灵敏度的器件有助于提高系统的信噪比。

(2) 光谱响应:PSD 的光谱响应指的是当不同单色辐射波长的光以等功率作用于 PSD

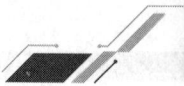

时,其响应程度或电流灵敏度与波长的关系。通常,PSD 的光谱响应范围为 300～1100 nm,峰值响应波长为 900 nm。通过减小 PN 结的厚度,可以提高对短波长光的光谱响应,因为较薄的 PN 结更容易吸收短波长光,此时较长波长的光则更容易穿透 PN 结而不被吸收。根据这种特性可以制造出对可见光或红外光等不同波长的光,具有不同光谱响应的 PSD。

（3）时间响应：时间响应是反映 PSD 瞬态特性的关键指标。PSD 内部的光电流产生包括漂移时间（光生载流子通过 PN 结区域的时间）、扩散时间（光生载流子从 PN 结区域外部扩散到内部的时间）以及由 PN 结电容、内部电阻和负载电阻构成的 RC 延迟时间。PSD 的内部电阻、结电容和光敏面长度越小,响应速度越快。此外,当负载电阻很大时,RC 时间常数会成为影响时间响应的因素,需要注意。

（4）暗电流：PSD 的暗电流由体漏电流和表面漏电流两部分组成,其中表面漏电流取决于材料质量和器件制造工艺中采用的表面钝化处理方式。暗电流存在于所有处于反向偏置状态下的结型器件中,包括 PSD。

（5）温度响应：PSD 的暗电流和光生电流都会随着温度的升高而增加。暗电流的温度变化会导致输出信号的信噪比变差,不利于弱光信号的检测。因此,在进行弱光信号检测时需要考虑温度对 PSD 输出的影响,并采取必要的温度控制或温度补偿措施。

（6）位置线性度：位置线性度表示 PSD 的输出偏离光斑沿直线移动的程度,当光斑沿直线移动时,PSD 的位置输出是否与之一致。PSD 的位置检测特性近似线性,但由于器件的固有特性,存在一定的非线性,特别是在靠近边缘位置时,误差较大。线性度主要受制造过程中表面扩散层和底层材料电阻率均匀性、有效感光面积等因素影响,通常没有定量的公式可供参考。通常情况下,距离器件中心 2/3 的范围内,线性度较好,因此在实际应用中,需要尽量选择线性度较好的区域,以减小系统误差。

（7）位置分辨率：位置分辨率是指 PSD 最小可探测的光斑移动距离,主要受器件尺寸,信噪比等因素的影响。通常尺寸越大,器件分辨率越低。通过提高信噪比可以提高位置分辨率。可做如下推导

$$I_1 + \Delta I = \frac{L - X + \Delta X}{2L} \times I \tag{2.13}$$

式中,ΔX 为微小位移；ΔI 为 ΔX 所对应的输出电流的变化。那么,ΔX 可由下式表达

$$\Delta X = 2L \times \frac{\Delta I}{I} \tag{2.14}$$

假设对微小位移 ΔX 取无穷小值,那么很明显,位置分辨率取决于此时输出电流所包含的噪声成分。因此,如果 PSD 的噪声电流为 I_n,则可以通过下式求得位置分辨率

$$\Delta R = 2L \times \frac{I_n}{I} \tag{2.15}$$

3）位置敏感探测器选型

本实验采用的探测器为一维位置敏感探测器,型号为 HY0108,图 2.30 为其实物图,引脚定义如下：1,3—公共端；2,4—信号输出端。HY0108 的基本参数为：有效光敏面 1 mm×8 mm；位置分辨率 0.1 μm；光谱

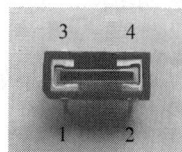

图 2.30 一维 PSD HY0108 实物图

响应范围 380～1100 nm；响应时间 0.8 μs；工作温度－10～60℃。

4. 实验内容及步骤

1）系统调试

（1）将机械部分和实验箱连接：使用 7 芯航空插座连接线将机械部分与实验箱连接，确保连接线带有红色标记的一端插入实验箱的卡槽中。

（2）连接 PSD 输出端：将实验仪面板上信号处理模块测试区的 PSD 输出端连接到相应的导线上，分别连接到"I_{i_1}"和"I_{i_2}"。

（3）连接电路：用导线将 PSD 信号处理模块的各单元电路连接起来，确保"V_{o_1}"与"V_{i_2}""V_{o_2}"与"V_{i_2}""V_{o_3}"与"V_{i_3}"相互连接。将电压表的量程调至"20 V"，并将测试引线连接到信号处理模块测试区的"V_{o_5}"和"GND"上。

（4）打开总电源：打开实验仪侧面的总电源，信号处理模块电路开始工作。

（5）打开激光器电源：打开实验仪面板上的激光器电源，启动机械调节支架上的激光器。

（6）调整光斑位置：调节升降杆架、接杆、杆架上的固定螺母和转动测微头，将激光光斑从 PSD 光敏面的一端移动到另一端，并最终将光斑定位在 PSD 光敏面的中间位置（目测）。

（7）设置原点位置：打开电压表的电源开关，缓慢调整测微头，当电压表的显示值为 0 时，标记此位置为原点位置。

（8）调整增益：转动测微头，使光斑从 PSD 光敏面的一端移动到另一端，并调节"增益调节"电位器，使电压表的显示值在－2.5～2.5 V 变化。

（9）关闭电源：依次关闭激光器电源、电压表电源以及实验仪总电源，最后进行设备整理。

2）PSD 特性测试

（1）实验预备、组装实验系统：重复执行之前的系统调试步骤（1）～（8），以确保实验系统正确组装和连接。

（2）关闭电源后，重新用导线将 PSD 信号处理模块各单元的电路连接起来，即"PSD-I_{o_1}"与"I_{i_1}"相连接，"PSD-I_{o_2}"与"I_{i_2}"相连接，"V_{o_1}"与"V_{i_1}"相连接，"V_{o_2}"与"V_{i_2}"相连接，"V_{o_3}"与"V_{i_3}"相连接；将电压表量程拨到"20 V"，并将其测试引线接到信号处理模块的"V_{o_5}"和"GND"上。

（3）打开电源：依次打开实验仪的总电源、激光器电源和电压表电源，准备开始实验。

（4）移动光斑并记录：转动测微头，使激光光斑在 PSD 光敏面上从一端移动到另一端。同时，观察并记录电压表的显示结果，注意记录实验现象或变化。

（5）关闭电源：完成实验后，依次关闭激光器电源、电压表电源以及实验仪的总电源，结束实验。

5. 实验数据及结果处理

填写表 2.13。

表 2.13   PSD 特性参数测量实验数据记录表

位移/mm	0	0.5	1.0	1.5	2.0	2.5	3.0	3.5
输出电压/V								
位移/mm	4.0	4.5	5.0	5.5	6.0	6.5	7.0	7.5
输出电压/V								

按照表 2.13 中的数据记录实验结果,并绘制图。

6. 注意事项

(1) 确保实验室环境条件稳定,如保持恒温、减少电磁干扰等,避免干扰因素对实验结果产生影响。

(2) 正确安装传感器,避免传感器接触不良或位置不准确导致测量误差。

7. 思考题

(1) PSD 特性参数测量实验中,有哪些常见的干扰源和噪声来源? 如何加以避免?

(2) PSD 特性参数测量实验中,传感器的灵敏度和测量范围对实验结果有何影响?

2.11   光电断续器基本应用实验

光电断续器是一种常见的光电传感器,用于检测物体的存在或运动。它通常由一个发射器和一个接收器组成,通过发射器发射光束,当有物体遮挡光束时,接收器会产生一个信号,可用于检测物体的存在或运动。为了确保光电断续器的性能和可靠性,在实际应用中需要对其进行性能测试。本实验旨在测试光电断续器的性能指标,包括响应时间、检测距离、稳定性等。通过对光电断续器的性能测试,我们可以评估其在实际应用中的可靠性和适用性。实验结果将有助于选择合适的光电断续器,并为实际应用提供参考。

1. 实验目的

(1) 熟悉光电断续器的工作原理。

(2) 学习光电断续器性能测试的常用方法,包括响应时间测量、检测距离测量、稳定性测试等。

(3) 掌握如何正确操作光电断续器和测试设备,包括搭建实验电路、调节参数。

2. 实验器材

光电断续器,LED 灯,电源,信号发生器,示波器,数字万用表,计算机及数据采集设备,适配器和连接线等。

3. 实验原理

光电断续器是一种能够将光信号转换成电信号的器件,它通常由光电发射器和光电接收器组成,其工作原理如图 2.31 所示。光电发射器发射出光信号,光电接收器接收到光信号并将其转换成相应的电信号。光电断续器的工作原理基于光电效应。光电效应是指当光线照射到某些物质表面时,光子能量会被物质中的电子吸收,电子获得足够的能量跃迁到导带中,产生电流。光电发射器和光电接收器中都有能够产生光电效应的材料,如硅、锗等半导体材料。在光电断续器性能测试实验中,主要涉及以下几个测量参数:

(1) 响应时间:光电断续器的响应时间是指它从接收到光信号到产生相应电信号的时

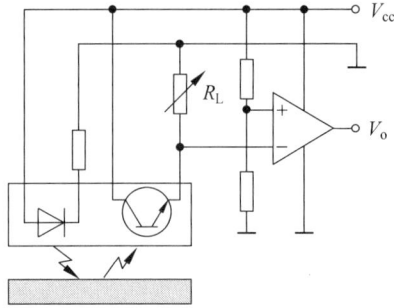

图 2.31 光电断续器工作原理图

间。在实验中,通过给光电断续器提供光信号,并使用示波器测量光电断续器输出信号的上升时间(或下降时间)来评估其响应时间。

(2)检测距离:光电断续器的检测距离是指它能够检测到光信号的最远距离。在实验中,可以使用信号发生器产生不同距离的测试信号,然后使用测量器材(如游标卡尺)测量光电断续器能够检测到信号的最远距离。

(3)稳定性:光电断续器的稳定性是指其输出信号在长时间运行中的一致性和可靠性。在实验中,可以将光电断续器长时间暴露在光源下,通过观察和记录其输出信号的变化来评估其稳定性。

在实验过程中,调整环境光照强度和反偏电压,测量不同条件下光敏管的光电流值,以获得在不同光照强度和反偏电压条件下的光电特性和伏安特性,绘制出相应的关系曲线。

4. 实验内容及步骤

(1)连接各个组件和模块。确保连接无误后,启动稳压电源。

(2)进行光电特性的测量。在特定电源电压下(例如+3 V),使用毫安表测量电流随光照强度变化的情况(包括暗处、日光灯照射、台灯照射、激光照射等),记录测量数据,并将其绘制成曲线图。

(3)进行伏安特性的测量。在一定光照条件下,改变电压值 U 的大小,使用毫安表测量电流的变化,同时使用数字电压表测量 U 的数值,记录所有测量数据。随后,改变光照强度(包括日光灯照射、台灯照射、激光照射等),重复测量电流随电压变化的关系,并将所有结果绘制成曲线族。请注意,电压 U 的值不得超过 5 V。

5. 实验数据及结果处理

根据表 2.14 测试结果绘制关系曲线。

表 2.14 光电断续器性能测试实验数据记录表

测试次数 i	1	2	3	4	5	6
电压 U/V						
电流 I/mA						

6. 注意事项

(1)确保实验过程中的人与物的安全,谨防光源直接照射眼睛,避免电源短路、电击等

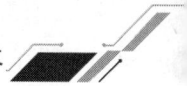

危险情况。使用合适的个人防护装备,如护目镜等。

(2) 保持实验环境的稳定和干净,避免外部光源和干扰信号对实验结果产生影响。

7. 思考题

(1) 在进行光电断续器的性能测试时,你认为最重要的性能指标是什么? 为什么?

(2) 在实验中,你会选择什么样的测试信号用以评估光电断续器的性能? 连续光源还是脉冲光源? 请说明理由。

参考文献 ////

[1] 陈克香,许志华,魏克慧. 光电技术与应用[M]. 北京:电子工业出版社,2016.

[2] 杨应平,陈梦苇. 光电信息技术实践教程[M]. 北京:清华大学出版社,2016.

[3] 倪星元. 光电子技术入门[M]. 北京:化学工业出版社,2008.

[4] 唐剑兵. 光电技术基础[M]. 成都:西南交通大学出版社,2006.

第 3 章　光谱测量技术

光谱测量技术是一种通过分析物质对不同波长光的吸收、发射或散射来获取物质特性的重要方法。它被广泛应用于光学、化学、生物、材料等领域,可以用于物质成分分析、质量控制、环境监测、医学诊断等方面。本章共安排了 8 个实验,涵盖了棱镜光谱仪、光栅光谱仪、法布里-珀罗干涉仪、弗兰克-赫兹管、拉曼光谱仪、X 射线衍射仪、CCD 相机、四极质谱仪等光谱分析器材的使用和光谱特性分析研究等。通过本章学习,掌握光谱测量技术的基本原理、常用器材的操作方法,了解光学器材的工作原理和性能参数的测试方法。同时,通过实验的设计和操作,培养实验设计、数据处理和结果分析的能力,提高实验操作的技巧和实验思维的培养。

3.1 棱镜摄谱仪测量汞灯光谱实验

常见光谱仪有两种:棱镜摄谱仪和光栅光谱仪。棱镜摄谱仪是以棱镜为色散元件的摄谱仪,常用于原子元素分析。不同元素的原子具有不同结构,受激发后辐射的光波光谱也不同,通过测量和分析物质的发射光谱,不仅可以定性地分析待测物质中各元素的组分,还可以定量地确定每种元素的含量,这种分析方法被称为光谱分析法。

1. 实验目的

(1)了解棱镜摄谱仪的构造及原理。

(2)掌握棱镜摄谱仪的调节方法和摄谱技术。

(3)学会用照相法测定汞灯光谱线的波长。

2. 实验器材

小型棱镜摄谱仪,汞灯光源,读数显微镜等。

3. 实验原理

1)棱镜摄谱仪的基本光路

棱镜摄谱仪的基本光路如图 3.1 所示,狭缝 S_1 和准直镜(平行光管)L_1 组成准直系统,将待测光先行会聚到狭缝上,以增加光强;棱镜 P 作为色散元件,把投射到第一折射面的不同波长的平行光,经折射后分成沿不同方向的平行光(物质的折射率与波长相关);照相物镜 L_2 和焦平面 F 处的记录材料组成光谱的接收系统。物镜 L_2 能将不同方向的平行光依次会聚在焦平面上,形成光谱,为使整个光谱都清晰,焦平面 F 的方位必须细心调节。

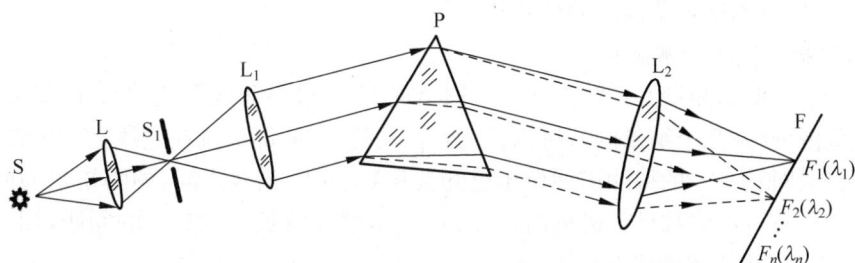

图 3.1　棱镜摄谱仪的基本光路

$F_1, F_2, \cdots, F_n$ 分别是波长为 $\lambda_1, \lambda_2, \cdots, \lambda_n$ 的光在焦平面上得到的光谱线,即为相应波长所成的狭缝的像。各条光谱线在底板上按波长大小排列就形成了被摄光源的光谱图。若光源辐射的波长 $\lambda_1, \lambda_2, \cdots, \lambda_n$ 为离散值,则摄得的光谱图也是分离的,即线光谱;若光源辐射的波长为连续值,则摄得的光谱图是连续光谱。

2) 棱镜摄谱仪的基本构造

本实验用的小型玻璃棱镜摄谱仪,可用来拍摄可见光区域的光谱。其结构与图 3.1 所示的基本相同,但由于采用恒偏棱镜代替三棱镜 P,因此,它的照相装置中光学系统的光轴与准直管的光轴垂直,如图 3.2 所示。

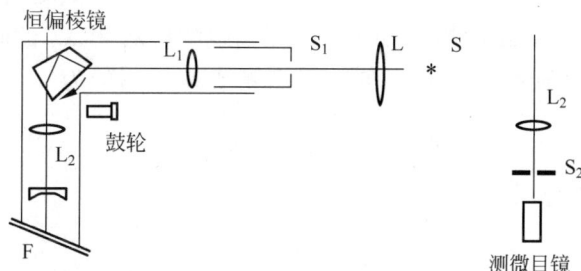

图 3.2　棱镜摄谱仪的基本构造

(1) 准直管。

准直管由狭缝 S_1 和透镜 L_1 组成。S_1 位于 L_1 的物方焦平面上。被分析物质发出的光射入狭缝,经透镜 L_1 后就成为平行光。实际使用中,为了使光源 S 射出光在 S_1 上具有较大的光照度,在光源与狭缝之间放置会聚透镜 L,使光束会聚在狭缝上。

(2) 棱镜部分。

主要由一个(或几个)棱镜构成,利用棱镜的色散作用,将同方向不同波长的平行光分解成不同方向的平行光。

(3) 读谱装置。

光谱接收部分实际上就是一个照相装置。它包括透镜 L_2 和放置在 L_2 像方焦平面上的照相底板 F,透镜 L_2 将棱镜分解开的各种不同波长的单色平行光聚焦在照相底板 F 的不同位置上。由于透镜对不同波长光的焦距不同,当不同波长的光经 L_2 会聚后焦点并不分布在与光轴垂直的同一平面上,所以必须适当地调整照相底板 F 的位置和角度,方可清晰地记录各种波长的谱线。

读谱可以用测微目镜,控制丝杆、鼓轮水平方向左右移动目镜,使目镜内的叉丝对准被测谱线中心,即可测量各条谱线的位置。

3) 线性插入法求待测波长

这是一种近似的测量波长的方法。一般情况下,棱镜是非线形色散元件,但是在一个较小的波长范围内(约几个纳米内),可以认为色散是均匀的,即谱线在底线上的位置和波长有线性关系,如波长为 λ_x 的待测谱线位于已知波长 λ_1 和 λ_2 谱线之间,如图 3.3(a)所示,它们在底片上的位置可用读数显微镜测出,如用 d 表示谱线波长 λ_1 和 λ_2 的间距,用 x 表示 λ_1 和 λ_x 的间距,那么待测谱线波长 λ_x 为

$$\lambda_x = \lambda_1 + \frac{x}{d}(\lambda_2 - \lambda_1) \tag{3.1}$$

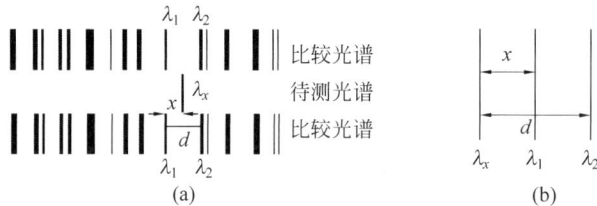

图 3.3　插入法求待测波长的方法

如波长为 λ_x 的待测谱线位于已知波长 λ_1 和 λ_2 谱线之外,如图 3.2(b)所示,则它们在底片上的位置可用读数显微镜测出,如用 d 表示谱线波长 λ_1 和 λ_2 的间距,用 x 表示 λ_1 和 λ_x 的间距,那么待测谱线波长 λ_x(λ_x 在 λ_2 的右侧结果也一样)为

$$\lambda_x = \lambda_1 + \frac{x}{d-x}(\lambda_1 - \lambda_2) \tag{3.2}$$

4. 实验内容与步骤

1) 摄谱仪的调节

(1) 调节共轴,将光源 S 置于准直物镜 L_1 的光轴上。调节时,先将汞灯点亮预热,竖直放置且与入射缝等高,沿摄谱仪的底座导轨将汞灯移远,从暗盒中央观察摄谱仪,调整光源的位置,使光源的像位于照相物镜 L_2 的中央。此时,汞灯位于 L_1 的光轴上。

(2) 在光源与狭缝 S_1 之间加入聚光照明透镜 L,调节透镜 L 的位置,使光源的像落在入射缝上。若更换光源,只需调整光源的位置,透镜 L 的位置无须变动,确保光源始终处在准直物镜 L_1 的光轴上。

(3) 取掉狭缝罩盖,在放置照相底板的位置放一块毛玻璃,即可看到汞灯的线光谱。调节照相物镜位置和缝宽,注意观察毛玻璃上所有谱线是否全部清晰,若不清晰还需调节暗匣相对于系统轴线的倾角。

2) 测量待测谱线的波长

(1) 在靠近待测波长 λ_x 的两侧,选两条波长 λ_1、λ_2 已知的谱线,用读数显微镜测出三条谱线(λ_1、λ_2 和 λ_x)在底板上对应位置的数值 n_1、n_2 和 n_x,求出 λ_x 值。

(2) 再选两条距 λ_x 稍远的谱线,同上测量并求 λ_x,比较其差异。

5. 数据记录与处理

填写表 3.1。

表 3.1　棱镜摄谱数据记录表

次数	黄 n_1/mm	绿 n_x/mm	紫 n_2/mm	$n_x - n_1$/mm	$n_2 - n_1$/mm	λ_x
1						
2						
3						
4						
5						
6						

计算公式为：$\lambda_x = \lambda_1 + \dfrac{x}{d}(\lambda_2 - \lambda_1) = \lambda_1 + \dfrac{n_x - n_1}{n_2 - n_1}(\lambda_2 - \lambda_1)$。

6. 注意事项

（1）避免将缝宽调到零，以免损坏刀口。

（2）实验过程中要注意避免回程误差。

（3）测光谱时要注意对齐同一侧读数。

7. 思考题

（1）测量光谱的底片为什么要有一个倾角？

（2）安装底片要在什么条件下进行？

（3）测量底片时要注意什么？

3.2　光栅光谱仪测量氢光谱实验

　　光栅光谱仪是一种基于光栅衍射的分光原理进行分光的光谱仪，能将入射光分解成一系列具有不同波长和强度的光谱线。当入射平行光线通过光栅时，由于光栅的周期性结构，光会发生衍射，形成一系列不同衍射角的平行光束，每个衍射角对应着特定的波长。这些光束会聚到检测器上，形成各分立的光谱。若探测器位置固定，可通过控制光栅的旋转角度，获得对应波长的输出光谱。这些光谱信息可以用于物质的识别、浓度测量、化学反应动力学研究等领域。

1. 实验目的

（1）掌握光栅光谱仪的工作原理和使用方法，学习识谱和谱线测量等基本技术。

（2）通过光谱测量了解一些常用光源的光谱特性。

（3）通过所测得的氢（氕）原子光谱在可见和近紫外区的波长验证巴尔末公式。

2. 实验器材

钠灯，光栅，光学系统，样品室，检测器，光谱仪控制系统，数据采集和分析系统，光路支架，光学滤波器，光密封容器等。

3. 实验原理

　　光栅光谱仪是一种用光栅分光的光谱仪，是光谱测量中最常用的器材。其基本结构如图 3.4 所示。它由入射狭缝 S_1、光栅 G、准光镜 M_1、反射镜 M_2、物镜 M_3，以及出射狭缝 S_2 构成。

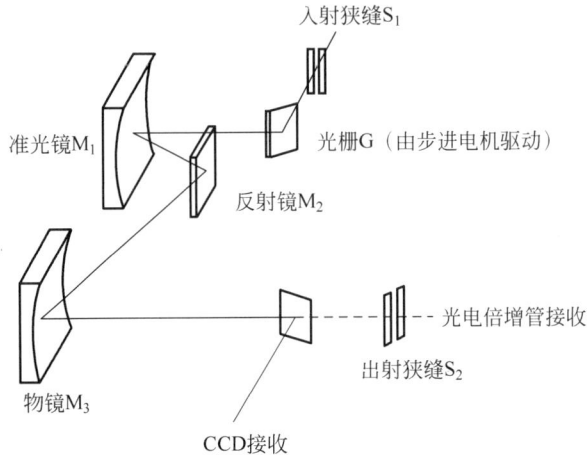

图 3.4 光栅光谱仪光路图

复色入射光进入狭缝 S_1 后,经光栅 G 衍射后,不同波长的光束以不同的衍射角出射到准光镜 M_1 上,物镜 M_3 将照射到它上面的某一波长的光聚焦在出射狭缝上,再由后面的电光探测器记录该波长的光强度。

光栅光谱仪的色散元件为闪耀光栅。将光栅安装在一个步进电机上,当光栅移动时,从出射狭缝出来的光的波长和强度都在变化,用光电探测器记录不同波长的光信号及强度,即为光谱。

4. 实验内容及步骤

1) 光谱仪波长修正

认真阅读光谱仪介绍部分或阅读光谱仪说明书,弄清光谱仪扫描、波长修正和定点扫描等功能的应用。调节 S_1、S_2 缝宽,S_1、S_2 缝宽大小决定了谱线精细程度,通常缝宽越小谱线的分辨率越高,但谱线强度越低。实验中,可按不同的测量要求,选择合适的缝宽。

打开计算机,打开光谱仪电源开关,打开钠(汞)灯。用鼠标单击运行光谱仪控制软件,选择光电倍增管,耐心等待器材初始化工作结束(5 min)。测量钠光灯双线 589.0 nm、589.6 nm(或汞灯 546.1 nm 线):在"能量"模式下,用"单程扫描"得到该标准谱线附近(范围:±5 nm,间隔:0.1 nm)的强度分布;用"自动寻峰"找到谱线的峰值位置,若峰值位置与标准谱线波长不符,则用"波长修正"对光谱仪进行波长校正。

2) 典型光源光谱测量

分别选择合适的"扫描范围"和"间隔",对热辐射源(白炽灯)、发光二极管、汞灯 546.1 nm 线(或氢灯 656.28 nm 线)进行光谱测量,求出光谱的半高宽。画出该谱线强度分布简图,并求出相干长度。

在测量时要注意调节光源的位置和光电倍增管电压或信号的"增益",以保证"能量"信号有足够大的数值(强度>100)。当然,狭缝的宽度直接影响谱线的强度。

3) 氢光谱测量

通过计算求出巴尔末线系的光谱范围,确定谱线出现的位置。换氢灯初步扫出氢原子光谱(注意选择光电倍增管的电压)。用"自动寻峰"找到 $\lambda = 656.28$ nm 的谱线位置,进行"定点扫描"(选择扫描时间>1000 s),即在 $\lambda = 656.28$ nm 谱线峰值位置,看光谱强度随时间的变化;

在"定点扫描"状态下,移动氢光谱灯的位置,使信号达到最大,并选择好适当的光电倍增管电压和信号放大倍数,保证信号足够大,且不超出显示范围(<1000),谱线有最佳的信噪比。根据巴尔末线系的范围,扫描出整个谱线系(参考范围:370~660 nm,间隔:0.1 nm)。

找出巴尔末线系的谱线,用最小二乘法求得氢原子的里德伯常数,得出与公认值的百分差,验证玻尔原子轨道理论,并画出谱线分布简图(谱线位置-强度)。找出合适的光谱灯位置,分开氢氘谱线,扫描出相应谱线(或用 CCD 测量)。

5. 实验数据及结果处理

1) 典型光源光谱测量

确定条纹位置并记录在表 3.2 中。

表 3.2　光源强度分布测量表

波长/nm	一级最大亮度位置	二级最大亮度位置	三级最大亮度位置
400			
450			
500			
550			
600			
650			

2) 氢光谱测量

用实验确定氢光谱位置并记录在表 3.3 中。

表 3.3　氢光谱测量表

谱线	级数	位　　置		平均位置	光强/cd	波长/nm	所属线系
蓝红光	1						
	2						
蓝紫光	1						
	2						
青绿线	1						
	2						
红色线	1						
	2						

6. 注意事项

(1) 光谱灯换挡时,一定要切断电源。

(2) 在测量光谱时,为调节谱线的强度,光电倍增管电压不能超过 1000 V。

7. 思考题

(1) 光栅光谱仪是如何工作的?

(2) 如何定义光栅光谱仪的分辨率?如何提高分辨率?

3.3　法布里-珀罗干涉仪观测塞曼效应实验

塞曼效应实验是物理史上一个著名的实验。荷兰物理学家彼得·塞曼(Pieter Zeeman)于 1896 年发现:将光源置于外磁场中时,光源发出的每一条光谱线将分裂成几条波长相差很小的偏振化谱线。塞曼的这个发现被称为塞曼效应,很快由洛仑兹(H. A. Lorentz)给出了理论解释,它证实了原子具有磁矩和磁矩的空间量子化。可以用该实验结果确定有关原子能级的几个量子数,如磁量子数 M、J 和朗德因子 g 的值,有力地证明了电子自旋,洛仑兹和塞曼因此荣获了 1902 年诺贝尔物理学奖。塞曼效应分为正常塞曼效应和反常塞曼效应,是研究原子能级结构的重要方法之一。这一效应是继法拉第效应、克尔效应之后发现的第三个磁光效应,使得人们对物质的光谱、原子和分子有了更深的理解,在量子理论的发展中起了重要作用。

1. 实验目的

(1) 学习观察塞曼效应的实验方法。

(2) 了解法布里-珀罗干涉仪的结构和原理并利用它测量微小波长差。

(3) 观察 Hg 灯的 546.1 nm 光谱线在外磁场作用下的塞曼分裂现象。

(4) 由塞曼裂距计算电子的荷质比 e/m 并和标准值进行比较。

2. 实验器材

氦氖激光器,法布里-珀罗标准具,磁场,光电二极管,光学系统等。

3. 实验原理

1) 法布里-珀罗干涉仪的工作原理

法布里-珀罗干涉仪是由两块平行的玻璃板组成的多光束干涉仪。当两块玻璃板间用固定长度的空心间隔物来间隔固定时,被称为法布里-珀罗(F-P)标准具,即由两块平面玻璃板中间夹有一个间隔圈组成。平面玻璃板的内表面加工精度要求高于 1/30,内表面镀有高反射膜,膜的反射率高于 90%,间隔圈用膨胀系数很小的石英材料加工成一定的长度,用来保证两块平面玻璃板之间精确的平行度和稳定的间距。

F-P 标准具的光路图见图 3.5 所示,当单色平行光束 S 以小角度 θ 入射到标准具的 M 平面时,入射光束 S 经过表面 M 及表面 M′ 多次反射和透射,形成一系列相互平行的反射光束,相邻光束之间有一定的光程差 Δl,这一系列互相平行并有一定光程差的光束在无穷远处用透镜会聚在透镜的焦平面上就会发生干涉,当光程差为波长整数倍时产生干涉极大值。

$$\Delta l = 2nd\cos\theta \tag{3.3}$$

式中,d 为两平板之间的间距;n 为两平板之间介质的折射率(标准具在空气中 $n=1$);θ 为

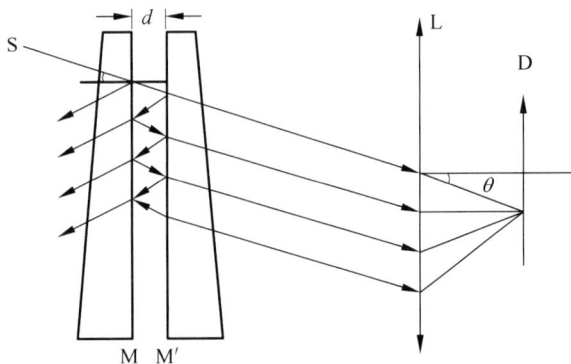

图 3.5　法布里-珀罗标准具光路图

光束入射角,由于标准具的间距 d 是固定的,在扩展光源照明下,F-P 标准具产生等倾干涉,它的干涉花纹是一组同心圆环,如图 3.6 所示。

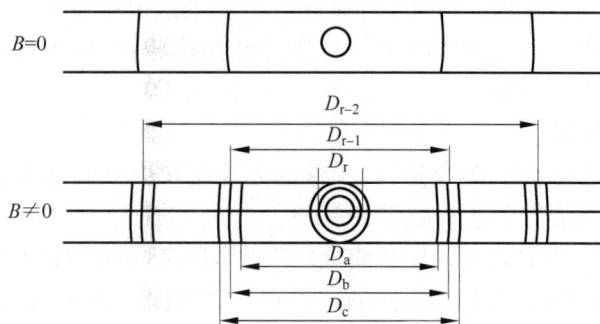

图 3.6 干涉圆环直径测量示意图

由于标准具是多光束干涉,干涉花纹的宽度非常细锐,花纹越细锐表示器材的分辨能力越高,这里介绍两个描述器材性能的特征常数。

2) 自由光谱区 $\Delta\lambda_R$ 或 ΔV_R(色散范围)

考虑两个具有微小波长差的单色光 λ_1 和 λ_2 入射到标准具上,若 $\lambda_2 > \lambda_1$,根据式(3.3),对于同一干涉序 k,λ_1 和 λ_2 的极大值对应不同的入射角 θ_1 和 θ_2,且 $\theta_1 > \theta_2$;产生两套圆环条纹,波长较长的在里圈,波长较短的在外围。如果 λ_1 和 λ_2 之间的波长差逐渐加大,使得 λ_1 的 k 序花纹与 λ_2 的 $k-1$ 序花纹重叠,有:

$$k\lambda_1 = (k-1)\lambda_2, \quad \lambda_2 - \lambda_1 = \lambda_2/k \tag{3.4}$$

由于 k 是很大的数目,所以可用中心花纹的序数代替,即 $k \approx k-1$,此时有 $\theta \approx 0$,由式(3.2)可得 $\Delta l = 2d$,可知 $k = \Delta l/\lambda = 2d/\lambda_2$,用 λ 代替右边的 λ_2 得:

$$\lambda_2 - \lambda_1 = \frac{\lambda^2}{2d} = \Delta\lambda_R \tag{3.5}$$

$\Delta\lambda_R$ 是标准具的色散范围。式(3.3)和式(3.4)均为自由光谱区定义,也就是标准具的色散范围。它表征了标准具所允许的不同波长的干涉花纹不重序的最大波长差。若被研究的谱线差大于器材的色散范围时,两套花纹之间就要发生重序或错序。因此在使用标准具时,要根据研究对象的光谱范围来选择器材的色散范围。例如若 F-P 标准具的间距 $d = 5$ mm,对波长 500 nm 的光而言,$\Delta V_R = 0.025$ nm,可见 F-P 标准具的研究对象只能在很狭窄的光谱范围内。

3) 标准具的精细度 F(或分辨本领)

$$F = \frac{\Delta\lambda_R}{\delta\lambda} = \frac{\pi\sqrt{R}}{1-R} \tag{3.6}$$

$\delta\lambda$ 是标准具能分辨的最小波长差。R 为 F-P 标准具板内表面的反射率。精细度的物理意义是相邻两个干涉序花纹之间能够被分辨的干涉花纹的最大数目。精细度只依赖于反射膜的反射率,反射率愈高,精细度愈大,器材能够分辨的条纹数愈多,也就是器材分辨本领愈高。实际上 F-P 标准具谐振腔内表面加工精度有一定的误差,以及受反射膜不均匀等因素影响,往往使器材的实际精细度比理论值要小。

4）塞曼分裂的精细光谱结构的测量

将汞灯置于外磁场中，光源发出的每一条光谱线将分裂成几条波长相差很小的偏振化谱线，经 F-P 标准具可观察到 1 条谱线分裂成了 9 条谱线，其中包含 3 条 π 谱线和 6 条 σ 谱线，这两组谱线偏振态不同，使用偏振片可以进行更清晰准确的分析测量。根据分裂后的谱线波长差，可求得电子的荷质比。

4. 实验内容及步骤

（1）打开开关，点亮汞灯，调整透镜、干涉滤光片座和法布里-珀罗标准具座，使它们与光源等高共轴，让光线能完全进入 CCD 摄像机。

（2）打开计算机，运行"塞曼效应智能分析软件"，单击"预览"按钮，仔细调节透镜、干涉滤光片、法布里-珀罗标准具等相互之间的位置和 CCD 摄像机的聚焦及光圈直至在屏幕中能看到又清晰又细的圆环条纹，使得加磁场 B 时，能清楚分辨出二级以上分裂条纹。保存"磁场 $B=0$ 时"的谱线圆环条纹图。

（3）打开电磁铁开关，加上电流至能看到分裂的 9 条谱线，用特斯拉计测量磁场值，并保存"$B>0$ 时，9 条"的谱线图。

（4）旋转偏振片，将分别看到 π 分量的 3 条谱线和 σ 分量的 6 条谱线。保存"$B>0$ 时，π 分量的 3 条"及"$B>0$ 时，σ 分量的 6 条"的谱线图。其中 B 是外加磁场强度，当给直流电磁铁加上一定的电流时，就有一定的磁场 B，实验可以用毫特斯拉计测量。

（5）利用智能分析软件对谱线进行分析，测出 π 谱中 a、b、c 谱线对应的直径，分别测量三个级次，计算出谱线与它相邻的 π 谱线的波长差，重复测量三次。根据公式计算出电子的荷质比值 e/m，并与基本物理常数 1986 年推荐值：$e/m=-1.758\ 819\ 6\times10^{11}$ C/kg 相比较，分析误差的来源。

5. 实验数据及结果处理

表 3.4　塞曼效应下 π 谱线精细结构的测量数据

谱线	X	$D=X_k-X_{-k}$	D^2	$D_{k-1}^2-D_k^2$	$\overline{D_{k-1}^2-D_k^2}$	$D_c^2-D_b^2$ 或 $D_b^2-D_a^2$
a 线	$X_k=$ $X_{-k}=$					
	$X_{k-1}=$ $X_{-k+1}=$					
b 线	$X_k=$ $X_{-k}=$					
	$X_{k-1}=$ $X_{-k+1}=$					
c 线	$X_k=$ $X_{-k}=$					
	$X_{k-1}=$ $X_{-k+1}=$					

(1) 根据表 3.4 计算出 $D_{k-1}^2 - D_k^2$，$D_b^2 - D_a^2$ 或 $D_c^2 - D_b^2$。

(2) 由以下公式，计算出同一个级次的两个波数差，即 a、b 线的波数差和 b、c 的波数差。

$$\Delta \widetilde{\nu} = \nu_a - \nu_b = \left(\frac{1}{2d}\right)(D_b^2 - D_a^2)/(D_{k-1}^2 - D_k^2)$$

$$\Delta \widetilde{\nu} = \nu_b - \nu_c = \left(\frac{1}{2d}\right)(D_c^2 - D_b^2)/(D_{k-1}^2 - D_k^2)$$

(3) 由以下荷质比计算公式，计算出电子的荷质比，并和理论值比较，算出相对误差。

$$\frac{e}{m} = \frac{2\pi c}{(M_2 g_2 - M_1 g_1)Bh}\left(\frac{D_b^2 - D_a^2}{D_{k-1}^2 - D_k^2}\right)$$

6. 注意事项

(1) 法布里-珀罗标准具等光学元件应避免沾染灰尘、污垢和油脂，还应该避免在潮湿、过冷、过热和酸碱性环境中存放和使用。

(2) 光学零件的表面上如有灰尘可以用橡皮吹气球吹去。如表面有污渍可以用脱脂棉、清洁棉花球蘸酒精、乙醚混合液轻轻擦拭。

(3) 电磁铁在完成实验后应及时切断电源，以避免长时间工作使线圈积聚热量过多而破坏稳定性。

(4) 把汞灯放进磁隙中时，应该注意避免灯管接触磁头。

(5) 笔型汞灯工作时会辐射出紫外线，操作实验时不宜长时间用眼睛直视灯光；另外，应经常保持灯管发光区的清洁，发现污渍应及时用酒精或丙酮擦洗干净。

(6) 汞灯工作时电压很高，所以在打开汞灯电源后，不要接触后面板汞灯接线柱，以免造成伤害。

(7) 不要把 CCD 摄像机暴露在日光直射、雨天或者灰尘大的恶劣环境中。

(8) 严禁用手直接清洁 CCD 感光器，必要时可以用软布浸上酒精擦洗。

(9) 使用 CCD 摄像机时，注意轻拿轻放，避免强烈震动或跌落。

7. 思考题

(1) 什么叫塞曼效应、正常塞曼效应、反常塞曼效应？

(2) 反常塞曼效应中光线的偏振性质如何？请解释。

(3) 垂直于磁场观察时，怎样鉴别分裂谱线中的 π 分量和 σ 分量？

3.4 弗兰克-赫兹实验

玻尔(Niels Bohr，1885—1962 年)的原子模型认为，原子是由原子核和以核为中心沿特定直径的轨道旋转的一些电子构成的，如图 3.7 所示。不同原子轨道上的电子数和分布各不相同。一定轨道上的电子，具有一定的能量。当电子处在特定轨道上运动时，相应的原子就处于稳定的能量状态，简称为定态。当某一原子的电子从低能量的轨道跃迁到较高能量的轨道时(例如图 3.7 中从Ⅰ到Ⅱ)，我们就说该原子进入受

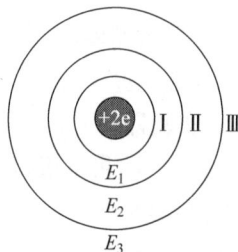

图 3.7 玻尔原子模型

激状态。如果电子从轨道Ⅰ跃迁到轨道Ⅱ,该原子进入第一受激态,如从Ⅰ到Ⅲ则进入第二受激态,等等。玻尔原子模型理论指出:

(1) 原子只能处在一些不连续的稳定状态(定态)中,其中每一定态相应于一定的能量$E_i(i=1,2,3,\cdots,m,\cdots,n)$。

(2) 当一个原子从某定态E_m跃迁到另一定态E_n时,就吸收或辐射一定频率的电磁波,频率的大小取决于两定态之间的能量差E_n-E_m,并满足以下关系:$h\nu=E_n-E_m$。式中普朗克常数$h=6.63\times10^{-34}$ J·s,$m<n$。

如初始能量为零的电子在电位差为U_0的加速电场中运动,则电子可获得的能量为eU_0;如果加速电压U_0恰好使电子能量eU_0等于原子的临界能量,即$eU_0=E_2-E_1$,则U_0称为第一激发电位,或临界电位。测出这个电位差U_0,就可求出原子的基态与第一激发态之间的能量差E_2-E_1。

原子处于激发态是不稳定的会自发地回到基态,并以电磁辐射的形式放出以前所获得的能量,其频率可由关系式$h\nu=eU_0$求得。在玻尔发表原子模型理论的第二年(1914年),弗兰克(James Franck,1882—1964年)和赫兹(Gustav Hertz,1887—1975年)参照勒纳德创造的反向电压法,用慢电子与惰性气体原子(Hg与He)碰撞,经过反复试验,获得了图3.8的曲线。

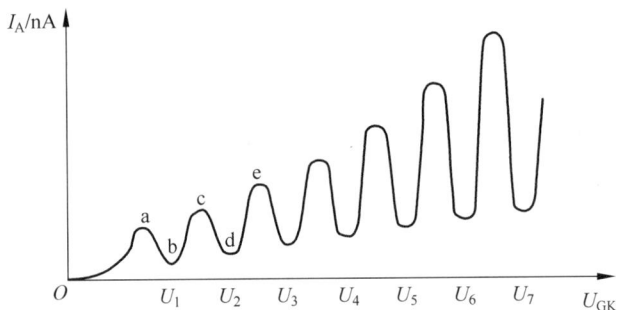

图 3.8　弗兰克-赫兹管的 I_A-U_{GK} 曲线

1915年玻尔指出实验曲线中的电压差值正是他所预言的第一激发电位,从而为玻尔的能级理论找到了重要实验依据。这是物理学发展史上理论与实验良性互动的一个极好例证。弗兰克及赫兹因此而同获1925年诺贝尔物理学奖。

1. 实验目的

(1) 测定氩原子第一激发电位。

(2) 了解实验的设计思想和方法。

(3) 证明原子能级的存在,加深对原子结构的了解。

2. 实验器材

加热丝,收集电极,加速电压源,电流计,真空泵,压力计等。

3. 实验原理

弗兰克-赫兹实验原理如图3.9所示,在充氩的弗兰克-赫兹管中,电子由阴极K发出,阴极K和第一栅极G_1之间的加速电压V_{G_1K}及与第二栅极G_2之间的加速电压V_{G_2K}使电子加速。在板极 A 和第二栅极 G_2 之间可设置反向拒斥电压 V_{G_2K}，管内空间电压分布见图 3.10。

注意：第一栅极 G_1 和阴极 K 之间的加速电压 V_{G_1K} 约 2 V，用于消除空间电荷对发射电子的影响。

当灯丝加热时，阴极被灯丝灼热而发射电子，电子在 G_1 和 G_2 间的电场作用下被加速而取得越来越大的能量。但在起始阶段，由于电压 V_{G_2K} 较低，电子的能量较小，即使在运动过程中，它与原子相碰撞（为弹性碰撞）的能量交换非常微小，此时可认为它们之间没有能量交换。这样，穿过第二栅极的电子所形成的电流 I_A 随第二栅极电压 V_{G_2K} 的增加而增大。

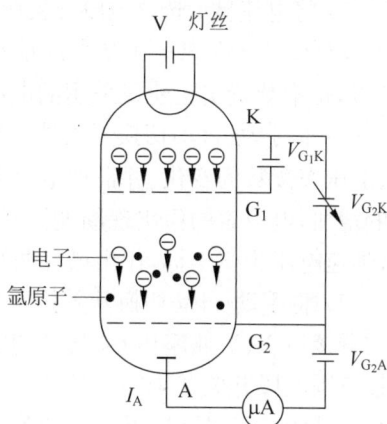

图 3.9 弗兰克-赫兹实验原理图

当 V_{G_2K} 达到氩原子的第一激发电位时，电子在第二栅极附近与氩原子相碰撞（此时产生非弹性碰撞）。电子把从加速电场中获得的全部能量传递给氩原子，使氩原子从基态激发到第一激发态。此时，由于电子本身把全部能量传递给了氩原子，它即使穿过第二栅极，也不能克服反向拒斥电压而被迫折回第二栅极，所以阳极电流 I_A 将显著减小。氩原子在第一激发态不稳定，会跃迁回基态，同时以光量子形式向外辐射能量。随着第二栅极电压 V_{G_2K} 的增加，电子的能量也随之增加，与氩原子相碰撞后还留下足够的能量克服拒斥电压的作用力而到达阳极 A，这时电流又开始上升。直到 V_{G_2K} 是 2 倍氩原子的第一激发电位时，电子在 G_2 与 K 间又会因第二次非弹性碰撞失去能量，由此引起第二次阳极电流 I_A 的下降，这种能量转移随着加速电压的增加而呈周期性变化。若以 V_{G_2K} 为横坐标，以阳极电流值 I_A 为纵坐标可以得到谱峰曲线，两相邻谷点（或峰尖）间的加速电压差值，即为氩原子的第一激发电位值。

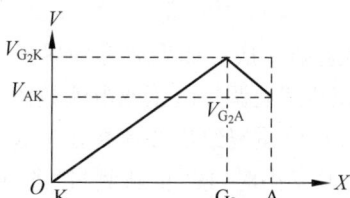

**图 3.10 弗兰克-赫兹管内
空间电位分布原理图**

这个实验说明弗兰克-赫兹管内的电子缓慢地与氩原子碰撞，能使原子从低能级被激发到高能级，通过测量氩的第一激发电位值（这是一个定值，即吸收和发射的能量是完全确定，不连续的），也证明了原子内部存在着不连续的能级，即存在玻尔原子能级。

4. 实验内容及步骤

（1）拨动电源开关，接通电源，点亮数码管，将手动-自动切换开关按至"手动"位置，逆时针方向旋动"扫描幅度调节"旋钮到最小位置，预热 3 min 后方可开始实验。

（2）将电压分挡切换开关拨到"5 V"挡，旋转"5 V"调节旋钮，使电压读数为 2 V。这时阴极至第一栅极电压 V_{G_1K} 为 2 V。

（3）将电压分挡切换开关拨到"15 V"，旋转"15 V"调节旋钮，使电压读数为 7.5 V。这时阳极至第二栅极电压 V_{G_2A}（拒斥电压）为 7.5 V。

（4）将电压分挡切换开关拨到"100 V"，旋转"100 V"调节旋钮，使电压读数为 0 V。这时阳极至第二栅极电压 V_{G_2A}（加速电压）为 0 V。

（5）将电流显示选择波段开关切换到 10^{-9} A 挡，并调节调零旋钮使电流显示指示为零。

步骤（2）～步骤（5）为实验前准备步骤，灯丝电压为 3.0 V、V_{G_1K} 为 2 V、V_{G_2A} 为 7.5 V，是本装置实验建议采用的电压值。

（6）将手动-自动切换开关按至"手动"位置，旋转 0～100 V（V_{G_2A}）旋钮，同时观察电流表、电压表读数的变化，并根据电流表的数值大小调节好"电流显示选择"挡位，随着加速电压的增加，电流表的值出现周期性峰值和谷值，记录相应的电压、电流值，以输出电流为纵坐标，加速电压为横坐标，作出谱峰曲线。

（7）将手动-自动切换开关按至"自动"位置，示波器-微机开关按至"示波器"位置，并将示波器接口 X、Y 插座用专用连接电缆分别与示波器的 X、Y 插座连接起来，将示波器上的扫描范围波段开关置于"外 X"挡。打开示波器电源开关，调节示波器 Y 移位、X 移位旋钮，使扫描基线位于显示屏下方。调节"X 增益"电位器，使扫描基线为 10 格（双踪示波器可将功能选择开关调至 X-Y 工作方式）。顺时针方向旋转主机"扫描幅度调节"旋钮，观察示波器显示屏上出现的波形，调节示波器衰减 Y 增益及 X 增益，使 Y 轴幅度适当，波形清晰。把扫描电位器顺时针旋到底，扫描电压最大为 110 V，量出相邻两峰值间的水平距离，即可得到氩原子第一激发电位的值。

（8）在保持原有的设置参数条件下，将手动-自动切换开关按至"自动"位置，示波器-微机开关按至"微机"位置，在实验仪未通电的情况下，用九针电缆连接弗兰克-赫兹实验仪接口和显示计算机之间的串口，连接与断开串口连线时必须断电，严禁带电操作。运行实验软件，适当旋转"扫描幅度调节"旋钮，单击"开始采集"或"重新采集"图标，可看到界面生成坐标线，同时电压、电流显示窗口动态显示电压值、电流值的变化，表示数据经通信端口已正常传输至计算机。

（9）当数据正常传输至计算机后，界面上的红色波形逐渐生成。如果波形和界面不匹配，可以调整"电流显示选择"波段开关的位置，并在"坐标设置"处调整电压或电流数值的比例大小，直到图形正常。未按停止按钮，每个周期生成的波形将重复绘出并重叠在一起。如果要生成一个单周期的完整图，可在电压动态窗口数据由大变小时，按"重新测量"图标，原画面将自动清除并重新记录；当数据再次由大变小时，按"停止测量"图标，数据停止采集。将鼠标点到曲线各个峰并记录峰值大小，即可计算各峰值之间的电势差，并将各峰峰值之间的电势差的平均值填写到"实验结果"中去，实验数据记录参照表 3.5。

5. 实验数据及结果处理

表 3.5 弗兰克-赫兹实验数据记录表

组数	测 量 项 目			
	V_{G_1K}	V_{G_2K}	V_{G_2A}	I_A
1				
2				
3				
4				
5				

用计算机作图改变了人工画图的速度慢、不准确等缺点,还可以将各次实验结果全画出来,便于比较多次测量的一致性。

6. 注意事项

(1) 实验中(手动挡)电压加到 60 V 以后,要注意电流输出指示,当电流表数值突然骤增时,应立即减小电压,以免水银管损坏。

(2) 实验过程中如要改变第一栅极与阴极(V_{G_1K})和第二栅极与阳极(V_{G_1K})之间的电压及灯丝电压时,则要先将 0～100 V 旋钮逆时针旋到底,再行改变以上电压值。

(3) 本实验灯丝电压分别可以设为 3 V、3.5 V、4 V、4.5 V、5 V、5.5 V、6.3 V,可在不同的灯丝电压下重复上述实验。如果发现波形上端切顶,则说明阳极输出电流过大,引起放大器失真,应减小灯丝电压。

7. 思考题

(1) 从实验曲线看为什么阳极电流 I_A 并不突然改变,每个峰和谷都有圆滑的过渡?

(2) 汞原子核外有多少个电子? 写出汞原子在基态时和第一激光器激发态时的电子组态。

3.5　激光拉曼光谱实验

拉曼散射(Raman scattering),也称拉曼效应,1928 年由印度物理学家拉曼发现,指光波在被散射后频率发生变化的现象。1930 年诺贝尔物理学奖授予了拉曼,以表彰他研究了光的散射和发现了以他的名字命名的散射定律。

当光照射到物质上时会发生散射(包括弹性散射和非弹性散射),散射光光谱中除了与激发光波长相同的弹性散射成分(瑞利散射)外,还有比激发光的波长长的和短的成分,这是由分子振动、固体中的光学声子等元激发与激发光相互作用产生的非弹性散射,散射出不同频率的光的过程,被称为拉曼散射。拉曼散射非常弱,强度大约为瑞利散射的千分之一。激光器的出现使拉曼光谱学技术发生了很大的变革,激光器成为获得拉曼光谱近乎理想的光源。

拉曼光谱是研究分子振动、转动及分子几何形状,确定各种官能团和化学键位置及定量分析复杂混合物的重要手段,本实验主要通过记录 CCl_4 分子的振动拉曼光谱,学习和了解拉曼散射的基本原理、拉曼光谱实验及分析方法。

1. 实验目的

(1) 了解拉曼散射的基本原理及分析方法。

(2) 了解激光拉曼谱仪的各主要部件的结构和性能。

(3) 掌握测定样品(CCl_4)的基本参数设定与操作要领。

(4) 测定样品的拉曼谱并进行分析。

2. 实验器材

激光器,光学系统,采样室,光谱仪(图 3.11),光电探测器,数据采集和处理系统等。

外电路系统如图 3.12 所示。

除了以上的基本器材和设备,实验中还需要使用气体供应系统、温控装置、样品移动装置等辅助设备,以满足实验需求和控制条件。

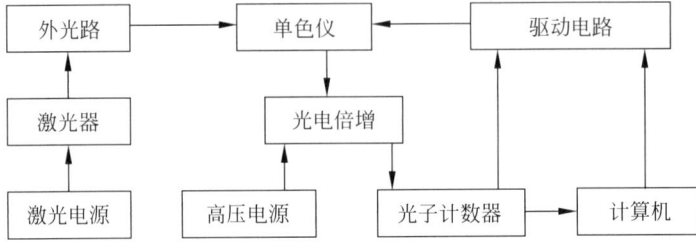

图 3.11　拉曼光谱仪结构示意图

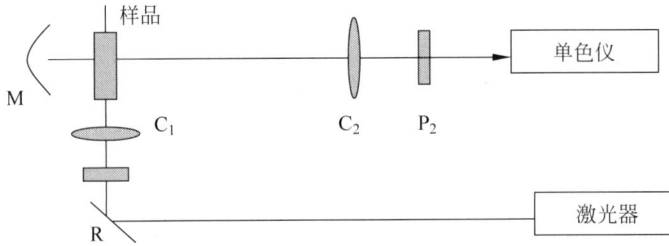

图 3.12　外光路系统示意图

拉曼光谱仪光学原理图如图 3.13 所示。

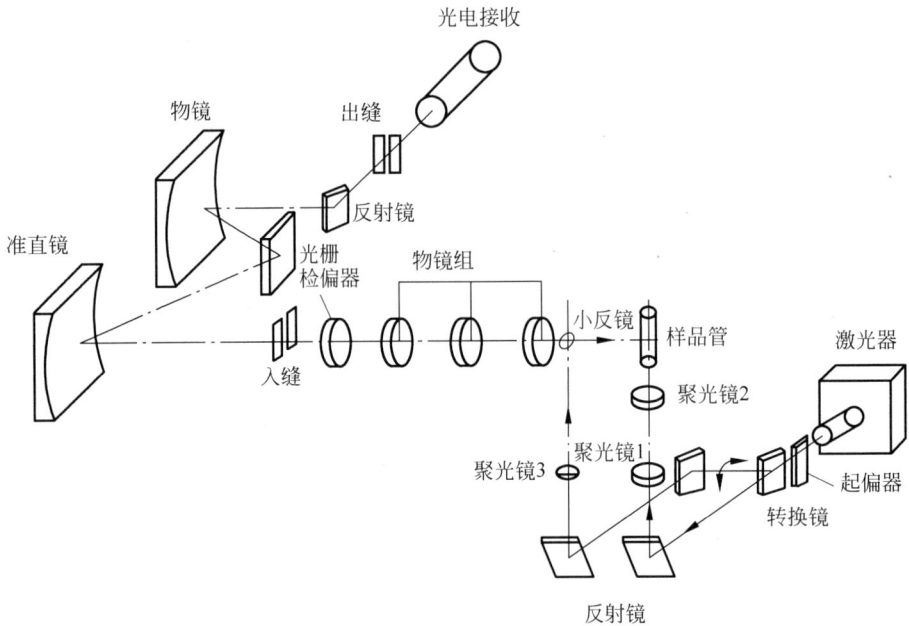

图 3.13　拉曼光谱仪光学原理图

3. 实验原理

当波数为 ν_0 的单色光入射到透明介质上时,除了被介质吸收、反射和透射外,总会有一部分光发生散射(图 3.14)。按散射光相对于入射光波数的改变情况,可将散射光分为三类:第一类,由某种散射中心(分子或尘埃粒子)引起,其波数基本不变或变化小于 10^{-5} cm^{-1},这类散射称为瑞利散射;第二类,由入射光波场与介质内的弹性波发生相互作用而产生的散射,其波数变化大约为 $0.1\ \mathrm{cm}^{-1}$,称为布里渊散射;第三类,波数变化大于 $1\ \mathrm{cm}^{-1}$ 的散射,相当于分子转动、振动能级和电子能级间跃迁范围,这种散射现象在实验上是 1928 年首先由印度科学家拉曼和苏联科学家曼杰斯塔姆发现的,因此称为拉曼散射。从散射光的强度看,瑞利散射最强,但一般也只有入射光强的 $10^{-5}\sim10^{-3}$;拉曼散射光最弱,仅为总散射光强度的 $10^{-10}\sim10^{-6}$。因此,为了有效地记录到拉曼散射,要求有高强度的单色入射光去照射样品。目前拉曼光谱实验的光源已全部使用激光。

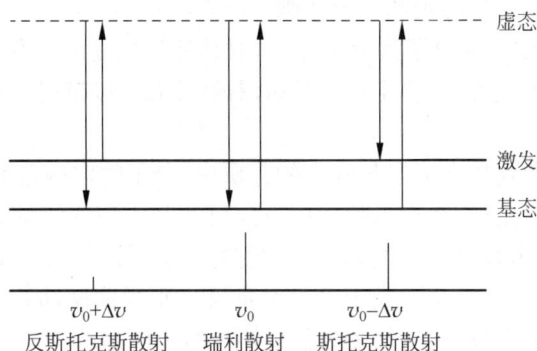

图 3.14　瑞利散射和拉曼散射(斯托克斯散射和反斯托克斯散射)

激光照射样品,用光电记录法得到的振动拉曼光谱(图 3.15)。其中最强的一支光谱和入射光的波数相同,是瑞利散射。此外还有几对较弱的谱线对称地分布在 ν_0 两侧,其拉曼位移(即散射光频率与激发光频之差)$\Delta\nu=\nu_0-\nu_s>0$ 的散射光谱为斯托克斯线,而 $\Delta\nu=\nu_0-\nu_{as}<0$ 的散射光谱为反斯托克斯线。拉曼散射光谱具有以下明显的特征:拉曼散射谱线的波数虽然随入射光的波数而不同,但对同一样品,同一拉曼谱线的位移 $\Delta\nu$ 与入射光的波长无关。

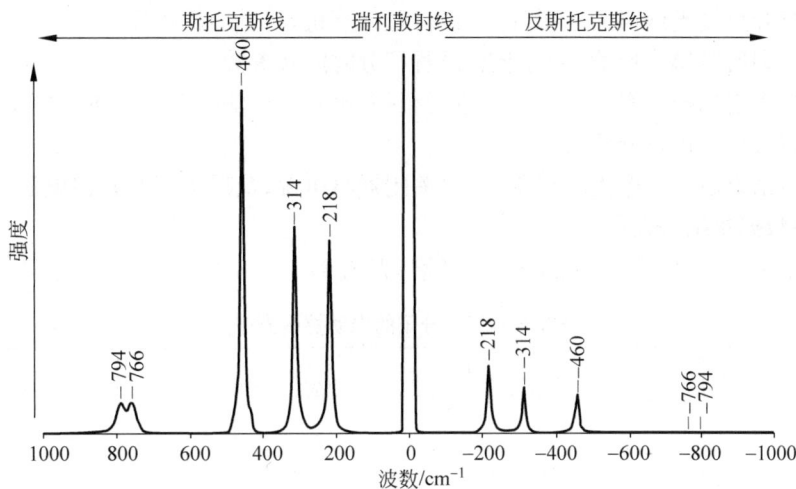

图 3.15　CCl_4 拉曼光谱

对于拉曼散射来说,拉曼位移 $\Delta\nu$ 只取决于分子振动能级的改变,光子失去的能量与分子得到的能量相等(均为 ΔE)反映了指定能级的变化,因此拉曼位移 $\Delta\nu$ 也是特征性的,与之相对应的光子频率也是特征性的,根据光子频率变化就可以判断出分子中所含的化学键或基团。这就是拉曼光谱可以作为分子结构的分析工具的理论依据。在以波数为变量的拉曼光谱图上,斯托克斯和反斯托克斯线对称地分布在瑞利散射线两侧;一般情况下,斯托克斯线比反斯托克斯线的强度大。

1) 拉曼光谱与红外光谱的关系

拉曼光谱与红外光谱同属分子振(转)动光谱。红外光谱适用于研究不同原子的极性键振动,而拉曼光谱适用于研究相同原子的非极性键振动。在做结构分析时常用拉曼谱与红外谱互补,该两光谱遵循互排法则和互允法则。

互排法则:有对称中心的分子其分子振动,对红外和拉曼之一有活性,则另一非活性。

互允法则:无对称中心的分子其分子振动,对红外和拉曼都是活性的。

2) 退偏比

实验所测样品中,尤其是在液态与气态的介质中,分子的取向是无规则分布的。一般情况下,如入射光为平面偏振光,散射光的偏振方向可能与入射光不同,而且还可能变为非完全偏振的。这一现象称为散射光的"退偏"。散射光的退偏往往与分子结构和振动的对称性有关。拉曼散射光的偏振性完全取决于极化率张量。非对称振动的分子,极化率张量是一个椭球,会随着分子一起翻滚,振荡的诱导偶极矩也将不断地改变方向。

为了定量描述散射光相对入射光偏振态的改变,引入退偏比的概念。退偏比 ρ 即为偏振方向垂直和平行于入射光偏振方向的散射光强之比,即在入射激光的垂直与平行方向置偏振器,分别测得散射光强,则退偏比为: $\rho = I_\perp / I_{//}$。对称分子 $\rho = 0$,非对称分子 ρ 介于 $0 \sim 3/4$, ρ 值越小,分子对称性越高。

4. 实验内容及步骤

(1) 打开激光器,调节激光输出光强使之利于散射。

(2) 将样品放入样品池,调节外光路,使样品中的激光散射光会聚到出射狭缝上。

(3) 先打开拉曼光谱仪的电源开关,再打开计算机,启动应用程序。

(4) 通过阈值窗口选择适当的阈值,设置积分时间及参数。

(5) 进行光谱扫描。先以较大步长进行粗扫,确定光谱输出正常后进行精细扫描。

(6) 读取数据并进行分析、计算。

(7) 实验结束后按顺序先关闭程序,再关闭器材电源,最后关闭激光器电源。

5. 实验数据及结果处理

(1) 完整记录 CCl_4 分子的振动拉曼光谱(表 3.6)。

表 3.6　CCl_4 分子的振动拉曼光谱

散射波长							
拉曼位移 $\Delta \nu$							
总光强							
背景光强							
$I_\perp$							
$I_{//}$							
退偏比							

（2）在光谱图上标出各谱线的波数差及相对强度，根据它们的强度差别，辨认各谱线所对应的简正振动类型。

（3）记录 CCl_4 分子的振动拉曼偏振谱，求出各线的退偏比。

6. 注意事项

（1）本实验所用器材精密复杂，请在教师指导下进行操作。

（2）严格按照操作规程操作。

7. 思考题

（1）实验中观察到的拉曼散射光谱与样品的分子结构有何关联？如何利用拉曼光谱来研究样品的化学成分和结构特征？

（2）拉曼光谱中的主要谱带（峰）对应了样品中的哪些振动模式？如何解释这些振动模式与样品的分子键和晶格结构之间的关系？

3.6 X 射线衍射实验

1895 年伦琴在用克鲁克斯管研究阴极射线时，发现了一种人眼不能看到，但可以使铂氰化钡屏发出荧光的射线，称为 X 射线。X 射线具有很强的穿透物质的本领。X 射线在电场磁场中不偏转，说明 X 射线是不带电荷的粒子流。1912 年劳厄等发现了 X 射线在晶体中的衍射现象，证实了 X 射线本质上是一种波长很短的电磁辐射，其波长为 $10^{-2} \sim 10$ nm，即 X 射线频率约为可见光的 10^3 倍，X 射线的光子比可见光的光子能量大得多，表现出明显的粒子性。在物质的微观结构中，原子和分子的距离（nm 数量级）正好处于 X 射线的波长范围内。由于 X 射线波长与晶体中原子间的距离为同一数量级，因此 X 射线对物质的散射和衍射能传递丰富的物质微观结构方面的信息，是研究物质微观结构的有力工具。

1. 实验目的

（1）了解 X 射线的产生、特点和应用。

（2）了解 X 射线管产生连续 X 射线谱和特征 X 射线谱的基本原理。

（3）研究 X 射线在 NaCl 单晶上的衍射，并通过测量 X 射线特征谱线的衍射角测定 X 射线的波长和 LiF 晶体的晶格常数。

2. 实验器材

本实验使用 X 射线实验仪和 X 光管如图 3.16 所示。X 射线实验仪分为三个工作区：左边是监控区；中间是 X 光管区，是产生 X 射线的地方；右边是实验区。

如图 3.16(b)所示，X 光管是一个抽成高真空的石英管。

实验区可安排各种实验。A_1 是 X 光的出口。A_2 是安放晶体样品的靶台。A_3 是装有 G-M 计数管的传感器，它用来探测 X 光的强度。A_2 和 A_3 都可以转动，并可通过测角器分别测出它们的转角。

左边的监控区包括电源和各种控制装置。B_1 是液晶显示区。B_2 是个大转盘，各参数都由它来调节和设置。B_3 有五个设置按键，由它确定 B_2 所调节和设置的对象。B_4 有扫描模式选择按键和一个归零按键：SENSOR——传感器扫描模式；COUPLED——耦合扫描

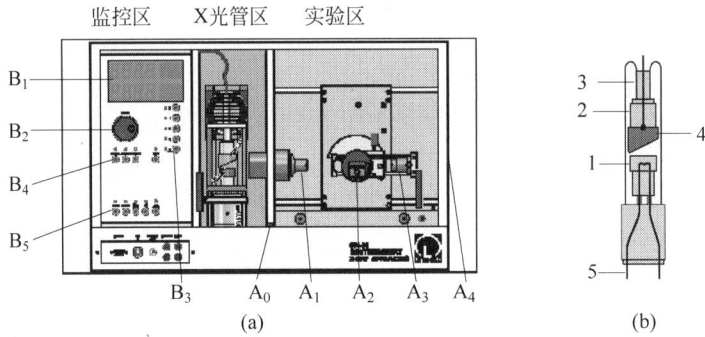

监控区　　X光管区　　实验区

1—接地的电子发射极；2—铜块；3—螺旋状热沉；4—钼靶；5—管脚。

图 3.16　X 射线实验仪和 X 光管示意图

（a）X 射线实验仪；（b）X 光管

模式,按下此键时,传感器的转角自动保持为靶台转角的 2 倍(图 3.17)。B_5 有五个操作键,它们分别是：RESET；REPLAY；SCAN(ON/OFF)；◁是声脉冲开关；HV(ON/OFF)键是 X 光管上的高压开关。

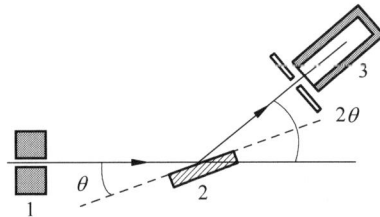

图 3.17　COUPLED 模式下靶台和传感器的角位置

软件"X-Ray Apparatus"的界面如图 3.18 所示。

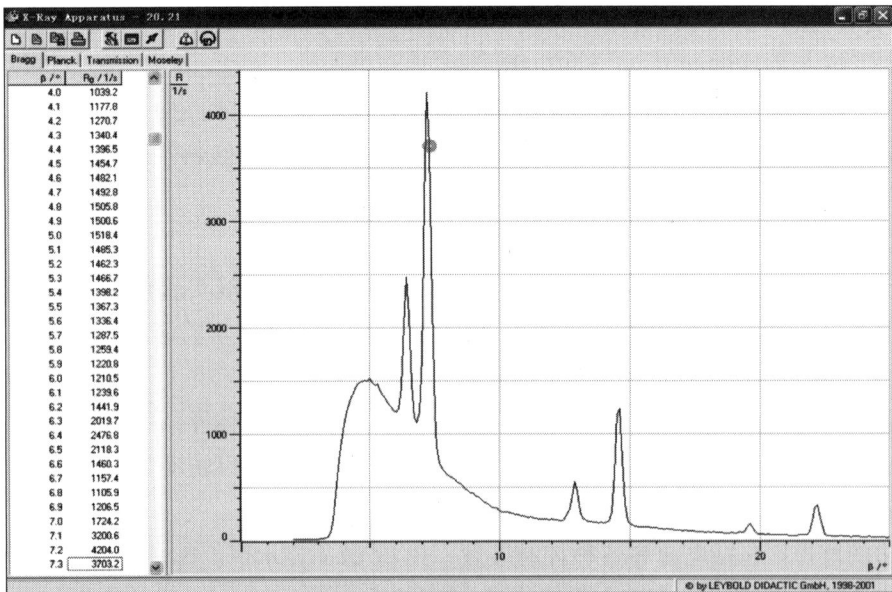

图 3.18　一个典型的测量结果画面

数据采集是自动的,当在 X 射线装置中按下"SCAN"键进行自动扫描时,软件将自动采集数据和显示结果。工作区域左边显示靶台的角位置 β 和传感器中接收 X 光光强 R 的数据;在右边据此作图,其纵坐标为 X 光光强 R(单位是 1/s),横坐标为靶台的转角[单位是(°)]。

3. 实验原理

1) X 射线的产生和 X 射线的光谱

实验中通常使用 X 光管来产生 X 射线。在抽成真空的 X 光管内,当热阴极发出的电子经高压电场加速后,高速运动的电子轰击由金属做成的阳极靶时,靶就发射 X 射线。发射出的 X 射线分为两类:当被靶阻挡的电子的能量不越过一定限度时,发射连续光谱;这种辐射叫作韧致辐射;当电子的能量超过一定的限度时,发射不连续的、只有几条特殊的谱线组成的线状光谱,这种辐射叫作特征辐射。连续光谱的性质和靶材料无关,而特征光谱和靶材料有关,不同的材料有不同的特征光谱,这就是为什么称之为"特征"的原因。

2) 连续光谱

连续光谱又称为"白色"X 射线,包含了从短波限 λ_m 开始的全部波长,其强度随波长变化连续地改变。从短波限开始随着波长的增加强度迅速达到一个极大值,之后逐渐减弱,趋向于零。连续光谱的短波限 λ_m 只决定于 X 射线管的工作高压。

3) 特征光谱

阴极射线的电子流轰击到靶面,如果能量足够高,靶内一些原子的芯电子会被轰出,使原子处于能级较高的激发态。图 3.19(b)表示的是原子的基态和 K、L、M、N 等激发态的能级图,K 层电子被轰出称为 K 激发态,L 层电子被轰出称为 L 激发态,以此类推。原子的激发态是不稳定的,内层轨道上的空位将被离核更远的轨道上的电子填充,从而使原子能级降低,多余的能量便以光量子的形式辐射出来。图 3.19(a)描述了上述激发机理。处于 K 激发态的原子,当不同外层(L、M、N、…层)的电子向 K 层跃迁时放出的能量各不相同,产生

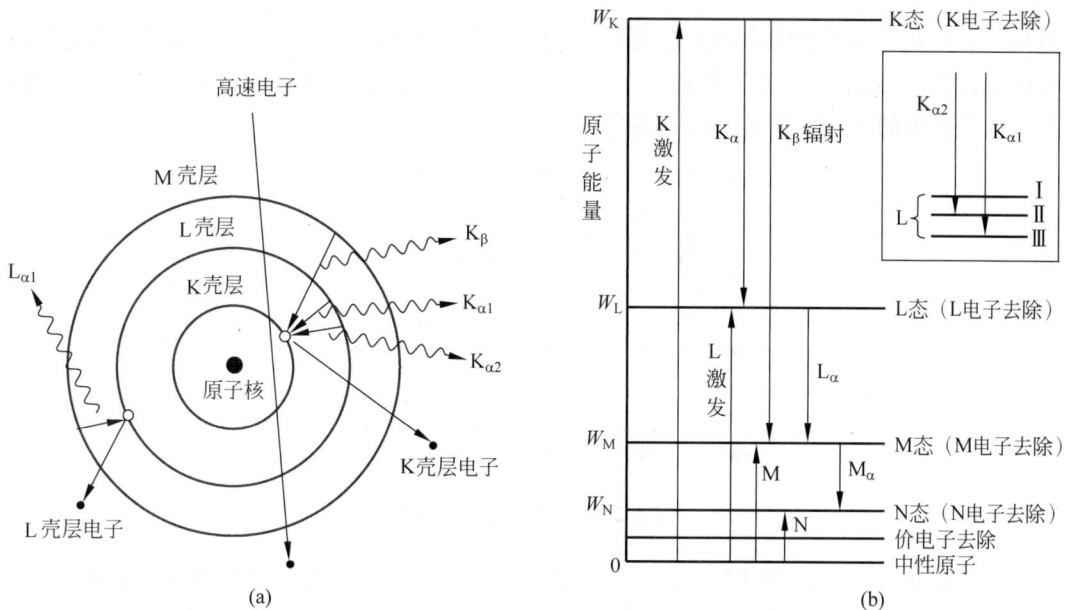

图 3.19　元素特征 X 射线的激发机理

的一系列辐射统称为 K 系辐射。同样,L 层电子被轰出后,原子处于 L 激发态,所产生的一系列辐射统称为 L 系辐射,以此类推。基于上述机制产生的 X 射线,其波长只与原子处于特定能级时发生电子跃迁的能级差有关,而原子的能级是由原子结构决定的,故而特征光谱由靶材料决定。

4) X 射线在晶体中的衍射

想让光波经过狭缝产生衍射现象,狭缝的大小必须与光波的波长同数量级或更小。X 射线的波长在 0.2 nm 的数量级,要造出相应大小的狭缝观察 X 射线的衍射,相当困难。冯·劳厄首先建议用晶体这个天然光栅来研究 X 射线的衍射,因为晶体的晶格正好与 X 射线的波长属于同数量级。图 3.20 显示的是 NaCl 晶体中氯离子与钠离子的排列结构。下面讨论 X 射线打在这样的晶格上所产生的结果。

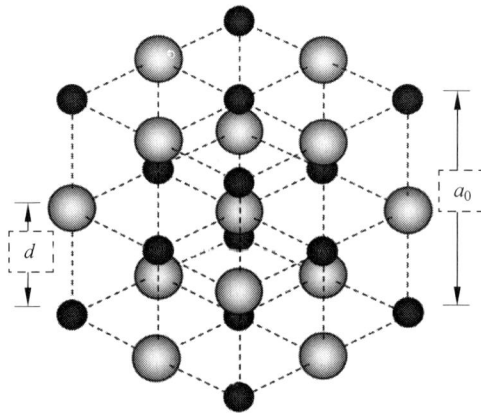

图 3.20　NaCl 晶体中氯离子与钠离子的排列结构

由图 3.21 可知,当入射 X 射线与晶面相交 θ 角时,假定晶面为镜面(即布拉格面,入射角与出射角相等),可得图中两条射线 1 和 2 的光程差是 $\vec{AC}+\vec{BC}$,等于 $2d\sin\theta$。当它为波长的整数倍时(假定入射光为单色的,只有一种波长)得到布拉格公式 $2d\sin\theta=n\lambda$。此时,在 θ 方向射出的 X 射线将得到衍射加强。

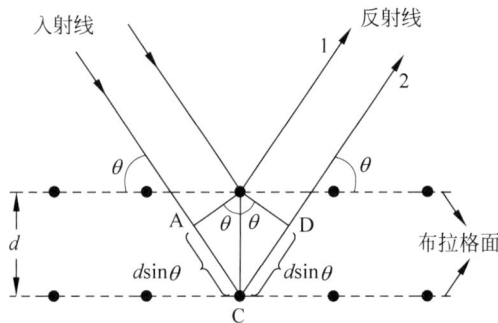

图 3.21　布拉格公式的推导

根据布拉格公式,可利用已知的晶体(d 已知)通过测 θ 角来研究未知 X 射线的波长;也可利用已知 X 射线(λ 已知)来测量未知晶体的晶面间距。

4. 实验内容及步骤

1）钼原子的 X 特征谱线

（1）将 NaCl 放置在靶台上。

操作时，必须戴一次性手套，首先将锁定杆逆时针转动，解除靶台锁定，把 NaCl 样品（平板）轻轻放在靶台上，向前推到底后将靶台轻轻向上抬起，确保样品被支架上的凸棱压住；最后顺时针轻轻转动锁定杆，使靶台锁定。

（2）设置工作参数。

高压 $U=30$ kV，发射电流 $I=1$ mA，$\Delta t=6$ s，$\Delta \beta=0.1$，分别按 COUPLED 和 βlimits 键设置靶的下限为 $2.5°$，上限 $32.5°$。启动管高压 HV(ON/OFF)，按 SCAN 启动测量。

（3）记录实验结果。

2）LiF 单晶晶格常数的测量

（1）将 LiF 单晶放置在靶台上，操作方法同上述放置 NaCl 单晶。

（2）高压 $U=30$ kV，发射电流 $I=1$ mA，$\Delta t=6$ s，$\Delta \beta=0.1$，分别按 COUPLED 和 βlimits 键设置靶的下限为 $3°$，上限 $10°$，启动管高压 HV(ON/OFF)，按 SCAN 启动测量。

（3）记录实验结果。测量结束后，记录各级衍射峰的中心值（$\lambda(k_\alpha)$、$\lambda(k_\beta)$），利用布拉格公式计算 LiF 的 d 值。

5. 实验数据及结果处理

填写表 3.7。

表 3.7　NaCl 晶体 X 射线衍射数据记录表

波长	测量值 1	测量值 2	理　论　值
K_{α_1}			70.93
K_{α_2}			71.36
K_β			63.26
K_γ			62.09

测量结束后，调出程序中的 setting 对话框（F5），输入 NaCl 的 d 值（$d=282.01$ pm），此时图的横坐标由掠射角 θ 自动转变为波长 λ（pm）。记录各级衍射峰的中心值 $[\lambda(k_\alpha)$、$\lambda(k_\beta)]$，并求出其平均值。

6. 注意事项

（1）实验使用的 NaCl 晶体是价格昂贵且易碎、易潮解的娇嫩材料，要注意保护。

（2）X 射线是一种高能辐射，对人体有一定的危害。在实验过程中要严格遵守安全操作规范，佩戴防护眼镜、防护手套等个人防护装备，并确保实验室有足够的辐射防护措施。

7. 思考题

（1）什么是布拉格方程？用它解释 X 射线衍射实验中，X 射线与晶体的相互作用。

（2）X 射线衍射仪是如何工作的？请解释其原理和基本组成部分。

3.7 彩色线阵 CCD 实验

彩色线阵 CCD 是一种常用的数字图像传感器,它由许多感光元件组成的线阵构成,每个感光元件对应图像的一个像素。彩色线阵 CCD 能够通过感光元件对光的频率和强度进行测量,并将其转化为电信号。通过处理这些电信号,可以得到图像各个像素的颜色和亮度信息。在彩色线阵 CCD 特性测量实验中,我们将探索和测试彩色线阵 CCD 的一些重要特性参数,以评估其性能和准确性。这些特性参数包括响应曲线、动态范围、噪声水平、线性度、色彩准确性等。通过测量和分析这些特性参数,我们可以了解彩色线阵 CCD 在不同光照条件下的响应能力、信号传输的准确性和稳定性,为其在图像采集、图像处理和图像分析等领域的应用提供参考和指导。实验中,我们选用适当的光源和测量设备,采用合适的测试方法和技术,对彩色线阵 CCD 进行特性测量。记录和分析实验数据,并对结果进行解释和讨论,以便对彩色线阵 CCD 性能进行综合评估。通过实验深入了解彩色线阵 CCD 的功能和特性,并为其在各种应用中的选择和优化提供有效的参考和指导。

1. 实验目的

(1) 了解彩色线阵 CCD 的工作原理和基本结构,及其在数字图像传感器中的应用。

(2) 学习彩色线阵 CCD 的特性参数,包括响应曲线、动态范围、噪声水平、线性度、色彩准确性等,并理解其在图像采集和处理中的重要性。

(3) 掌握彩色线阵 CCD 特性参数的测量方法和技术,包括使用合适的光源和测量设备、选择适当的测试方法和分析工具等。

2. 实验器材

彩色线阵 CCD,白光 LED 灯,光谱仪,电路板,电源,计算机等。

3. 实验原理

CCD 图像传感器的工作原理如图 3.22 所示。

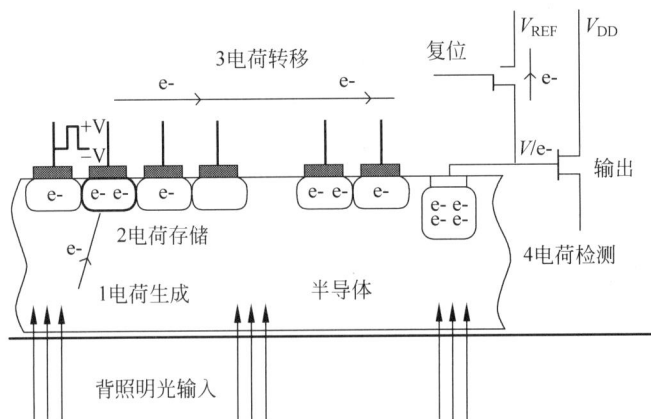

图 3.22 CCD 图像传感器工作原理图

CCD 图像传感器是按一定规律排列的 MOS 电容器组成的阵列,在 P 型或 N 型硅衬底上生长一层很薄(约 120 nm)的二氧化硅,再在二氧化硅薄层上依次沉积金属或掺杂多晶硅电极(栅极),形成规则的 MOS 电容器阵列就构成了 CCD 芯片。

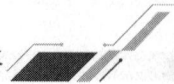

　　CCD 工作过程分为四步：①信号电荷产生。CCD 工作过程第一步是电荷的产生。CCD 可以将入射光信号转换为电荷输出，原理是半导体内光电效应（光生伏特效应）。构成 CCD 的最基本单元是 MOS（金属-氧化物-半导体）电容器。②信号电荷的存储。CCD 工作过程第二步是收集信号电荷，就是将入射光子激励出的电荷收集起来组成信号电荷包的过程。③CCD 电荷传输（耦合）。CCD 工作过程第三步是信号电荷包的转移，就是将所收集起来的电荷包从一个像元转移到下一个像元，直到全部电荷包输出完成。④信号电荷检测与输出。CCD 工作过程的第四步是电荷的检测与输出，就是将转移到输出级的电荷转化为电流或者电压的过程。输出类型主要有以下三种：电流输出、浮置栅放大器输出和浮置扩散放大器输出。

4. 实验内容及步骤

1）实验预备

（1）确保示波器地线与多功能实验仪上的地线连接良好，确认示波器和多功能实验仪的电源插头均插在交流 220 V 插座上。

（2）打开示波器电源开关。

（3）打开 YHLCCD-Ⅳ 的电源开关，观察器材面板显示窗口，有数字闪烁表示器材初始化，闪烁结束后显示为"00 0"字样：前两位表示积分时间挡次值，共分为 32 挡，显示数值范围为"00～31"，数值越大表示积分时间越长；末位表示 CCD 的驱动频率，分 4 挡，显示数值范围为"0～3"，数值越大表示驱动频率越低。

2）驱动频率变化对 CCD 输出波形影响的测量

（1）将示波器 CH_1 和 CH_2 扫描线调整至适当位置，同步设置为 CH_1。

（2）将实验仪驱动频率设置为"0"挡。

（3）CH_1 探头测量频率编码（FC）脉冲，仔细调节使之同步稳定，调节示波器使示波器显示至少 2 个 FC 周期，CH_2 探头测量 U_o（泛指 U_R、U_G、U_B）信号。

（4）调节镜头光圈，使之逐渐缩小，观测 U_o 信号的变化，将光圈调整至 U_G 信号刚好接近"0V"位置处停止调整光圈，将测量片夹 B 插入后端片夹夹具中，盖上盖板。

（5）保持示波器探头不动，改变驱动频率，设置为"1"挡，调节示波器使 FC 脉冲始终保持显示至少 2 个周期，观测 CCD 输出信号的变化。

（6）续调节驱动频率至"2"挡和"3"挡，观测输出信号 U_G 的变化，并做相应记录。

3）积分时间与输出信号测量

（1）保持实验仪其他设置不变，将实验仪驱动频率设置恢复为"0"挡，并确认积分时间设置处于"00"挡。

（2）用 CH_1 探头测量 FC 脉冲，调节示波器使之同步稳定，并至少显示两个周期，同时用 CH_2 探头测量 U_o 信号。

（3）调节积分时间设置按钮逐步增加积分时间，测出输出信号 U_o 的幅度（V_H 是高电平，V_L 是低电平）填入表 3.8，填好后，以积分时间为横坐标，以输出信号 U_o 为纵坐标画出输出特性曲线，观察 CCD 的输出信号与积分时间的关系，当 CCD 出现饱和后，积分时间与输出信号的关系。

（4）调节驱动频率设置按钮，从"0"至"3"，重复上述实验，观测波形变化情况并做相应记录。

5. 实验数据及结果处理

根据表 3.8 完成实验报告,说明 CCD 输出信号与积分时间的关系,并解释之。

表 3.8 输出信号幅度与积分时间的关系

驱动频率 0 挡		输出信号 $U_\circ$		驱动频率 1 挡		输出信号 $U_\circ$	
积分时间(挡)	FC 周期/ms	输出幅度 (V_H)	输出幅度 (V_L)	积分时间(挡)	FC 周期/ms	输出幅度 (V_H)	输出幅度 (V_L)
00				00			
02				02			
04				04			
06				06			
08				08			
10				10			
12				12			
14				14			
驱动频率 2 挡		输出信号 $U_\circ$		驱动频率 3 挡		输出信号 $U_\circ$	
00				00			
02				02			
04				04			
06				06			
08				08			
10				10			
12				12			
14				14			

6. 注意事项

(1) 确保所有设备和器材的安全操作。遵守实验室的安全规定,注意避免电源电压过高或过低、光源过强、高温等危险情况。

(2) 彩色线阵 CCD 对灰尘和污染非常敏感。在实验过程中,要保持实验环境的清洁,严禁触摸 CCD 表面以防止指纹和污染。

(3) 根据实验要求,选择适当的曝光时间。过长的曝光时间可能导致图像过曝,而过短的曝光时间可能导致图像不清晰、低对比度或噪声增加。

7. 思考题

(1) 彩色线阵 CCD 的工作原理是什么? 它如何实现对不同颜色光的感应和转换?

(2) 怎样定义彩色线阵 CCD 的分辨率? 它是如何影响图像质量和细节捕捉能力的?

(3) 在彩色线阵 CCD 特性测量实验中,可以通过哪些测量参数来评估 CCD 的性能?

3.8 四极质谱仪实验

四极质谱仪是一种常用的质谱仪,由四个平行金属杆组成,主要用于分析和测量气体或气体混合物中的化学物质。通过调节电压来选择特定质荷比的离子通过,从而实现质谱分析。四极质谱仪的原理是基于离子在电场和磁场中的运动。当样品通过离子化过程产生离子后,这些离子会被加速器加速,并通过四极的电场和磁场进行筛选。只有具有特定质荷比的离子能够在四极质谱仪中稳定传输到检测器中,其他离子则会被排除。使用四极质谱仪,可以获得离子信号的强度与质荷比的关系,从而确定样品中各种化合物的存在和相对丰度。四极质谱仪具有高分辨率、高灵敏度和质荷比范围广泛等特点,可用于定性和定量分析,以及结构鉴定和同位素分析等领域,在药物研发、环境监测、食品安全等方面发挥着重要作用。四极质谱仪在质谱分析中具有重要的地位,它不仅能够提供准确的化学成分分析结果,还能够进行结构鉴定和定量分析。同时,由于其结构简单、操控方便,四极质谱仪在实验室和工业生产中得到了广泛应用。四极质谱仪的结构图如图 3.23 所示。

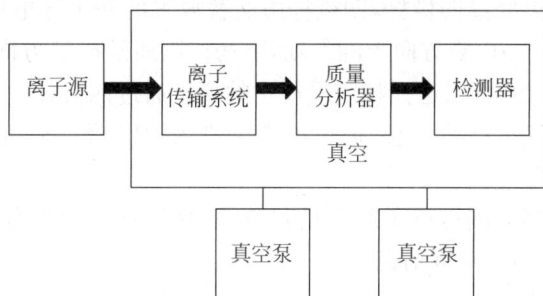

图 3.23　四极质谱仪的结构图

1. 实验目的

(1) 了解四极质谱仪的基本原理和工作原理,掌握四极质谱仪的使用方法。

(2) 通过实验测量和分析不同化合物的质谱图,确定化合物的分子结构和组成。

2. 实验器材

四极质谱仪主机,离子源,进样系统,质荷比分选系统,质量分析器,电子倍增器,真空系统,数据采集和处理系统等。

3. 实验原理

四极质谱仪广泛应用于化学、生物、环境等领域的分析和研究,其工作原理如图 3.24 所示。它基于电场与磁场的共同作用原理,可以对物质样品中的离子进行分离、检测和定量分析。在四极质谱仪实验中,首先需要通过样品的电离过程将待测物质转化为离子状态。常见的电离方法包括电子轰击电离、化学离子化和激光解吸等。电离后的离子通过样品导入系统进入四极质谱仪的离子源。在四极质谱仪中,离子在四个相互平行的杆极间穿行,受到交变电场和静态磁场的作用。通过调节电场和磁场的幅度和频率,可以选择性地将特定质荷比的离子传输到检测器。检测器记录离子的信号强度,并将其转化为质谱图。质谱图显

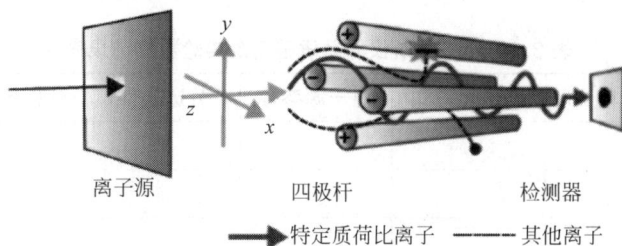

图 3.24　四极质谱仪工作原理图

示了不同质荷比的离子的相对丰度和质量分布。通过对质谱图的分析,可以确定样品中的化合物成分、分子结构和相对丰度等信息。

四极质谱仪主要组成部分及作用:

(1)样品进样:样品通过进样系统被引入四极质谱仪中。

(2)加速和聚焦:样品中的离子先被加速,使其能量增加,然后通过聚焦系统将离子聚焦成一个束流。

(3)预选:通过在离子束前放置衍射装置,只允许特定质荷比的离子通过,其他离子则被屏蔽。

(4)四极杆:离子束经过四极杆,四极杆由交替放置的四个导电棒组成,产生较强的电场和磁场。电场控制离子在 X 方向上的运动,磁场控制离子在 Y 方向上的运动。通过调整电场和磁场的大小和极性,可以选择特定质荷比的离子通过四极杆。

(5)检测器:通过四极杆后,允许通过的离子进入检测器。常用的检测器包括离子多道器、法拉第杯和微通道板。

(6)数据分析:检测器测得离子的质量和数量,然后通过数据分析软件处理得到样品中各种离子的荷质比和相对丰度信息。

4. 实验内容及步骤

(1)准备实验样品,根据实验要求选择适当的样品。

(2)打开四极质谱仪主机,启动真空系统,建立所需的真空环境。

(3)根据实验要求选择合适的离子源和进样系统,将样品引入离子源进行离子化。

(4)调节离子源的参数,如电压、电流等,以获得稳定的离子信号。

(5)调节质荷比分选系统,选择合适的分选条件,以传输感兴趣的离子到质量分析器中。

(6)调节质量分析器的参数,如四极杆电压、离子能量等,以获得准确的质谱分析结果。

(7)连接检测器,接收和测量传输至检测器的离子信号。

(8)通过数据采集和处理系统,获取和记录质谱图谱。

(9)对质谱图谱进行分析和解释,识别样品中的化合物。

(10)清理和维护器材,确保下次实验的顺利进行。

需要注意的是,实验前应详细阅读器材的操作手册和实验指导书,严格遵守实验室的操作规程和安全要求。同时,根据实验要求和实验室的具体条件,可能需要适当调整一些步骤和操作,例如样品准备、样品进样方式等。

5. 实验数据及结果处理

填写表 3.9。

表 3.9 四极质谱仪样品质谱测量实验数据记录表

实验样品	浓度(单位)	离子化方式	离子源参数	分选条件	分析器参数	质谱图谱
样品 1						
样品 2						
样品 3						

根据表 3.9 对不同样品设置相应的测量参数。

6. 注意事项

(1) 质谱仪使用高压电离和真空系统,确保操作人员穿戴适当的安全装备,并严格按照实验室安全规定操作。

(2) 根据实验要求选择合适的离子源类型和参数设置,如离子源电压、电流等,确保离子源参数的稳定性和适宜性。

7. 思考题

(1) 什么是质谱仪的质荷比范围? 如何选择合适的质荷比范围进行实验?

(2) 如何测量和记录质谱图谱中的质荷比和离子强度? 如何解释和分析质谱图谱?

参考文献

[1] 李文华. 光电探测技术与应用[M]. 北京:科学出版社,2019.

[2] 张喜波,王守仁. 光电探测技术导论[M]. 北京:电子工业出版社,2016.

[3] 高伟. 光电探测技术概论[M]. 北京:北京邮电大学出版社,2016.

[4] 王文祥. 光电探测技术基础与应用[M]. 北京:电子工业出版社,2017.

[5] 黄志勇,邓立新,刘忠岳. 光电探测技术与系统设计[M]. 北京:电子工业出版社,2015.

第 4 章　光信息调制和空间光调制技术

光信息调制是指利用晶体的电光、声光、磁光效应改变载波的振幅、强度、相位、频率或偏振等参数，使载波携带所需传递信息如语音、文字、图像等信息的过程。其目的是对所需处理的信号作形式上的变换，将无法远程传输的低频信号加载到高频载波上，使之便于处理、传输和检测。本章主要介绍声光调制、电光调制、磁光调制等技术。

空间光调制是指利用电、光信号在时间或空间上对传输光的振幅、相位、行进方向等信息进行调制的技术。空间光调制器含有许多独立单元，在空间上排列成一个阵列，每个单元可受电、光信号的控制而改变空间排列，以实现对光波的空间调制。空间光调制技术按照写入信号的方式可分为电寻址和光寻址，根据读出信号方式可分为反射式和透射式。本章主要介绍通过电寻址和光寻址的读入方式，及透射式读出方式，实现光的空间调制。

4.1　光信息调制的基本原理

光信息调制技术是将携带有信息的信号叠加到载波上的一种技术，让载波光波的振幅、频率、相位或偏振态等参数随信号规律而改变。具体而言，就是按需求对载波进行调节控制，从而将信息(包括语言、文字、图像等)加载到载波上去。按调制元件应用的物理效应分为电光调制、声光调制、磁光调制、弹光调制等；按调制光波的参量可分为光强调制、振幅调制、频率调制、相位调制、极化调制等；按调制的形式分模拟调制、数字调制和脉冲调制。

激光是一种频率较高的电磁波，具有很好的相干性，是一种很好的传递信息的载波，把欲传递的信息加载到激光上，将激光作为信息的载体。通过改变激光的振幅、波长(频率)、相位、偏振方向等各参量，使光携带信息的过程叫调制；将调制好的光波通过一定的介质传输到接收器，再由光接收器鉴别并还原成原来的信息，这个信号还原的过程称为解调。图 4.1 是信号的几种不同参量的调制方式：

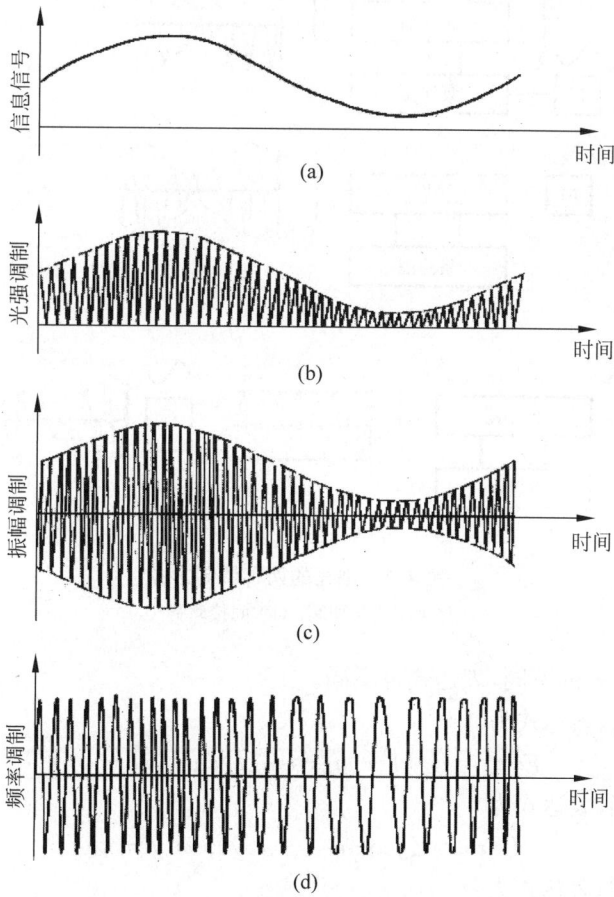

图 4.1　信号的调制过程

　　按调制位置是在光源内发生还是在光源外进行,可分为直接调制(内调制)和间接调制(外调制),如图 4.2 所示。直接调制是将电信号加载到激光器上,从而实现调制激光输出的方式叫直接调制(内调制);在激光谐振腔以外的光路上放置调制器,将待传输的信号加载到该调制器上,当激光通过这个调制器时,激光的强度、位相、频率等将发生变化,这种实现调制的方式被称为间接调制(外调制)。间接调制(外调制)又可分为机械调制、电光调制、声光调制和磁光调制等。由于晶体在电场、磁场、应力的作用下会产生双折射效应,利用此效应可以实现对光的相位和强度进行调制,以电光调制、声光调制、磁光调制、弹光调制最为常见。

　　通过外加信号改变载波的振幅、频率、相位和强度,使之随调制信号的变化而变化,分别把这些调制形式称为光波的振幅调制、频率调制、相位调制和强度调制。

　　设一列单频简谐波为

$$E(t) = E_0 \cos(\omega_0 t + \varphi_0) \tag{4.1}$$

外加调制信号为

$$f(t) = a \cos\omega_m t \tag{4.2}$$

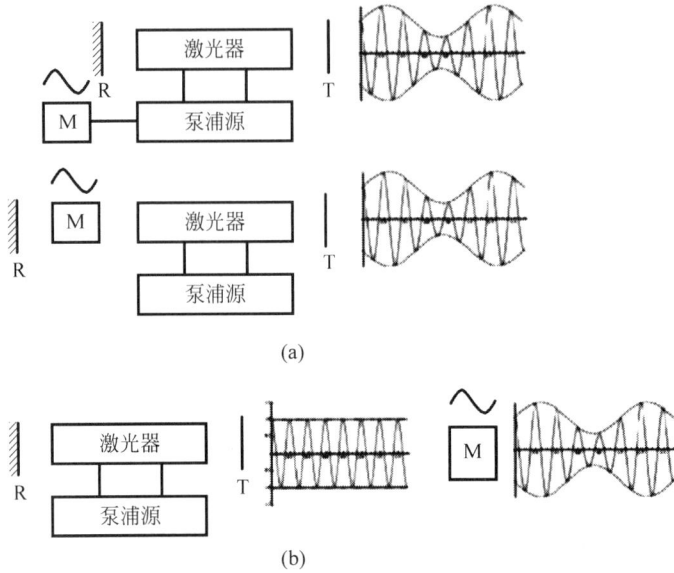

图 4.2　激光的两种调制方式

(a) 直接调制；(b) 间接调制

则根据调制方式的不同，表达式也不同。

对于振幅调制，表达式为

$$E(t) = E_0(1 + m_a \cos\omega_m t)\cos(\omega_0 t + \varphi_0) \tag{4.3}$$

对于频率调制，表达式为

$$E(t) = E_0 \cos(\omega_0 t + m_f \cos\omega_m t + \varphi_0) \tag{4.4}$$

对于相位调制，表达式为

$$E(t) = E_0 \cos(\omega_0 t + m_\varphi \cos\omega_m t + \varphi_0) \tag{4.5}$$

对于强度调制，表达式为

$$I(t) = \frac{1}{2} E_0^2 (1 + m_p \cos\omega_m t)\cos^2(\omega_0 t + \varphi_0) \tag{4.6}$$

光信号表达式中的角度量实际上是由频率项和相位项共同组成，因此对频率或相位进行调制可统称为角度调制。

按调制的形式分为模拟调制、数字调制和脉冲调制。

(1) 模拟调制是通过调制信号连续改变载波的强度、频率、相位或偏振。其特点是在任何时刻信号的幅度与波参数的幅度之间一一对应。

(2) 脉冲调制是用周期性脉冲序列作为载波，外加信号按一定规律间隔取样调控到载波上，以此传递信息的调制方式。脉冲调制的形式主要有：脉冲幅度调制（PAM）、脉冲频率调制（PFM）、脉冲位置调制（PPM）、脉冲宽度调制（PWM）等，如图 4.3 所示。

(3) 数字调制是对信号的幅度按一定规律间隔取样，以编码的形式转变为脉冲序列。载波脉冲在时间上的位置是固定的，幅度是量化的。常采用两电平表示的二进制编码形式。

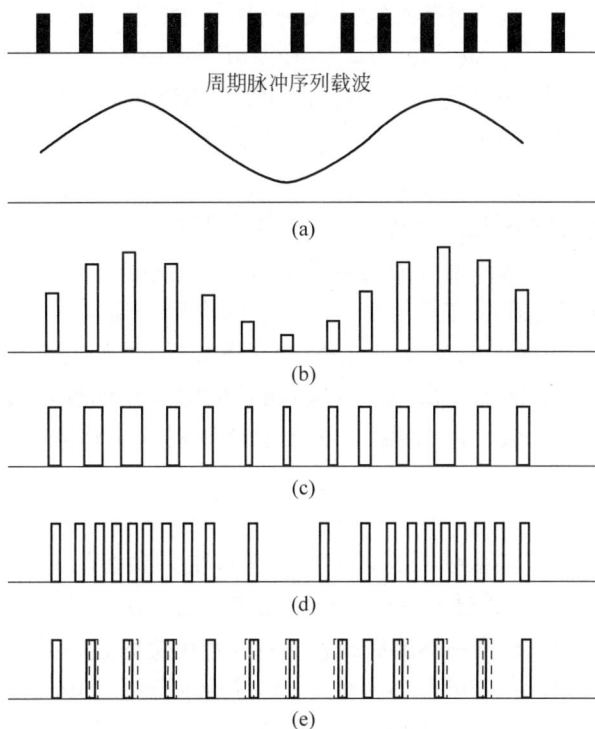

图 4.3 多种方式的脉冲调制

（a）调制信号；（b）脉冲幅度调制；（c）脉冲宽度调制；（d）脉冲频率调制；（e）脉冲位置调制

4.2 晶体的电光调制实验

晶体的电光调制是利用某些晶体、液体或气体在外加电场作用下折射率发生变化的现象（电光效应）来进行调制。电光调制分为线性电光调制和平方电光调制两种。电光效应在工程技术和科学研究中有许多重要应用，它响应时间短，可在高速快门或在光速测量中用作斩波器等。在激光出现以后，电光效应还被广泛应用在激光通信、激光测距、激光显示和光学数据处理等领域。

1. 实验目的

（1）掌握晶体电光调制的原理和实验方法。

（2）研究铌酸锂晶体的横向电光效应，观察锥光干涉图样，测量半波电压。

（3）学习电光调制的原理和试验方法，掌握调试技能。

（4）了解利用电光调制模拟音频通信的一种实验方法。

2. 实验器材

电光调制电源控制仪，光接收放大器，He-Ne 激光器，电光晶体，起偏器，检偏器，1/4 波片，示波器等。

3. 实验原理

某些晶体在外加电场的作用下，其折射率随电场变化而变化的现象，称为电光效应。利用晶体的电光效应实现的光波调制，称为电光调制。电光效应分为两种类型：一次电光效

应[普克尔(Pockels)效应]和二次电光效应[克尔(Kerr)效应],即

$$\Delta n = n - n_0 = aE + bE^2 + \cdots\cdots \tag{4.7}$$

式中,n_0 为不加电场时晶体的折射率。由一次项 aE 引起折射率变化的效应,称为一次电光效应,也称线性电光效应或普克尔效应;由二次项 bE^2 引起折射率变化的效应,称为二次电光效应,也称平方电光效应或克尔效应。

晶体的一次电光效应分为纵向电光效应和横向电光效应两种。纵向电光效应是加在晶体上的电场方向与光在晶体里传播的方向平行时产生的电光效应;横向电光效应是加在晶体上的电场方向与光在晶体里传播方向垂直时产生的电光效应。通常 KDP(磷酸二氢钾)类型的晶体用它的纵向电光效应,LiNbO$_3$(铌酸锂)类型的晶体用它的横向电光效应。本实验研究铌酸锂晶体的一次电光效应,用铌酸锂晶体的横向调制装置测量铌酸锂晶体的半波电压及电光系数,并用两种方法改变调制器的工作点,观察相应的输出特性的变化。

1) 纵向电光调制

图 4.4 为普克尔盒(振幅型纵调制系统)示意图,在 z 向切割的 KDP 晶体两端胶合上透明电极 ITO 薄膜,将电压通过透明电极加到晶体上去。在通光孔径外镀铬,再镀金或铜即可将电极引线焊上。KDP 调制器前后放置一对互相正交的起偏器 P$_1$ 与检偏器 P$_2$,P$_1$ 的透过率极大方向(x 方向)沿 KDP 晶体主轴 x'、y' 的角平分线,即入射光振动方向与晶体的主轴成 45°夹角。在 KDP 和 P$_2$ 之间通常还会加一个 1/4 波片 Q,其快、慢轴方向分别与 x'、y' 相同。沿 KDP 晶体光轴(z 方向)施加电场后,根据晶体光学理论,在垂直于电场方向的平面上,存在着两个互相垂直的 x'、y' 主振动方向。

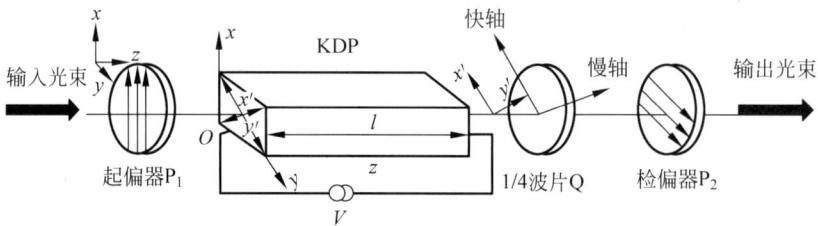

图 4.4 普克尔盒(纵向电光调制系统)

用一束线偏振光垂直入射到 KDP 晶体中,若光振动方向与晶体的主振动方向呈 45°,这束偏振光将被分解成两个振幅相等、互相垂直的线偏振光,它们在晶体中传播方向虽然相同,但传播速度不一样,所以从厚度为 l 的晶体中出射后,这两束线偏振光将有一个固定的相位差

$$\Gamma = \frac{2\pi}{\lambda}(n_{y'} - n_{x'})l \tag{4.8}$$

式中

$$n_{x'} = n_o - \frac{1}{2}n_o^3\gamma_{63}E_z \tag{4.9}$$

$$n_{y'} = n_o + \frac{1}{2}n_o^3\gamma_{63}E_z \tag{4.10}$$

式中,n_o 是 KDP 晶体中 o 光的折射率;E_z 是外加在 z 轴上的电场强度。

以上三式推导得到

$$\Gamma = \frac{2\pi}{\lambda} n_{\text{o}}^3 \gamma_{63} l E_z = \frac{2\pi}{\lambda} n_{\text{o}}^3 \gamma_{63} V \tag{4.11}$$

式中，V 是加在 z 轴方向的电压。

在晶体的入射表面上，入射光场平行于 x，与电致双折射轴 x' 和 y' 均呈 $45°$，所以在这两个方向上存在相等的同相位分量，可表示为

$$\begin{cases} E_{x'}(0) = E_0 \\ E_{y'}(0) = E_0 \end{cases} \tag{4.12}$$

由此入射光强

$$I_i \propto E_x \cdot E_x^* = |E_{x'}(0)|^2 + |E_{y'}(0)|^2 = 2E_0^2 \tag{4.13}$$

从出射表面得到的 x' 和 y' 分量

$$\begin{cases} E_{x'}(l) = E_0 \\ E_{y'}(l) = E_0 \exp(-\mathrm{i}\Gamma) \end{cases} \tag{4.14}$$

在 y 方向的总光场

$$E_y = \frac{E_0}{\sqrt{2}} (\mathrm{e}^{-\mathrm{i}\Gamma} - 1) \tag{4.15}$$

由此对应的出射光强度

$$I_{\text{o}} \propto E_y \cdot E_y^* = 2E_0^2 \sin^2 \frac{\Gamma}{2} \tag{4.16}$$

考虑电光晶体的透过率

$$T = \frac{I_{\text{o}}}{I_{\text{i}}} = \sin^2 \frac{\Gamma}{2} \tag{4.17}$$

由式(4.11)定义 V_π

$$\Gamma = \frac{2\pi}{\lambda} n_{\text{o}}^3 \gamma_{63} V = \frac{\pi V}{V_\pi} \tag{4.18}$$

即对于某一波长的激光，其透过率 T 与外加电压 V 呈正弦平方关系，通常把相位差与外加电压的关系表示为式(4.18)的形式，其中 V_π 为产生 π 的相位差(即 $V = V_\pi$ 时，有 $T = 1$)所需要加的外电压。

取 $V = V_0 + V_{\text{m}} \sin\omega_{\text{m}} t$，对应有 $\Gamma = \frac{\pi}{2} + \Gamma_{\text{m}} \sin\omega_{\text{m}} t$，在 $\Gamma_{\text{m}} \ll 1$ 的条件下，将其代入式(4.17)，可得透过率

$$T = \frac{1}{2}(1 + \Gamma_{\text{m}} \sin\omega_{\text{m}} t) = \frac{1}{2}\left(1 + \frac{\pi V_{\text{m}}}{V_\pi} \sin\omega_{\text{m}} t\right) \tag{4.19}$$

由此可知，输出光强是调制电压 $V_{\text{m}} \sin\omega_{\text{m}} t$ 的线性复制。

从图 4.5 可以看出，光信号通过电光晶体，在曲线的上升段可以获得近似线性转换。

式(4.19)表明纵调制器件的调制度近似为 Γ_{m}，与外加电压振幅呈正比，而与光波在晶体中传播的距离(即晶体沿光轴 z 的厚度)无关，这是纵调制的重要特性。

纵调制器也有一些缺点：首先，大部分重要的电光晶体的半波电压 V_π 都很高。由于 V_π 与 λ 呈正比，若光源波长较长时，V_π 更高，使控制电路的成本大大增加，电路体积和重量

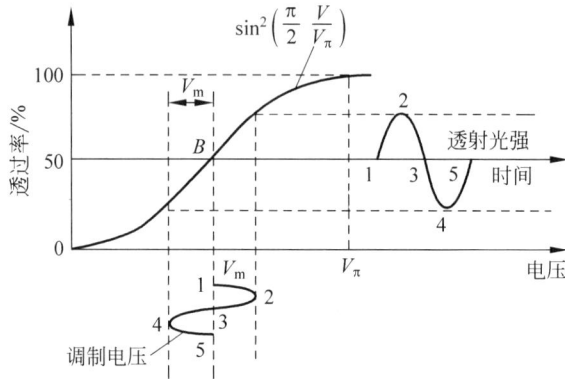

图 4.5 纵向电光调制特性曲线

增大。其次,为了实现沿光轴加电场,必须使用透明电极,或带中心孔的环形金属电极。前者制作困难,插入损耗较大;后者容易引起晶体中电场不均匀。解决上述问题的方案之一,就是采用横调制。

2) 横向电光调制

图 4.6 为横调制器示意图。外加电场与光波传播方向垂直。沿 $LiNbO_3$ 晶体轴(z')方向施加电场,用一束线偏振光垂直入射到晶体中,若光振动方向与晶体的两轴向(x',z')呈 $45°$,这束偏振光将被分解成两个振幅相等、互相垂直的线偏振光,它们在晶体中传播方向虽然相同,但传播速度不一样,所以从厚度为 l 的晶体中出射后,这两束线偏振光将有一个固定的相位差:

$$\Gamma = \frac{2\pi}{\lambda}(n_{x'} - n_{y'})l = \frac{2\pi}{\lambda}n_0^3\gamma_{22}V\frac{l}{d} \tag{4.20}$$

当相位差为 π 时,

$$V_\pi = \frac{\lambda}{2n_0^3\gamma_{22}}\left(\frac{d}{l}\right) \tag{4.21}$$

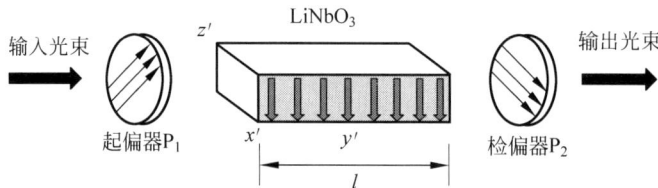

图 4.6 横向电光调制装置

进行类似的分析,同样可以得到与式(4.19)相同的电光晶体透过率:

$$T = \sin^2\frac{\pi V}{2V_\pi} = \sin^2\frac{\pi}{2V_\pi}(V_0 + V_m\sin\omega t) \tag{4.22}$$

由此可见,改变 V_0 或 V_m,输出特性将相应变化。

横向电光调制特性曲线如图 4.7 所示。

(1) 改变直流电压对输出特性的影响。

① $V_0 = V_\pi/2$ 时,由式(4.22)可得:

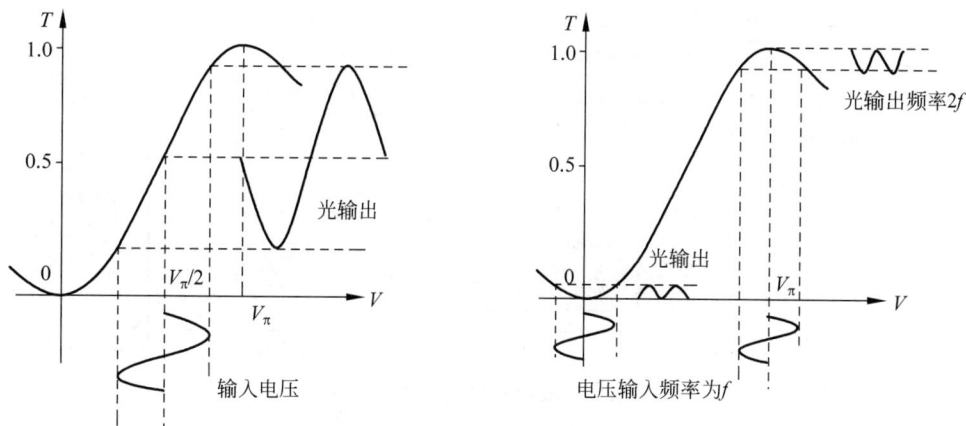

图 4.7 横向电光调制特性曲线

$$T = \sin^2 \frac{\pi V}{2V_\pi} = \sin^2 \frac{\pi}{2V_\pi}(V_0 + V_m \sin\omega t) = \frac{1}{2}\left[1 + \sin\left(\frac{\pi}{V_\pi}V_m \sin\omega t\right)\right] \quad (4.23)$$

当 $V_m \ll V_\pi$ 时,做近似计算得: $T \approx \frac{1}{2}\left[1 + \left(\frac{\pi}{V_\pi}V_m \sin\omega t\right)\right]$,即 $T \propto V_m \sin\omega t$,此时调制器的输出波形和调制信号的波形频率相同,即线性调制。如果 $V_m > V_\pi$,不满足小信号调制的要求,就不能近似计算,此时输出的光束中除了包含交流信号的基波外,还有含有奇次谐波。由于调制信号幅度比较大,奇次波不能忽略,这时,虽然工作点在线性区域,但输出波形依然会失真。

② 当 $V_0 = 0$,$V_m \ll V_\pi$ 时,由式(4.22)得 $T \approx \frac{1}{8}\left(\frac{\pi V_m^2}{V_\pi}(1-\cos 2\omega t)\right)$,即 $T \propto V_m \cos 2\omega t$,可以看出输出光频率是调制信号频率的二倍,即产生倍频失真。

③ 当 $V_0 = V_\pi$,$V_m \ll V_\pi$ 时,由式(4.22)可推得 $T \approx 1 - \frac{1}{8}\left(\frac{\pi V_m^2}{V_\pi}\right)(1-\cos 2\omega t)$,即依然看到的是倍频失真的波形。

(2) 用 $\lambda/4$ 波片来进行光学调制。

由上面的分析可知,在电光调制中,直流电压 V_0 的作用是使晶体在 x' 和 y' 两偏振方向的光之间产生固定的相位差,从而使正弦调制工作在光强调制曲线图上的不同点。在实验中 V_0 的作用可以用 $\lambda/4$ 波片来实现,实验中在晶体与检偏器之间加入 $\lambda/4$ 波片,调整 $\lambda/4$ 波片的快慢轴方向使之分别与晶体的 x' 和 y' 轴平行,转动波片即可使电光晶体工作在不同的工作点上。

4. 装置简介

实验装置由电光调制电源控制组件、激光器、起偏器、电光晶体、检偏器、光电接收组件、示波器等组成,实验框图和实物图如图 4.8 和图 4.9 所示。

1) 光路系统

由激光器(L)、起偏器(P)、电光晶体(LN)、检偏器(A)与光电接收组件(R)以及附加的减光器(P_1)和 1/4 波片(Q)等组装在精密光具座上,组成电光调制器的光路系统。

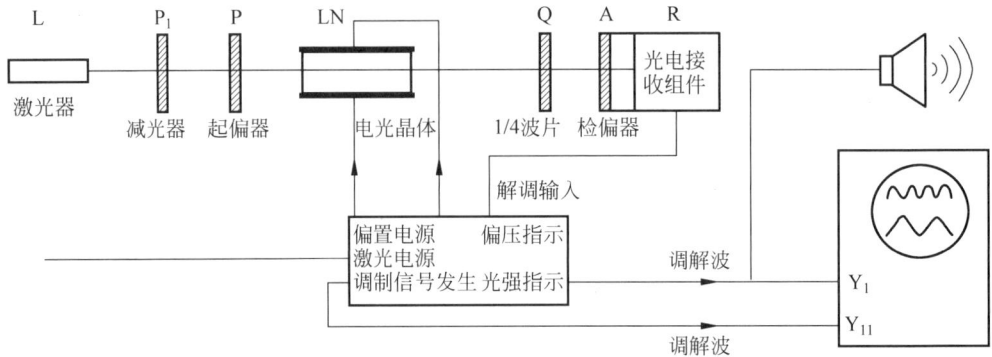

图 4.8　横向电光调制实验框图

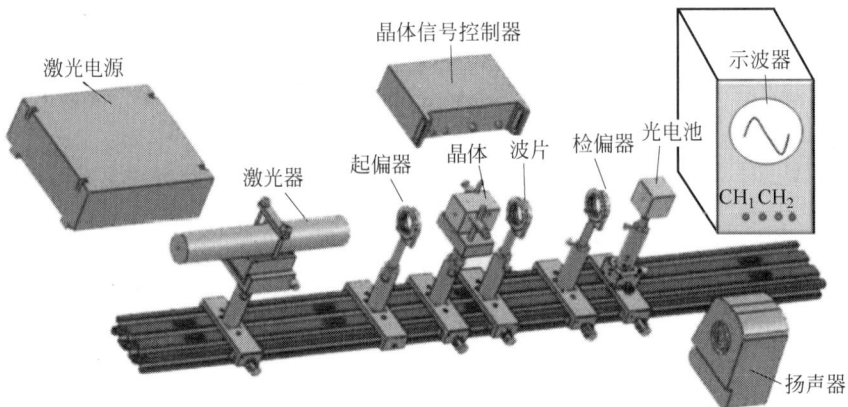

图 4.9　横向电光调制实验光路实物图

2）系统连接

（1）光源：将激光器电源线缆插入主控仪后面板的"至激光器"电源插座中。如使用 He-Ne 激光管，则需自配电源，且其输出直流高压务必按正负极性正确连接。

（2）电光调制：由电光晶体的两极引出的专用电线插入后面板的两芯高压插座。

（3）光电接收：将光电接收部件（位于光具座末端）的多芯电缆连接到主控单元后面板的"至接收器"插座上，以便将光电接收信号送到主控单元。

（4）解调输出：光电接收信号由"解调输出"插座输出，主控单元中的内置信号（或外调输入信号）由"调制监视"插座输出，同时送入双踪示波器显示或进行比较。

（5）扬声器：将有源扬声器插入后面板的"解调监听"插座即可发声，音量由"音量控制"旋钮控制。需要注意的是音量大小也与"载波幅度"与"解调幅度"旋钮有关。

5．实验内容与步骤

1）实验准备

（1）按照图 4.8 和图 4.9 实验装置图摆放器件，组成电光调制器的光路系统。图 4.8 中附加的减光器（P_1）是为保护光电接收器不受强光照射，根据需要加入光路的。激光器开机预热 5～10 min。

（2）所有滑动座中心全部调至零位，并用固定螺丝锁紧，使光器件初步共轴。

（3）调整 He-Ne 激光器使之水平,固定可变光阑高度和孔径,使出射光在近处和远处都能通过光阑;使激光束的光点保持在接收器的塑盖中心位置上(去除盖子则光强指示最大),此后激光器与接收器的位置不宜再动。

（4）插入起偏器(P),用白纸挡在起偏器后,调节起偏器的镜片架转角,使白纸上的光点亮度在最亮和最暗中间,这时透光轴与垂直方向约呈 45°,其他器件依次放入光路,并保持与激光束等高共轴。

（5）将晶体与电光调制箱连接,打开开关,调制方式选择"内调"。

（6）将示波器 CH_1 与探测器接通,即可观测到解调信号。适当调整"调制幅度"和"高压调节"旋钮,使波形不失真。适当旋转光路中 1/4 波片,使之得到最清晰稳定的波形。将示波器 CH_2 与电光调制箱的"信号监测"连接,即可直接得到调制信号,方便与解调信号做对比。

2）测量电光调制特性

（1）作特性曲线。

通过高压调节旋钮,使其从 0 到允许的最大偏压值,逐渐改变电光晶体工作电压,测出对应工作电压下示波器显示的幅值,作 I-V 曲线,得到调制器静态调制特性。如此时解调波形非正弦波,出现失真,说明激光器输出光功率过大,应微调激光器尾部旋钮使光功率略微减小,直至解调波变为正弦波,再重新测量曲线。测量完毕,将晶体偏压调至 0,关闭电源。

（2）测半波电压,选取最佳工作点。

通过高压调节旋钮改变电光晶体工作电压,观测波形变化,当 CH_1 相位改变 π 时,测量电光晶体的半波电压值。

完成电光晶体半波电压测量,旋转 1/4 波片,根据波形失真情况,选取最佳工作点。

3）电光调制模拟音频通信的实验演示

（1）将 MP3 音源与电光调制实验箱的"外部输入"连接,调制切换选择"调外"。

（2）将探测器与扬声器连接,此时可通过扬声器听到 MP3 中播放的音乐。适当调整"调制幅度"和"高压调节"旋钮,旋转光路中的偏振片和 1/4 波片,使音乐最清晰。

6. 实验数据及处理

（1）测量偏压与光强的关系并将数据记录于表 4.1,用 Origin 画出电光调制特性 I-V 曲线。

表 4.1　电光晶体横向偏压与光强数据表

偏压 U/V	−300	...	0	...	+300
光强 I/V(光电池)					

（2）测出半波电压 V_π。

（3）计算半波电压时电光晶体的消光比和透过率。

（4）记录音频电光调制的结果。

7. 注意事项

（1）光学元器件须按照光传播方向顺序依次调节,并保持等高共轴。

(2) 电源的旋钮顺时针方向为增大,因此在打开电源前,应将所有旋钮逆时针方向旋转到头。

(3) 关器材前,务必将所有旋钮逆时针方向旋转到头后再关闭电源。

8. 思考题

(1) 实验中,记录调制信号 CH_2 和解调信号 CH_1,通过对比,能得出什么规律或结论? (用示波器存储功能记录数据)

(2) 实验中 1/4 波片起什么作用,试用相关原理解释。

(3) 什么是半波电压,应如何测量? 请记录测出半波电压的波形和数值。

(4) 扬声器播放 MP3 中的音乐,说明了什么?

4.3 晶体的声光调制实验

晶体的声光效应是指机械波(如声波、超声波)在介质中传播时引起介质密度疏密交替地变化,其折射率也随之发生相应的周期性变化,形成以机械波长为光栅常数的等效相位光栅,光通过该相位光栅时发生的衍射现象。这种现象是光波与介质中机械波相互作用的结果。利用光在声场中的衍射现象进行的调制称为声光调制。声光调制具有驱动功率低、光损耗小、消光比高等优点。利用声光效应制成的声光器件,如声光调制器、声光偏转器、可调谐滤光器等,在激光技术、光信号处理和集成光通信技术等方面有着重要的应用。声光衍射可分为拉曼-奈斯衍射和布拉格衍射两种,后者因衍射效率高而常被采用。本实验重点介绍布拉格衍射。

1. 实验目的

(1) 了解声光效应的原理。

(2) 了解布拉格衍射的实验条件和特点。

(3) 测量声光偏转和声光调制曲线。

(4) 了解利用声光调制模拟音频通信的一种实验方法。

2. 实验器材

激光器组件,高速正弦声光调制器控制仪,狭缝(可变光阑),光接收器组件,示波器等。

3. 实验原理

当机械波传入介质中时,会引起介质产生随时间与空间的周期性的弹性应变,造成介质疏密变化从而使得光折射率的周期变化,形成一个等效位相光栅,光栅的间距(光栅常数)即为入射波波长。当一束平行光通过声光介质时,光波就会因该声光光栅发生衍射而改变光的传播方向,并使光强在空间重新分布,衍射光的强度、频率和方向都随入射波的变化而变化,以实现光束的调制和偏转。声光调制器通常由声光介质、电声换能器和吸声装置组成。声光介质常用钼酸铅或氧化碲晶体,电声换能器用射频压电换能器(铌酸锂晶体)。声光调制的原理如图 4.10 所示。

声波在介质中传播分为行波和驻波两种形式。行波形成的声光光栅在空间是移动的,介质折射率的瞬时空间变化可表示为

$$\Delta n = \Delta n_0 \sin(\omega_s t - k_s \cdot z) \tag{4.24}$$

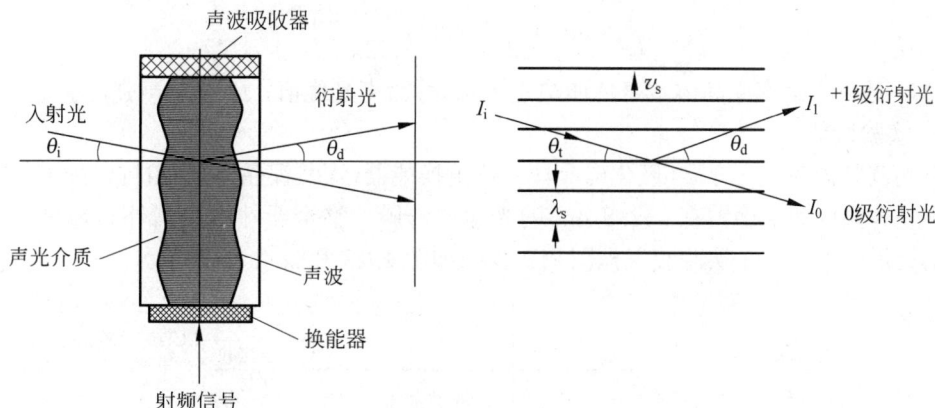

图 4.10　声光调制装置及布拉格衍射原理图

式中，ω_s 为超声波的角频率；$k_s = \dfrac{2\pi}{\omega_s}$ 为超声波的波数。

驻波形成的声光光栅在空间是固定的，是两个相向行波叠加的结果，介质折射率随时间的变化可表示为

$$\Delta n = \Delta n_0 \sin(\omega_s t - k_s \cdot z) + \Delta n_0 \sin(\omega_s \omega_s t + k_s \cdot z)$$
$$= 2\Delta n_0 \sin(\omega_s t) \sin(k_s \cdot z) \tag{4.25}$$

当超声波频率较高，声光作用长度 L 较大时，如果光线与超声波面之间的夹角满足一定条件，将产生布拉格衍射。

设 $\omega_i, \omega_d, \omega_s$ 分别是入射光、衍射光和超声波的角频率，k_i, k_d, k_s 分别是它们的波矢量，光子(声子)的能量为 $\hbar\omega$，光子(声子)的动量为 $\hbar k$，声光相互作用满足能量与动量守恒，即 $\omega_d = \omega_i + \omega_s$，$k_d = k_i + k_s$，如图 4.11 所示。由动量三角形可推出布拉格衍射条件为

$$\sin\theta_i = \frac{k_s}{2k_i} = \frac{\lambda}{\lambda_s} \tag{4.26}$$

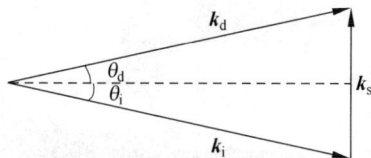

图 4.11　声光衍射的动量三角形

入射光发生布拉格衍射，零级光强分布为

$$I_0 = I_i \cos^2\left(\frac{U_s}{2}\right) \tag{4.27}$$

1 级光强分布为

$$I_0 = I_i \cos^2\left(\frac{U_s}{2}\right) \tag{4.28}$$

式中，U_s 是光波通过超声场引起的相移，由此可以推算出 1 级光衍射效率

$$\eta_1 = \frac{I_1}{I_i} = \sin^2\left(\frac{U_s}{2}\right) = \sin^2\left[\frac{\pi L}{\sqrt{2}\lambda}\sqrt{M_2 I_s}\right] \tag{4.29}$$

式中,M_2 是一个由声光晶体本身性质决定的量,称为声光优值;I_s 是超声强度。

4. 实验装置

声光调制器由声光介质(氧化碲晶体)、压电换能器(铌酸锂晶体)和阻抗匹配网络组成,其中声光介质两通光面镀有 632.8 nm 的光学增透膜。整个器件由铝制外壳包裹,具体使用方法见说明书。整个实验装置框图和实物图如图 4.12 和图 4.13 所示。

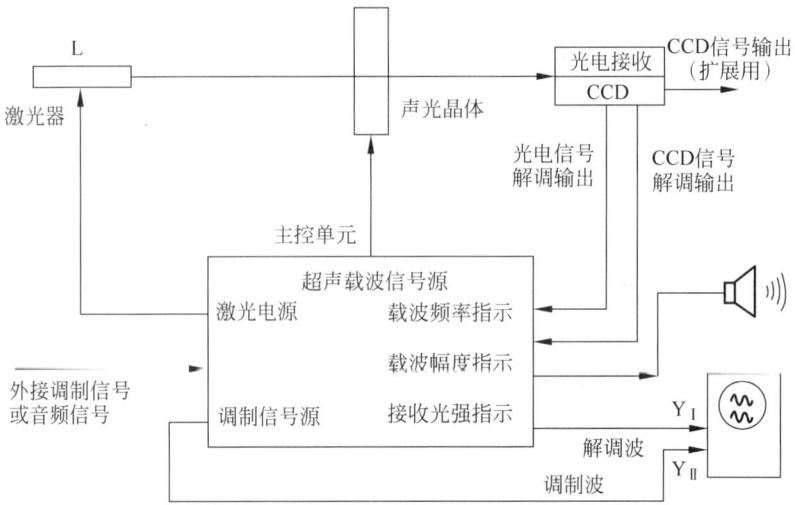

图 4.12 声光调制实验装置框图

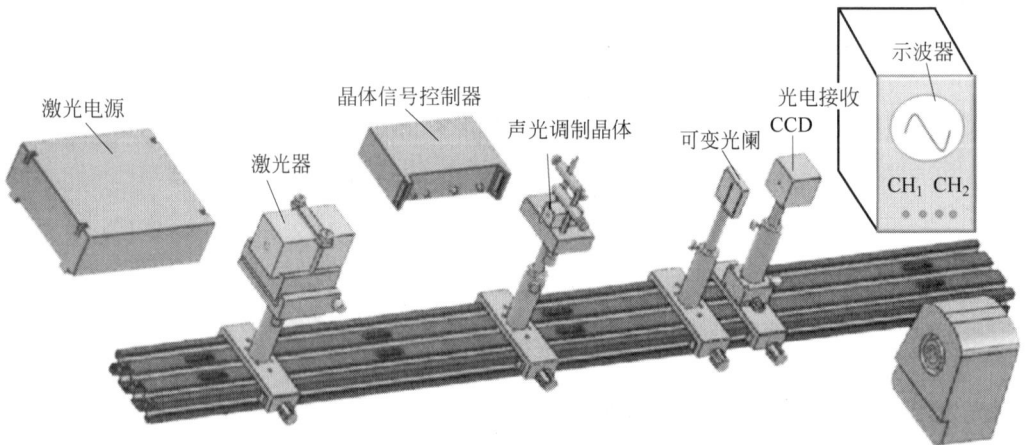

图 4.13 声光调制实验光路实物图

1) 光路系统

由激光器、声光调制晶体与光电接收、CCD 接收等单元组成,装在精密光具座上,构成声光调制仪的光路系统。

2) 系统连接

(1) 光源:将激光器电源线缆插入主控单元后面板的"激光器电源"插座中。如使用

He-Ne 激光管,需自配电源,且其输出直流高压务必按正负极性正确连接。

(2) 声光调制:由声光调制器的 BNC(刺刀螺母连接器)插座引出的共轴电缆插入主控单元后面板的"载波输出"插座上。

(3) 光电接收:将光电接收部件(位于光具座末端)的多芯电缆连接到主控单元后面板的"至接收器"插座上,以便将光电接收信号送至主控单元。

(4) 解调输出:光电接收信号由"解调输出"插座输出,主控单元中的内置信号(或外调输入信号)由"调制监视"插座输出,可同时送入双踪示波器显示或进行比较。

(5) 扬声器:将有源扬声器插入后面板的"解调监听"插座即可发声,音量由有源扬声器中的音量控制旋钮控制。同时,音量大小也与"载波幅度"与"解调幅度"旋钮有关。

5. 实验内容与步骤

1) 实验准备

(1) 按图 4.12 和图 4.13 正确连接激光器、声光调制器、光电接收等组件。注意:激光器开机需预热 5 min。

(2) 所有滑动座中心全部调至零位,并用固定螺丝锁紧,使光学器件初步共轴。测微螺旋初始值控制在 10~15 mm。

(3) 将控制器面板的"调制监视"与"解调输出"插座与双踪示波器的 CH_1、CH_2(Y_I、Y_{II})输入端相连,观察超声波信号。

(4) 将声光调制器置于载物台上,使透光孔恰好在平台的中心位置,激光束恰能从声光调制器的透光孔中间穿过。注意:载物台的转向应在 ±10° 以内。

(5) 再逐个往后调整器材,使整个光路等高共轴。移去接收器塑盖时,接收光强指示表有读数则表明光路已调好,这时将滑块固定紧。

(6) 用光电接收器前端的弹簧钢丝夹夹持住白色像屏。

2) 观察声光调制的偏转现象

(1) 调节激光束的亮度,使像屏中心有明晰的光点,此即为声光调制的 0 级光斑。

(2) 打开超声波开关,发出声波信号,对声光介质进行调制。

(3) 微调载物台上声光调制器的方向,以改变声光调制器的光线入射角,即可出现因声光调制而产生的衍射光斑。保证激光束穿过晶体后以最清晰的衍射光斑落在白屏上,当 0 级或 1 级衍射光最强时,声光调制器即运转在布拉格条件下的偏转状态。

3) 测试声光调制的幅度特性

(1) 去掉像屏,使激光束的 0 级光仍落在光敏接收孔的中心位置。

(2) 微调接收器滑座的测微机构,使接收孔横向移动到 1 级光的位置(监视"接收光强指示"表使其达最大值)。

(3) 打开超声波开关,调节"载波幅度"旋钮,分别记录载波电压 U 与接收光强 I_d 的值。

(4) 画出光强-调制电压的关系曲线(I_d-U)。

4) 测试声光调制随声波频率偏转特性

(1) 关闭超声波开关,记下接收器滑座横向测微计在 0 级时的读数 d_0。

(2) 打开超声波开关,调节"载波频率"旋钮,改变超声波的频率,观察 1 级衍射光的平移变化现象。微调接收器横向测微计,使其始终跟踪 1 级光的位置。分别记下载波的频率 f、测微计的读数 d_1 和衍射光强 I_d。通过测量 1 级和 0 级衍射光斑间的距离 $d=d_1-d_0$

与声光调制器到接收孔之间的距离 L（由导轨面上标尺读出）后，由于 $L \gg d$，即可求出声光调制的偏转角 θ，$\theta \approx d/L$，画出偏转角-调制频率的关系曲线（θ-f）。

（3）画出衍射光强-调制频率的关系曲线（I_d-f），该曲线中的 I_d 峰值 I_{dmax} 应与中心频率相对应，而 I_{dmax} 与光强下降 3 dB 所对应的调制频率的频率差即为声光调制器的带宽。

5）测量声光调制器的衍射效率

衍射效率 η 定义为：$\eta = I_{dmax}/I_0$，即最大衍射光强 I_{dmax} 与 0 级光强 I_0 之比，分别测得最强衍射光与 0 级光的光强值，其比值即为衍射效率。

6）测量超声波的波速（可参考声光光栅实验）

将超声波频率 f、偏转角 θ 与激光波长 λ 各值代入公式 $v_s = \lambda f/\theta$，即可计算出超声波在介质中的传播速度 v_s。

7）声光光调制模拟音频通信的实验演示

（1）将 MP3 通过"外调输入"与声光调制器连接，扬声器插入"解调监听"与探测器连接，即可听到 MP3 播出的音乐声。

（2）调节控制仪的载波幅度和解调幅度，调整声光调制器的下端的可调支架和可变光阑位置使扬声器接收到的音乐更清晰。

6. 实验数据及处理

（1）画出光强-调制电压的关系曲线（I_d-U）。

（2）画出偏转角-调制频率的关系曲线（θ-f）。

（3）画出衍射光强-调制频率的关系曲线（I_d-f）。

（4）记录音频声光调制的结果。

7. 注意事项

（1）声光器件的通光面不得用手触摸，否则损坏光学增透膜。

（2）注意轻拿轻放，特别是声光器件，否则会损坏晶体甚至报废。

（3）调整声光器件在光路中的位置和光的入射角度，当 1 级衍射光达到最强时，调节载物平台的转向应在 ±10° 以内。

（4）驱动电源的 +24 V 直流工作电压不得接反，否则会烧坏。

（5）驱动电源不得空载，即加上直流工作电压前，应先将驱动电源"输出"端与声光器件或其他 50 Ω 及以上的负载相连接。

8. 思考题

（1）叙述声光衍射的基本原理。

（2）布拉格衍射有哪些条件，布拉格衍射条件对声光调制实验有何指导意义？

4.4 磁制旋光实验

1846 年，法拉第（M. Faraday）发现，在磁场的作用下，本来不具有旋光性的介质产生了旋光性，线偏振光的振动面发生了旋转，这就是法拉第效应。后来费尔德（Verdet）对许多介质的磁致旋光现象进行了深入研究，发现法拉第效应在固体、液体和气体中都存在。

磁致旋光效应在许多领域都有广泛应用，尤其在激光技术发展后，其应用价值越来高,在磁场测量、电流测量、磁光调制等方面,均有广泛的应用。如磁光隔离器,就应用了法拉第效应中偏振面的旋转只取决于磁场的方向,而与光的传播方向无关,可使沿规定方向的光通过而阻挡反方向传播的光,从而减少光纤中器件表面反射光对光源的干扰。磁光隔离器也被用于激光多级放大、高分辨率的激光光谱和激光选模等技术中。

1. 实验目的

(1) 用特斯拉计测量电磁铁磁头中心的磁感应强度,分析其线性范围。

(2) 了解法拉第磁光效应的基本规律。

(3) 用正交消光法检测法拉第旋光玻璃的费尔德常数。

2. 实验器材

磁制旋光实验仪,氦氖激光器,光学元件及光具座,起偏镜,检偏镜,晶体(冕玻璃),高斯计,单色滤光片,光电探测器等。

3. 实验原理

实验表明,在磁场的作用下,光的偏振面会发生旋转,且所旋转的角度 θ 与光在介质中走过的路程 d 及介质所处外磁场的磁感应强度在光传播方向上的分量 B 呈正比,如图 4.14 所示,由此可得:

$$\theta = VBd \qquad (4.30)$$

式中,比例系数 V 是由介质、温度和工作波长决定的,与磁光材料的性质有关,表征物质的磁光特性,被称为费尔德常数。

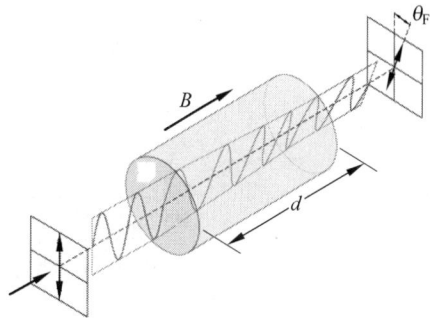

图 4.14 法拉第磁致旋光效应

对于顺磁、弱磁和抗磁性材料(如重火石玻璃等),V 为常数,即 θ 与磁场强度 B 呈线性关系;而对铁磁性或亚铁磁性材料(如 YIG 等立方晶体材料),θ 与 B 不是简单的线性关系。几乎所有物质(包括气体、液体、固体)都存在法拉第效应,不过一般都不显著。表 4.2 为几种常见物质的费尔德常数。

表 4.2 几种常见物质的费尔德常数

物 质	波长/nm	$V/(\mathrm{arcmin})/(\mathrm{T \cdot cm})$
水	589.3	1.31×10^2
二硫化碳	589.3	4.17×10^2
轻火石玻璃	589.3	3.17×10^2
重火石玻璃	830.0	$8 \times 10^2 \sim 10 \times 10^2$
冕玻璃	632.8	$4.36 \times 10^2 \sim 7.27 \times 10^2$
石英	632.8	4.83×10^2
磷素	589.3	12.3×10^2

习惯上,以顺着磁场观察偏振面旋转绕向与磁场方向满足右手螺旋关系的称为"右旋"介质,其费尔德常数 $V > 0$;反向旋转的称为"左旋"介质,费尔德常数 $V < 0$。

对于每一种给定物质,法拉第旋转方向仅由磁场方向决定,而与光的传播方向无关,这是法拉第磁光效应与某些物质的固有旋光效应的重要区别。自然旋光材料的旋光方向与光的传播方向有关,即以顺光线和逆光线的方向观察,线偏振光的偏振面的旋转方向是相反的,因此当光线往返两次穿过自然旋光介质后,偏振面恢复如初。而法拉第效应则不然,在磁场方向不变的情况下,光线往返穿过磁致旋光物质后,法拉第旋转角将加倍。利用这一特性,可以使光线在介质中往返数次,使旋转角度加大,这一性质使磁光晶体在激光技术、光纤通信技术中具有重要应用。

与自然旋光效应类似,法拉第效应也有旋光色散,即费尔德常数随波长而变,一束白色的线偏振光穿过磁致旋光介质,紫光的偏振面要比红光的偏振面转过的角度大,这就产生了旋光色散。实验表明,磁致旋光物质的费尔德常数 V 随波长 λ 的增加而减小(图 4.15),旋光色散曲线又称为法拉第旋转谱。

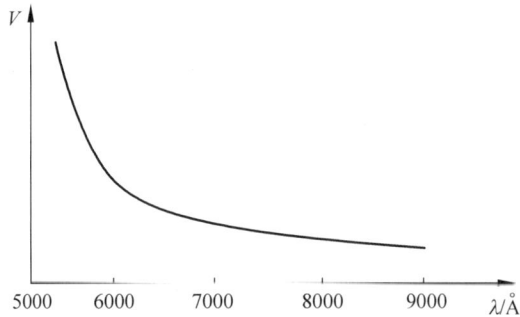

图 4.15　磁致旋光色散曲线($1\ \text{Å} = 10^{-10}\ \text{m}$)

4. 实验内容与步骤

法拉第效应的实验装置如图 4.16 所示,线偏振光通过电磁铁中心的小孔,并穿过处于磁隙中的样品(本实验采用冕玻璃),进入配有光电转换的检偏装置。未加磁场时,起偏器与检偏器正交消光,此时光度计显示值最小;加磁场后,光度计显示值增大,通过旋转检偏器后再次消光,由此即可测出加磁场后偏振面转过的角度。观察偏振光旋偏转的角度随磁场大小的变化,验证法拉第效应。

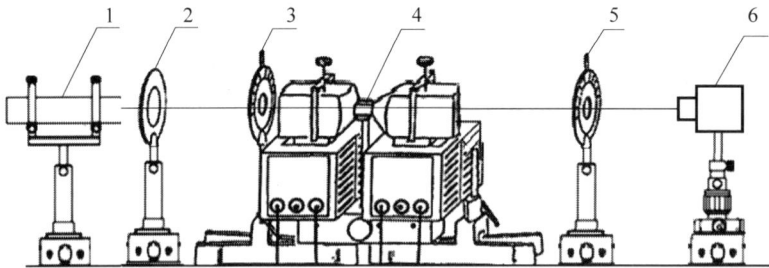

1—激光器;2—透镜;3—起偏器;4—晶体(冕玻璃);5—检偏镜;6—光电探测器。

图 4.16　实验装置

1) 测量电磁铁中心磁感应强度 B 与输入电流 I 的关系

(1) 参考图 4.17 所示,安装好法拉第综合实验仪和各元件,确保励磁电源正确相连,旋转控制介质的旋钮,让介质(冕玻璃)离开磁铁中心,将综合实验仪上的特斯拉计探头通过探头臂固定在电磁铁上,并使探头处于两个磁头正中心,旋转探头方向,使磁力线垂直穿过探头前端的霍尔传感器,这样测量出的磁感应强度最大,此时对应特斯拉计测量最准确。

(2) 调节直流稳压电源的电流调节电位器,使电流逐渐增大,并记录不同电流情况下的磁感应强度 B。每增大 0.2 A 记录一次,填入表 4.3 中。

(3) 画出中心磁感应强度与输入电流的 B-I 关系图,分析 B-I 的线性区域,并分析磁感应强度饱和的原因。

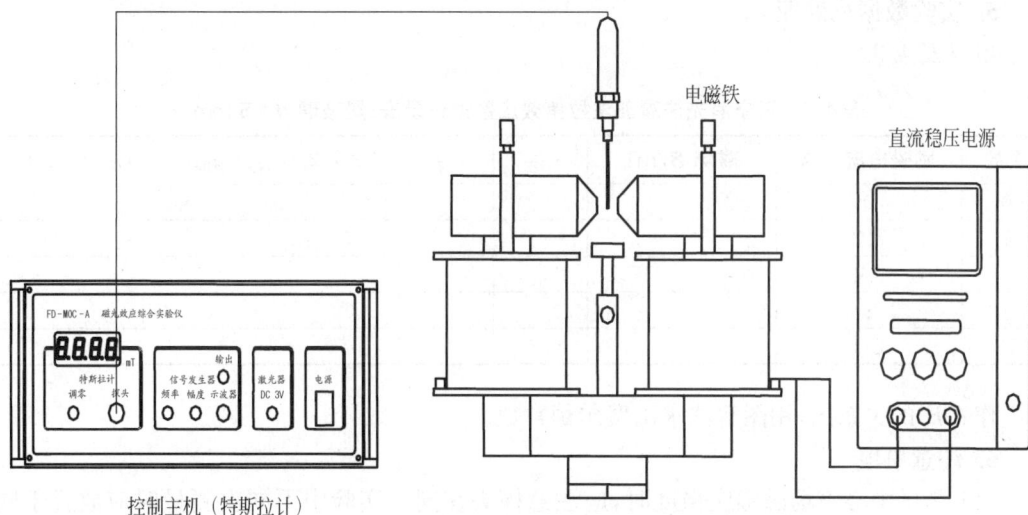

图 4.17 磁场测量实验装置连接示意图

2) 正交消光法验证法拉第效应实验

(1) 按图 4.16 安装各元器件,调节氦氖激光器底部的调节架,使激光器发出的准直光完全通过电磁铁中心的小孔,图中透镜 2 是用来聚焦激光的,要求光空心穿过小孔不被小孔边缘散射,若不需要透镜即可完全入射小孔可以不加透镜(注意:若氦氖激光器激光管内已经装有布儒斯特窗,则不需加起偏器,激光器出射的已经是线偏振光)。

(2) 调节探测器的高度,使激光器光斑正好打在光电转换盒的通光孔上,此时旋动检偏器刻度盘上的旋钮,可以发现光度计读数发生变化(注意:有些器材是将检偏器与光电池集成在一起的,如图 4.18 所示)。

(3) 调节样品测试台,并旋动测试台上的调节旋钮,使冕玻璃样品缓慢转动升起,此时激光应完全通过样品。

(4) 旋转检偏器刻度盘旋钮,使偏振片的检偏方向发生变化,直至光度计的示值最小(消光),此时激光器发出的线偏振光的偏振方向与检偏方向垂直,处于消光位置,通过游标盘读取此时的角度 α_0(注意:实际读数应该有左右两个读数,需要同时记录)。

图 4.18 检偏器与光电池集成组件

(5) 开启励磁电源,使电流为 0.2 A,可观察到光度计读数增大,再次转动检偏器的刻度盘,使光度计读数回到最小,读取消光的角度值 α_1。

(6)改变励磁电流,每次增加 0.2 A,重复步骤(5),读取每轮消光的角度值 α_i,将数据记录在表 4.3 中。

(7)关闭氦氖激光器电源,旋下玻璃样品,用游标卡尺测量样品厚度(冕玻璃样品厚度参考值为 5 mm),通过图表法或计算法,求出该样品的费尔德常数。

5. 实验数据及处理

填写表 4.3。

表 4.3　正交消光法验证法拉第效应数据记录表(冕玻璃 $d=5$ mm)

次数	励磁电流 I/A	磁场 B/mT	$\alpha_{i左}$	$\alpha_{i右}$	$\theta=1/2\left[(\alpha_{i右}-\alpha_{0右})+(\alpha_{i左}-\alpha_{0左})\right]$
0	0				
1	0.2				
2	0.4				
⋮	⋮				
12	2.4				

作 θ-B 的关系图,用图解法求出费尔德常数。

6. 注意事项

(1)测量中心磁场磁感应强度时,应注意探头在同一实验中不同次测量时应放置于同一位置,确保测量更加准确、稳定。

(2)尽量减小外界光的影响,实验最好在暗室进行,以使实验现象更加明显,实验数据更加准确。

(3)主机正面板上的励磁电源故障灯如果亮起,则表示电源过热,应关掉电源,冷却一段时间再开启励磁电源。

(4)在实验过程中,注意不要将眼睛正对激光光源,以免对眼睛造成伤害。

(5)做完实验后,励磁电源的输出电流要降为 0。

7. 思考题

(1)磁光效应和自然旋光效应有何区别?

(2)本实验中可用什么方法测量偏振光的振动方向?

(3)法拉第磁光效应中的 θ 角度由哪些因素决定?　如何用实验测量磁致旋光的"不可逆性"?

(4)怎样利用它的"不可逆性"做成光隔离器?

4.5　晶体的磁光调制实验

磁光效应是指光与磁场中的物质,或光与具有自发磁化强度的物质之间相互作用所产生的各种现象,主要包括法拉第(Faraday)效应、柯顿-莫顿(Cotton-Mouton)效应、克尔(Kerr)效应、塞曼(Zeeman)效应、光磁效应等。利用介质的磁光效应而实现的光波调制,称为磁光调制。

磁光调制最普遍的是利用法拉第效应,是把需要加载的信号通过磁场转变成光信号的调制方式。磁光调制所用晶体有钇铁石榴石、掺镓钇铁石榴石和重火石玻璃等。由于材料透明波段的限制,磁光调制主要用于红外波段。

1. 实验目的

(1)掌握磁光调制的原理和实验方法。

(2)测量调制深度与调制角幅度。

(3)测量直流磁场对磁光介质的影响,计算磁光介质的费尔德常数。

(4)磁光调制实验演示。

2. 实验器材

激光器,起偏器,磁光玻璃棒,电磁铁,磁光调制实验仪,检偏器与光电接收组件,示波器等。

3. 实验原理

在磁场的作用下,线偏振光通过磁制旋光介质时,振动平面相对原方向会转过一个角度 θ,称为磁光效应。

1)直流磁光调制

一般情况下,近似认为磁光材料的费尔德常数是恒定不变的,旋转角 θ 与外加的磁场强度 B 呈正比,即也与电磁铁的外加通过电流呈正比,能满足调制的线性响应要求。

$$\theta = VBd \tag{4.31}$$

然而,直流磁光调制电流变化范围较大,存在超出线性响应范围的可能,因此应从更本质的磁致旋光原理来分析。当线偏振光平行于外磁场入射磁光介质的表面时,把光分解成左旋圆偏振光 I_L 和右旋圆偏振光 I_R(两者旋转方向相反)。由于介质对两者具有不同的折射率 n_L 和 n_R,当它们穿过厚度为 d 的介质后分别产生不同的相位差,体现在角位移上分别是 $\theta_L = \dfrac{2\pi}{\lambda} n_L d$ 和 $\theta_R = \dfrac{2\pi}{\lambda} n_R d$。由于 $\theta_L - \theta = \theta + \theta_R$,则有:

$$\theta = \frac{1}{2}(\theta_L - \theta_R) = \frac{2\pi}{\lambda}(n_L - n_R)d \tag{4.32}$$

如果此时电流变化范围处于线性区域,温度保持恒定,折射率差 $(n_L - n_R)$ 仍然正比于磁场强度 B,则磁光效应公式仍然能回到式(4.31)的简单形式。

2)交流磁光调制

如图 4.19 所示,设 α 为起偏器与检偏器透光轴之间夹角,I_0 为光强的幅值(即 $\alpha = 0$ 或 π 时的输入光强),根据马吕斯定律,如果不计光损耗,则通过起偏器,经检偏器后输出的光强为

$$I = I_0 \cos^2 \alpha \tag{4.33}$$

实验中,在两个偏振器之间加一个由励磁线圈(调制线圈)、磁光调制晶体和低频信号源组成的低频调制器。调制励磁线圈所产生的正弦交变磁场为 $B = B_0 \sin\omega t$,则磁光调制晶体产生交变的振动面旋转角 $\theta = \theta_0 \sin\omega t$,$\theta_0$ 称为调制角的幅度。由此输出光强变为

$$I = I_0 \cos^2(\alpha + \theta) = I_0 \cos^2(\alpha + \theta_0 \sin\omega t)$$
$$= \frac{I_0}{2}[1 + \cos 2(\alpha + \theta_0 \sin\omega t)] \tag{4.34}$$

由此可知,当 α 一定时,输出光强仅随 θ 变化,而且是调制波的倍频信号。因为 θ 是受

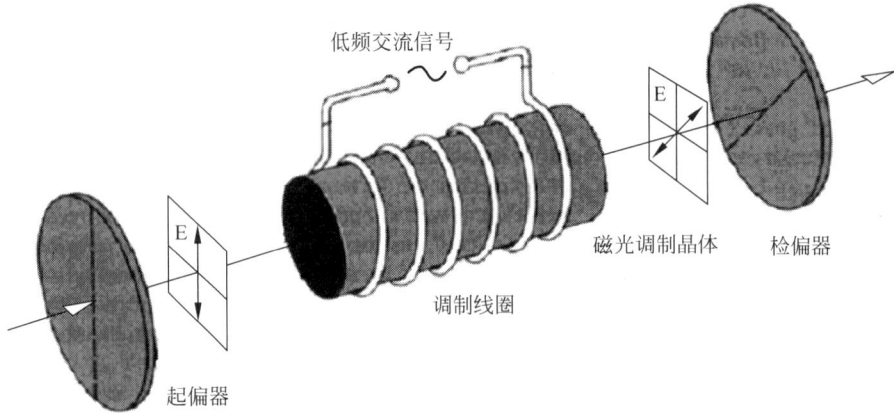

图 4.19 磁光效应原理图

交变磁场 B 或信号电流 $i = i_0 \sin\omega t$ 控制的,所以信号电流使光振动面旋转,即可将电信号转化为光的强度调制,这就是磁光调制的原理。

3) 磁光调制的基本参量

磁光调制的性能主要由以下两个基本参量来描述。

(1) 调制深度 η

$$\eta = \frac{I_{\max} - I_{\min}}{I_{\max} + I_{\min}} \tag{4.35}$$

式中,$I_{\max}$ 和 $I_{\min}$ 分别为调制输出光强的最大值和最小值,在 $0 \leqslant (\alpha + \theta) \leqslant \pi/2$ 的条件下,由式(4.35)得最大输出光强和最小输出光强分别为

$$I_{\max} = \frac{I_0}{2}[1 + \cos 2(\alpha - \theta)] \tag{4.36}$$

$$I_{\min} = \frac{I_0}{2}[1 + \cos 2(\alpha + \theta)] \tag{4.37}$$

(2) 调制角幅度 θ_0

令 $I_A = I_{\max} - I_{\min}$ 为光强调制幅度,可以证明:当起偏器 P 与检偏器 A 主截面间夹角为 $45°$ 时,调制幅度可达最大值:$I_A = I_0 \sin 2\theta$。

此时的调制深度 $\eta = \sin 2\theta$,调制角幅度 θ_0:

$$\theta_0 = \frac{1}{2}\arcsin\left(\frac{I_{\max} - I_{\min}}{I_{\max} + I_{\min}}\right) \tag{4.38}$$

4. 实验内容与步骤

1) 测费尔德常数(可参考 4.4 节磁致旋光实验内容)

(1) 按照图 4.20 实验光路图搭建光路。

(2) 安装 He-Ne 激光器,使其水平。

(3) 把 $L = 50$ mm 的磁光介质导光棒插入含三块磁铁的磁性部件,三块磁铁平均场强 $B = 122.4$ mT,调整该组件高度,确认激光通过介质中心后,将白屏换成光电接收器。

(4) 调节调制电流,使直流磁场为零,调整出射位置偏振片(检偏器)角度,使出射光强最弱(消光法),记录此时检偏器刻度 α_0。

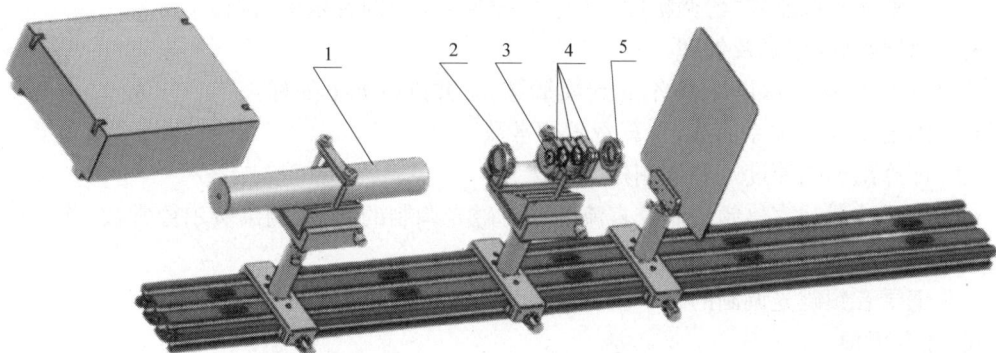

1—激光器；2—起偏器；3—磁光晶体；4—磁铁；5—检偏器。

图 4.20　磁制旋光实验装置图

（5）打开调制加载开关，调节调制电流，记录直流磁场 B，在此过程中出射光光强会变强。调整检偏器，使出射光强变回最弱，记录此时检偏器刻度 α_1，则磁致光旋转的角度 $\theta = \alpha_1 - \alpha_0$。

（6）每次增加电流 0.3 A，调整检偏器，使出射光强变回最弱，记录此时检偏器刻度 α_i，记录在表 4.3 中。

（7）画出 $\theta\text{-}B$ 的关系曲线，计算费尔德常数，并与参考值比较。

2）测量调制深度与调制角幅度

（1）调节调制电流，使直流磁场为零，转动检偏器，在示波器上同时观察到调制波形与解调输出波形；再细调检偏器的转角，即可明显观察到解调波与调制波的倍频关系，此时接收到的光强应为最小值（消光状态），检偏器透光轴与起偏器透光轴垂直，即 $\alpha = 90°$。

（2）在示波器中显示出解调波形后，调节检偏器偏角，读出波形曲线上相应的光强信号的最大值 $I_{\max}$ 和最小值 $I_{\min}$，代入式（4.35）和式（4.38），计算出调制深度 η 和调制角幅度 θ_0。注：若不用示波器观测，也可通过记录光电接收器的光强数值来测量输出光强的最大值 $I_{\max}$ 和最小值 $I_{\min}$。

3）测量直流磁场对磁光调制的影响

（1）重复步骤 2）中（1），调节检偏器的转角，使示波器出现倍频信号，记下接收器上测角器的读数（建议做此实验前将测角器刻度调至 0 对 0）。

（2）开启直流励磁，给励磁线圈通直流电流，转动励磁强度旋钮，直至励磁指示表达 1.5 A，示波器倍频信号消失。然后旋转测角器微调，使示波器重新显示倍频信号，再记下此时测角器读数，其与上一步的差值即为磁光介质的磁致旋光角。

（3）增加直流电流强度（由励磁电流表读出），每隔 0.3 A 测量一次，记下相应的偏转角，画出 $\theta\text{-}B$ 的关系曲线。

（4）由此计算费尔德常数，并与前面的测量结果及参考值进行比较。

4）磁光调制模拟音频通信的实验演示

（1）将 MP3 或其他音频信号通过"外调制输入"插座输入系统，并将扬声器与"解调输出"相连接，则可听到 MP3 播出的音乐声。

（2）调整磁光调制器"解调幅度"可使扬声器接收到的音乐更清晰。

5. 实验数据的记录及处理

参考 4.2 节表 4.1,设计表格,记录实验数据,并进行如下处理:

（1）画出 θ-B 的关系曲线,计算费尔德常数。

（2）计算出调制深度 η 和调制角幅度 θ_0。

（3）用示波器观察倍频法研究直流磁场对磁光调制的影响,测出费尔德常数,并与用光电池测光强法进行比较。

（4）记录音频磁光调制的结果。

6. 注意事项

（1）为获得最大调制幅度（输出光强）I_{max},及测定调制深度 η 和调制角幅度 θ_0,必须在实验前准确调节,使起偏器 P 与检偏器 A 主截面间夹角为 45°,这时调制幅度才能真正达到最大。

（2）为防止强激光束长时间照射导致光电接收器损坏或疲劳,调节或使用后都应立即盖好光电接收器的盖子,使其处于常黑状态。同时,调节过程中应避免激光直射人眼,以免对眼睛造成损伤。

7. 思考题

（1）在研究直流磁场对磁光介质的影响时,用光电池的光强最小值测量法和示波器观察倍频信号法,哪一种方法能更精确地测出费尔德常数?

（2）为什么调制幅度达到最大值时,起偏器 P 与检偏器 A 主截面间的夹角为 45°?

4.6 液晶的电光效应实验

液晶是一种介于液体与晶体之间,既有液体的流动性,又有类似晶体结构的有序性的晶液中间态,又叫液态晶体或晶状液体、介晶液体。当大量液晶分子有规律地排列时,其总体的电学和光学特性,如介电常数、折射率等也将呈现出各向异性的特点。对于 P 型液晶材料来说,晶轴方向即为液晶分子长轴方向,光矢量沿液晶分子长轴方向时具有较大的非常光折射率 n_e;而垂直液晶分子长轴方向时寻常光折射率 n_0 较小。如果我们对液晶介质施加电场,就可以改变分子排列的规律,从而使液晶材料的光学特性发生改变,这种现象于 1963年被发现,被称为液晶的电光效应。

1. 实验目的

（1）掌握液晶光开关的工作原理,测量液晶光开关的电光特性曲线。

（2）测量驱动电压周期变化时,液晶光开关的时间响应曲线,确定上升时间和下降时间。

2. 实验器材

液晶电光效应实验仪一台,液晶片一块等。

3. 实验原理

1）液晶盒的结构

液晶盒由玻璃基板、电极、取向膜、液晶和密封结构组成。液晶盒的结构如图 4.21 所示,由两块厚约 1 mm 的玻璃板夹着 5 pm 的均匀液晶材料构成,玻璃内层有透明电极和定向层。若在两玻璃间加一电压,则液晶分子会在电场作用下发生偏转,使得晶轴方向改变。可见通过改变电场可实现液晶双折射效应的变化,液晶光阀正是利用此特点而制成的器件。图 4.21 中,玻璃外层有偏振片。

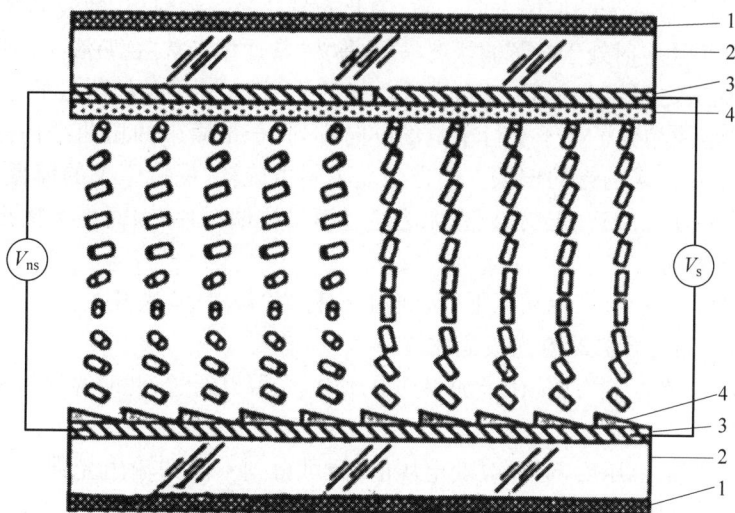

1—偏振片;2—玻璃基板;3—ITO 电极;4—定向层。

图 4.21　液晶盒的结构示意图

2) 液晶光开关的工作原理

液晶的种类很多,下面以常用的扭曲向列型液晶为例,说明液晶光开关的工作原理。图 4.22 为"常通型"(常白型)液晶光开关,上下两片偏振片的偏光轴相互正交,上下两玻璃

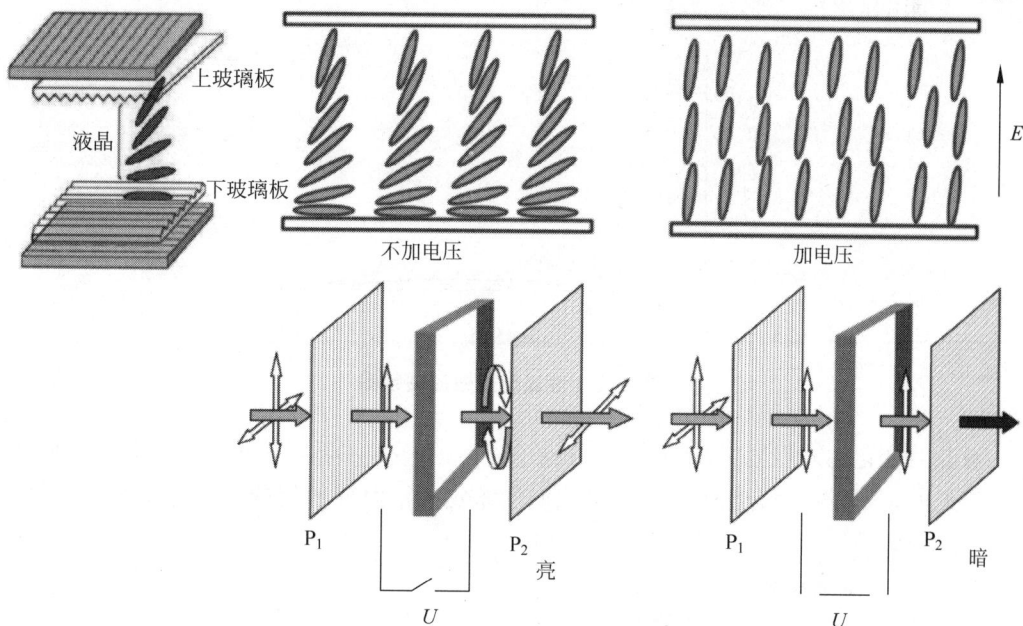

图 4.22　常通型液晶光开关的工作原理

板涂有定向层,且定向层的取向相互垂直,液晶分子将顺应定向层的方向以逐渐过渡的方式被扭转成螺旋状,呈90°扭曲的自然旋转状态,故称之为扭曲向列型液晶。不加电场时,光入射后经第一个偏振片 P_1 后变成偏振光,进入液晶盒后被液晶逐渐改变偏振方向,由于晶轴正好扭曲了90°,所以出射光的偏振方向也顺着晶轴旋转90°。又因第二偏振片 P_2 与 P_1 的偏光轴相互垂直,正好与出射光的偏振方向一致,因此光将从另一端射出,即液晶光开关处于"开"的状态。因其在不通电时处于"通"的状态,故被称为"常通型"(常白型)液晶光开关。

如果两玻璃板之间加上一定电压,在静电场的作用下,除了基板附近的液晶分子被基片"锚定"以外,其他液晶分子趋于平行于电场方向排列,于是原来的扭曲结构被破坏,成为均匀结构,从 P_1 透射出来的光的偏振方向在液晶中不再旋转,保持原来的偏振方向到达下电极,这时光的偏振方向与 P_2 正交,故光无法通过第二块偏振片,因而光无法出射,即液晶光开关处于"关"的状态。

若上下两偏振片的透光轴相互平行,则相反,称为"常黑型"光开关。

3) 常通型液晶光开关的电光效应曲线

以常通型液晶光开关为例,在未加驱动电压时,光可以通过,此时光通过率最高,透射的光强最大,为 I_{max}。

在液晶盒上施加电压后,通过改变电压值,便可得到不同的输出光强,由此可得液晶的电光效应曲线,即电压和输出光强的关系曲线。一般情况其关系如图 4.23 所示,其中纵坐标为光强透过率(透过光强与最大光强的比值,I/I_{max}),横坐标为外加电压。最大透光强度的10%所对应的外加电压值称为阈值电压(U_{th}),标志着液晶电光效应有可观察反应的开始(或称起辉),阈值电压越小,电光效应指标越好。最大透光强度的90%对应的外加电压值称为饱和电压(U_r),标志着获得最大对比度所需的外加电压数值,U_r 越小,越容易获得良好的显示效果,且显示功耗小、寿命长。对比度 $Dr = I_{max}/I_{min}$。陡度 $\beta = U_r/U_{th}$,即饱和电压与阈值电压之比。

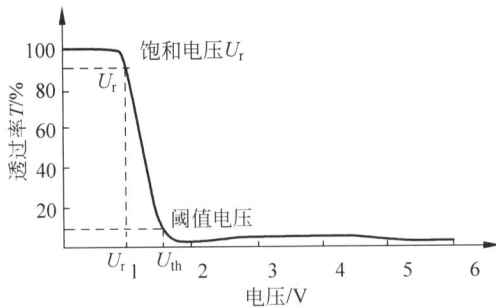

图 4.23 液晶电光效应关系图

液晶对变化的外界电场的响应速度是液晶产品的重要参数。一般来说液晶的响应速度是比较低的。可以用上升沿时间和下降沿时间来定义液晶对外界驱动信号的响应速度,如图 4.24 所示。

4. 实验内容与步骤

1) 测量常通型液晶光开关的电光效应

(1) 按照图 4.25 调好光路:取两片偏振片置于在液晶盒的两侧,偏振片 P_1(起偏器)的

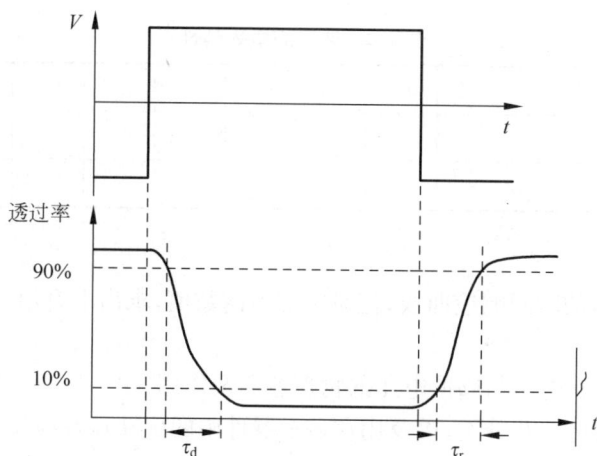

图 4.24 液晶屏响应时间

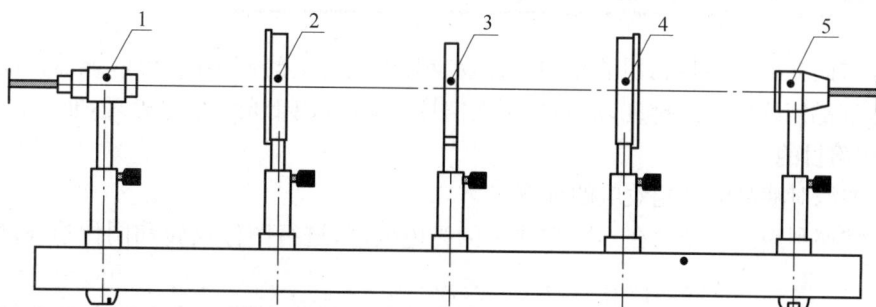

1—激光器；2—起偏器；3—液晶屏；4—检偏器；5—光电转换器。

图 4.25 液晶电光效应实验装置示意图

透光轴与前玻璃板的定向方向一致,偏振片 P_2(检偏器)的透光轴与后玻璃板的定向方向相同,于是 P_1 和 P_2 的透光轴相互正交。

(2) 保持室内环境光较暗。挡住进入光探测器的激光,读取光探测器读数,此读数反映的是环境光强的暗电流值,在后面数据处理时均需先减去该数值。

(3) 调好光路后,将模式转换开关置于静态模式,将透过率显示校准为 100%。改变输入电压,使电压值从 $0\,V$ 增加到 $6\,V$,起初间隔取 $0.1\,V$,达到关断电压后逐渐加大间隔,分别记录相应电压下光探测器的读数,填入数据记录表 4.4,据此画出电光效应曲线。

(4) 求出饱和电压与阈值电压及其比值。

2) 测量常通型液晶光开关的时间响应特性

(1) 将模式转换开关置于静态模式,透过率显示校准为 100%,然后将液晶供电电压调到 $2.00\,V$,在液晶静态闪烁状态下,用存储示波器或用信号适配器接模拟示波器即可得到液晶的开关时间响应曲线。

(2) 根据示波器显示的时间响应曲线,可以得到液晶的响应时间,即上升沿时间和下降沿时间。

5. 实验数据与处理

1) 液晶的电光效应

填写表 4.4。

表 4.4　液晶的电光特性

电压/V	0	0.5	0.8	0.9	1.0	1.1	1.2	1.3	1.4		...	5.0
光电流值												
透过率												

2) 时间响应特性

根据示波器显示的时间响应曲线,记录关键点的数值,求出上升沿、下降沿时间。

6. 思考题

(1) 详细叙述饱和电压与阈值电压的物理意义及作用。

(2) 了解液晶的特性及分类,以及用在显示器件中的优缺点及应用情况。

4.7　基于电调制液晶光阀的空间光调制实验

液晶空间光调制器是利用液晶的电光效应对光进行空间调制的器件,该器件能通过计算机控制液晶矩阵各点的排列,从而控制光信号的输出,用于光学信息处理,非常方便。

1. 实验目的

(1) 加深对液晶的电光效应的理解。

(2) 掌握利用液晶光阀在不同模式下的光电效应,进行图像反转和图像边缘增强的工作原理。

(3) 了解计算全息的特点,并学会利用电调制液晶光阀的方式实现全息图的编码和再现。

(4) 利用电调制液晶光阀实现图像的光学傅里叶变换。

(5) 加深对卷积定理的理解和实验证明。

2. 实验器材

激光器,空间滤波器,准直镜,偏振片 2 片,液晶光阀,傅里叶透镜,白屏或毛玻璃片,CCD,光电池,软件等。

3. 实验原理

1) 不同夹角下的液晶电光效应

前一节介绍了起偏器、检偏器相互垂直情况下 90° 扭曲向列型液晶(TNLC-SLM)的电光特性。为了进行空间光的调制,起偏器、检偏器始终保持相互垂直这一个状态是不够的。我们利用 90° 扭曲向列型液晶片与分立的起偏器、检偏器一起,组成一个角度可灵活改变的液晶空间光调制器(LC-SLM),这样才能出现多种调制模式,以便进行光的调制,其结构如图 4.26 所示。

若起偏器与检偏器的偏振轴与 x 轴的夹角分别表示为 α_1 和 α_2,由琼斯矩阵可以得到输出光束的光强透射率为

$$T = \left[(\pi/2r)\sin(r)\cos(\alpha_1 - \alpha_2) + \cos(r)\sin(\alpha_1 - \alpha_2)\right]^2 + \left[(\beta/2r)\sin(r)\cos(\alpha_1 - \alpha_2)\right]^2 \tag{4.39}$$

式中,$\beta = (\pi d/\lambda)(n_e(\theta) - n_o)$,$\theta = |\alpha_1 - \alpha_2|$;$r = \sqrt{(\pi/2)^2 + \beta^2}$。

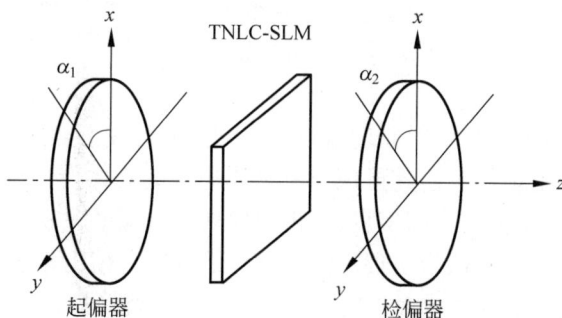

图 4.26 TNLC-SLM 的结构示意图

当 $\theta=90°$，$\alpha_1=0$，$\alpha_2=90°$ 或 $\alpha_1=90°$，$\alpha_2=0$ 时，有 $T=1-(\pi/2r)^2\sin^2(r)$。

当 $\theta=0°$，$\alpha_1=\alpha_2=0°$ 时，有 $T=(\pi/2r)^2\sin^2(r)$。

当 $\theta=0°$，$\alpha_1=\alpha_2=45°$ 时，有 $T=\sin^2(r)$。

因此改变起偏器和检偏器的偏振轴 α_1 和 α_2，可得到不同夹角下的电光效应曲线。据此得到的液晶光阀的输出光强与所加电压的关系曲线，即液晶光阀的电光效应曲线，如图 4.27 所示。

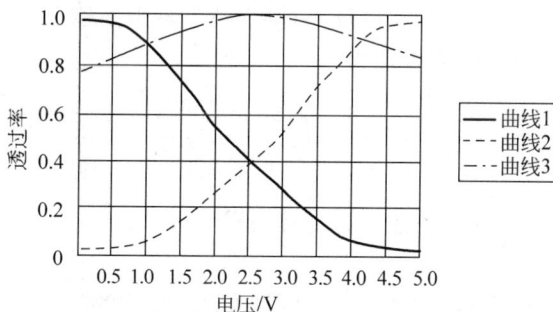

图 4.27 不同夹角下的液晶光阀电光效应曲线

(1) 起偏器的方向跟液晶层入射面的取向层方向一致，即 $\alpha_1=0$；检偏器与起偏器方向相互垂直，即 $\alpha_2=90°$ 时，得到电光效应曲线如图 4.27 中曲线 1 所示，也即上一节所测量的常通型液晶的电光效应曲线，此时的液晶工作在"常通"模式。

(2) 若旋转检偏器，使 $\alpha_1=\alpha_2=0°$，这时电光响应曲线如图 4.27 中曲线 2 所示，可见曲线 2 跟曲线 1 正好"相反"，此时的液晶处于"常黑"模式。

(3) 若旋转检偏器，使 $\alpha_1=\alpha_2=45°$，这时电光响应曲线如图 4.27 中曲线 3 所示，此时液晶光阀最大透过率出现在某一中间电压处。

2) 液晶光阀用于图像反转和图像微分的工作原理

若在上述曲线 1 对应的"常通"模式下输入一幅图像，然后将检偏器旋转 $90°$，使液晶光阀工作在"常黑"模式下，这时会观察到：原来图像的暗处，在输出图像中变亮了；而原来图像的亮处，在输出图像中相应变暗，即出现反像。因此，通过调节检偏器的夹角，可在观察屏上看到原图像的反转图像，以此实现图像的灰度翻转。

若液晶光阀工作在曲线 3 的模式下，输入一幅图像后，则会观察到原来图像的最暗和最亮处,输出图像均变得较暗,而中间亮度处会变得极亮。这时,图像的轮廓部分被增强了,这种现象称为边缘增强效应,即对图像进行了微分操作。

3) 计算全息

全息术是利用光的干涉和衍射原理,将物体反射、散射或衍射的特定光波以干涉条纹的形式记录下来,并在一定条件下使其再现为原物体逼真的立体像。计算全息图可以记录真实存在或虚拟物体的物光波的全部信息,其再现像具有物理景深效果且能够裸眼观看,因而具有极大的灵活性和优势,被认为是理想的三维显示方法。相比光学全息,计算全息有独特的优势,主要是:①能记录复杂或虚拟物体的全息图;②能模拟许多光学现象,在光信息处理过程中模拟各种空间滤波器;③产生特定波面用于全息干涉计量,可同时应用于激光扫描和数据存储。本实验用液晶光阀来实现空间滤波,通过对实部、虚部、位相等的编码,即可用计算全息程序生成全息图。

4) 傅里叶变换

傅里叶透镜对物面图像进行傅里叶变换,在透镜的像面将得到该图像的频谱。若物面输入的是全息图,经傅里叶变换后在像面可看到再现像。

(1) 伸缩定理:

伸缩定理表明频域中坐标 u 的收缩,导致空域中坐标 x 按同一比例展宽,同时振幅大小相应地降低。反之,频域中坐标 u 的展宽,则导致空域中坐标 x 按同一比例收缩,同时振幅的大小相应地增加。用公式表示则为

$$F(au) = F\left[\frac{1}{|a|}f\left(\frac{x}{a}\right)\right] \tag{4.40}$$

(2) 旋转定理:

全息图旋转一个角度,其再现像也将旋转同样的角度。

(3) 互补定理:

能对全息图进行亮度反转,使亮度高的区域变暗,而亮度低的区域变亮。

(4) 全息裁剪:

全息图的任意局部都能再现原图的基本形状。因为全息图是由物体上所有点的散射光与参考光相干涉形成的,反过来全息图上的每一点都记录着来自所有物点的散射光,所以全息图每一个局部都能再现原来的像。

(5) 卷积定理:

卷积定理是指两个函数乘积的傅里叶变换,等于各自傅里叶变换的卷积。反之,两个函数卷积的傅里叶变换,等于各自傅里叶变换的乘积。数学表示是

$$F[f(x) \cdot g(x)] = F(u) * G(u) \tag{4.41}$$

$$F[f(x) * g(x)] = F(u) \cdot G(u) \tag{4.42}$$

简单的演示方法是将两个间距不同的正交光栅重叠在一起,表示两个图像相乘,用激光照射,在傅里叶变换透镜的后焦面上可以看到它们频谱的卷积。

4. 实验装置

本实验装置主要由高分辨率透射式液晶光阀、激光变换系统、CCD 显示系统和光强探测系统等组成。该液晶光阀的显示内容直接由计算机控制,可以实时地进行图像处理。实验系统的具体结构如图 4.28 所示。

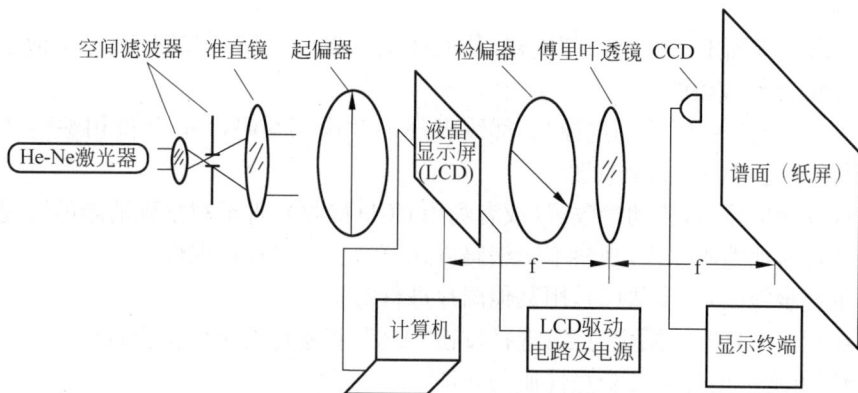

图 4.28 液晶光阀光信息处理实验光路图

He-Ne 激光器(632.8 nm)发出的激光束通过扩束、小孔滤波和准直镜准直后,得到平行光,平行光经过液晶光阀发生衍射,液晶光阀的衍射光经傅里叶透镜变换后,在傅里叶透镜的焦面上得到频谱,最后用 CCD 采集图像并输出到相应的显示器上。

测试液晶的电光效应时,应将上述 CCD 显示系统换成光强探测系统,即可用来测定透过液晶光阀的光强。

5. 实验内容与步骤

1) 观察图像反转和图像微分现象,测量液晶的三种不同状态的电光效应

(1) 按照图 4.28 调好光路;起偏器与检偏器互相垂直,运行软件 CGH. exe。

(2) 保持室内环境光较暗。挡住进入光探测器的激光,读取光探测器读数,此读数反映的是环境光强,在后面数据处理时均需先减去该数值。

(3) 调好光路后,单击程序界面"电光效应"菜单,输入不同的电压值,间隔取 0.5 V 或者更小,读取光探测器相应的读数,填入数据记录表 4.5,得到起偏器与检偏器互相垂直时的一组数据,画出电光效应曲线。

(4) 全屏显示图片库中的 white. bmp 图,旋转检偏器使得透过光强最小,即实现了图像反转,记下检偏器旋转的角度。

(5) 按上述步骤(3)测得图像反转时的电光效应曲线。

(6) 全屏显示图片库中 black_gray_white. jpg 图,旋转检偏器使得灰色部分达到最亮,同时黑色和白色部分亮度几乎相同,此时即实现了边缘增强,记下检偏器旋转的角度。

(7) 按上述步骤(3)测得图像微分时的电光效应曲线。

(8) 比较三条曲线的异同。

2) 计算全息实验

将透射型液晶光阀与计算机连接,使液晶光阀接受计算机输出电信号的调制。通过计算机输出全息图的电信号到液晶光阀上,驱动液晶光阀根据电信号控制每一个液晶像素的透过率,从而把电信号调制成空间的光强分布。

激光器出射的光束经由显微物镜扩束、小孔滤波和准直透镜准直后,用以照射记录着全息图的液晶光阀,经傅里叶变换透镜后即可再现全息图的像。

(1) 按照图 4.28 调好光路,连接 CCD 和显示终端,调整摄像头使其正常工作;运行软

件 CGH. exe。

（2）在程序界面上选择"打开"按钮,从原图文件夹中选择一张图片(为了便于观察,最好选择简单的几何线条图)。

（3）单击"全息变换"分别选择"实部编码(Re)""虚部编码(Im)""位相编码(Ph)"中的一种,用计算全息程序生成全息图。

（4）选择全屏显示,移动接收屏(或者利用 CCD 接收),直至观察到清晰的再现像。

（5）选择其他编码方式,观察不同编码方式下的全息图和再现像。

（6）重复步骤(2)～步骤(5),用其他图片进行实验。

（7）在程序中打开一幅全息图,选择按钮"Am",观察计算机模拟再现像。

3）傅里叶变换的性质及全息性质的验证

（1）按照图 4.28 调好光路,连接 CCD 和显示终端,调整摄像头使其正常工作,旋下 CCD 的镜头部分,运行软件 CGH. exe。

（2）程序界面上选择"打开"按钮,从原图文件夹中选择一张作为原图。任选一种编码方式(除 Am 之外)进行傅里叶变换,将得到的全息图输入 LCD 显示,调整 CCD 的位置,以便更好地观察再现像。

（3）验证伸缩定理。在软件界面上单击"几何变换-缩放",打开缩放图像对话框,在对话框中的"宽度"和"高度"编辑框里输入图像缩放后希望得到的数值,如扩大一倍或减小一半,每次缩放后均需调整 CCD 的位置,才能更好地观察再现像的变化情况。

（4）验证旋转定理。用一幅原图分别计算产生两幅全息图(Re 和 Im),在一幅全息图中选中一部分复制并粘贴到另一幅全息图中,然后将该部分旋转 90°,用纸板接收,可以看到这一部分再现像旋转了 90°。

（5）验证互补定理。任选一张全息图,点软件上"亮度变换"中"图像亮度反转"菜单,得到原图的互补图,观察其再现像,与反转前有何变化。

（6）观察全息图裁剪情况。任选一张全息图,按住鼠标左键选取一定范围的框图,然后拖动到任意位置,观察此过程中再现像的变化情况。

（7）验证卷积定理。全屏显示 white. bmp 图,在傅里叶透镜后焦面上用纸屏接收并观察图像,可以看到液晶器件本身网格结构所产生的点阵,此为液晶屏本身网格结构的频谱,注意观察各点之间的距离。打开图片库中的 grating8. bmp 图,全屏显示,观察两网格卷积后的点阵情况。

6. 实验数据与处理

（1）液晶的电光效应。

填写表 4.5。

表 4.5　不同检偏与起偏器夹角下透过光强与电压的关系

起检夹角	电压/V										
	0	0.5	1.0	1.5	2.0	2.5	3.0	3.5	4.0	4.5	5.0
90°											
反像时											
边缘增强时											

（2）记录计算全息的全息图和再现结果。

（3）记录全息图的缩放、旋转、互补再现等现象；全息裁剪的结果；卷积定理的证明。

7. 思考题

（1）除了傅里叶变换计算全息图，还有什么其他变换类型的全息图？

（2）本实验中使用的编码方式并非最优方式，能否设计一种更简便、快捷的编码方式？

（3）再现像的大小跟哪些因素有关？

（4）还有哪些方法可以验证傅里叶变换的性质？

4.8 基于光调制液晶光阀的空间光调制实验

通过计算机控制液晶光阀上每个单元的光透过率，可达到电调制液晶光阀进行光信息处理的目的，完成全息图的缩放、旋转、互补等图像处理，以及全息裁剪、卷积定理的证明等光信息处理。这些都是通过电寻址的方式，控制液晶光阀来实现的。而液晶的寻址方式除了电寻址，还有光寻址、热寻址等方式，本节学习运用光调制的方式进行光信息处理。

1. 实验目的

（1）了解光调制液晶光阀的工作原理。

（2）掌握采用光调制液晶光阀实现非相干光-相干光图像转换的工作原理。

（3）掌握应用光调制液晶光阀进行光学图像实时相减和实时微分的方法。

2. 实验器材

激光器，空间滤波器，准直镜，偏振分光棱镜，1/2 波片，液晶光阀，成像透镜，卤钨灯，透明图片，白屏或毛玻璃片，CCD，光电池等。

3. 实验原理

本实验选用水平定向 45°扭曲向列型液晶光阀，分辨率为 30 线对/mm，以卤钨灯作为非相干光源。实验装置主要由激光器、偏振分光棱镜、高分辨率透射式液晶光阀、白光光源、透明图片（物）、CCD 显示系统和光强探测系统等构成。实验系统的结构示意图如图 4.29 所示。

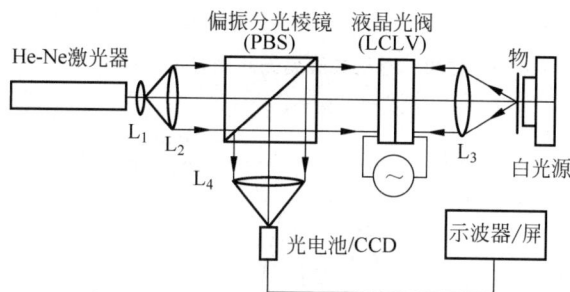

图 4.29　光寻址透射式液晶光阀实验光路图

He-Ne 激光器（632.8nm）发出的激光束通过扩束、小孔滤波和准直镜准直后得到平行光，平行光经分光棱镜入射到液晶光阀作为读出光输入。白光光源从右端经透明写入图片作为写入光照到液晶光阀上，经反射棱镜反射输出，最后由 CCD 采集图像并输出到相应的显示器上。

1) 液晶光阀的光寻址原理

将待处理的非相干图像(非相干光源照射透明图片)置于图 4.29 中"物"的位置,白光从其右侧入射经成像透镜 L_3 成像在液晶光阀的光电导层,光导层的电阻根据图像的强弱产生相应的电阻分布,由此液晶层中的取向也产生相应的调制。

氦氖激光器产生的激光通过扩束、准直后形成的平行激光束作为读出光束从左侧入射,通过偏振分束棱镜后进入液晶层,再经光阀的介质反射层反射,其偏振态会发生变化,形成与图像对应的液晶取向,进而形成相对应的光束;再逆向通过偏振分光棱镜后从下端反射出来,这时反射出来的读出光携带着图像的信息;此时,在出射方向放置一观察屏,即可在屏上看到清晰的与非相干图像相对应的激光图像,实现了非相干-相干光图像的转换。

2) 基于光寻址液晶光阀的工作曲线及图像处理的原理

当固定写入光强 I_0 时,调节液晶光阀的驱动电压 U,测量与之对应的读出光的输出光强 I,就可得到液晶光阀输出光强与驱动电压的关系,这种输出光强与驱动电压的关系曲线被称为液晶光阀的工作曲线,如图 4.30 和图 4.31 分别是透射式液晶光阀光寻址的原理图和在不同透过率时的工作曲线。

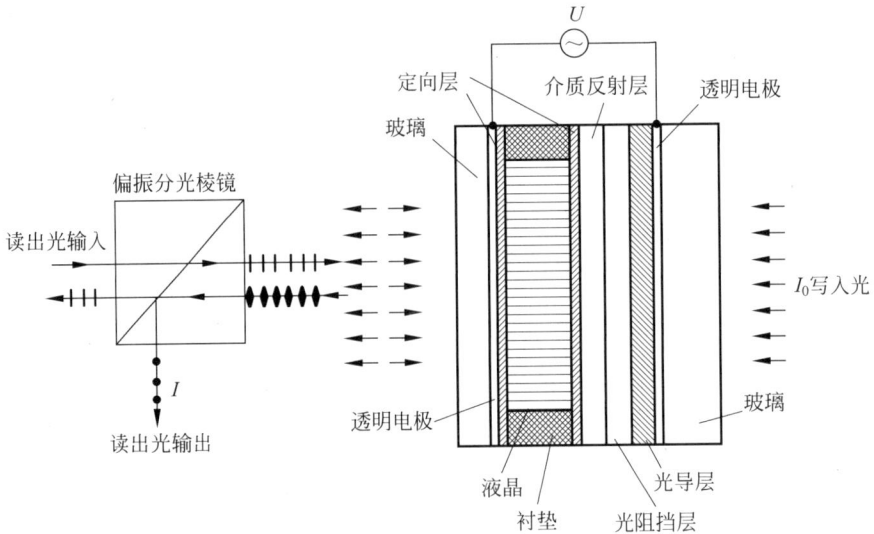

图 4.30　透射式液晶光阀光寻址原理图

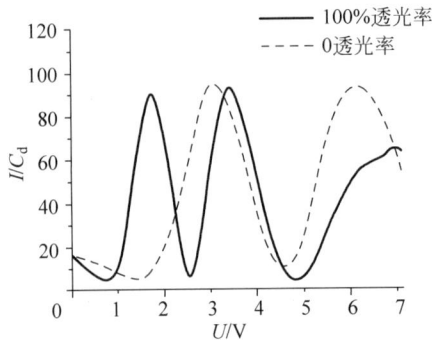

图 4.31　写入光 0 与 100%透光率时的工作曲线

当写入光对着图片中的全透明部分时(即 I_0 为 100% 透过),所测得的为全明写入光(100% 透过率)的工作曲线;当对着图片中完全不透光的部分(即 I_0 为 0 透过,$I_0=0$),得到全暗写入光的工作曲线。将 0 透光率与 100% 透光率的工作曲线置于同一个图中比较,如图 4.31 所示,某液晶光阀处于某一偏振方向时,写入光分别为 0 透光率与 100% 透光率时的工作曲线,图中可清楚地看到两曲线均存在多个极小值和极大值,有 5 个交点。在某些电压范围内,100% 透光率的工作曲线的较大值正好对应着 0 透光率的较小值,即在某些电压下 100% 透光率的输出光较强,而 0 透光率的输出光较弱,此时输出正像;而在另一些电压范围内,0 透光率的输出光较强,而 100% 透光率的输出光较弱,此时输出反像。这就是调制出现正反图像的原理。图 4.31 可得:驱动电压在 0~1 V 时为反像;在 1~2.4 V 时为正像;在 2.4~3.4 V 时为反像;在 3.4~4.5 V 时为正像;在 4.5~7.1 V 时为反像;而在 7.1 V 以上时又是正像,这样变化了 5 次。

在做图像反转实验时,为了使正负图像对比度最好,可以选取 0 透光率线的极大值且将两曲线差值较大处作为图像反转的工作点,比如图 4.31 的 6 V 附近。

3) 光学图像的实时微分、相减原理

通常液晶光阀的读出光强与输入光强不是线性对应的,而是非线性的。利用液晶的这种非线性特性,可以实现图像的微分处理,获得图像的实时边缘增强。通过调整液晶光阀的驱动电压、驱动频率和入射偏振方向,能达到最佳的增强效果。

如图 4.32 所示为图像相减的光路图,在右光路中放置有 $\lambda/4$ 波片,两图像在输出面上叠加时,相互间存在一定的相位差,适当旋转 $\lambda/4$ 波片,在输出面可得到一个强度正比于两图像相减的图像。该图像可呈现在强度恒定的背景上,于是获得了两图像实时相减的结果。

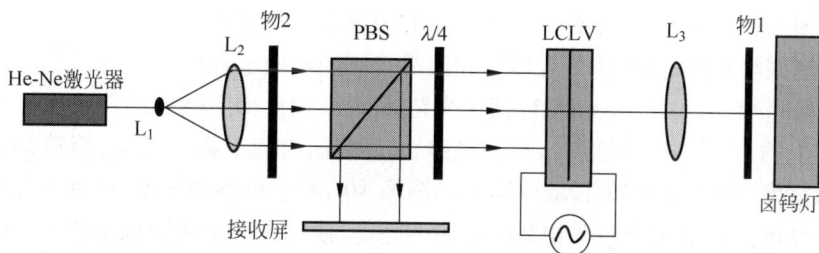

图 4.32　图像的相减光路图

如果物 1 和物 2 是两个完全相同的图像,使两路光的放大倍率稍有差别,这时输出面上两图像大小不等,当作相减处理时,也能得到图像的轮廓,从而获得光学图像的微分图像。

4. 实验内容与步骤

1) 液晶光阀工作曲线及非相干-相干图像转换

(1) 按图 4.33 所示布置调整好光路。在液晶光阀上加 3~5 V,1 kHz 的交流电压。放置好透明图像片,用光屏接收经系统后的读出光的图像,观察结果。

(2) 使写入光为零(图片完全不透光),光阀所加电压频率为 1 kHz,将光阀的驱动电压从 0 V 增加到 10 V(步进值取 0.5 V),在观测屏处,用光电探测器测量光强值,获得液晶光阀的工作曲线。

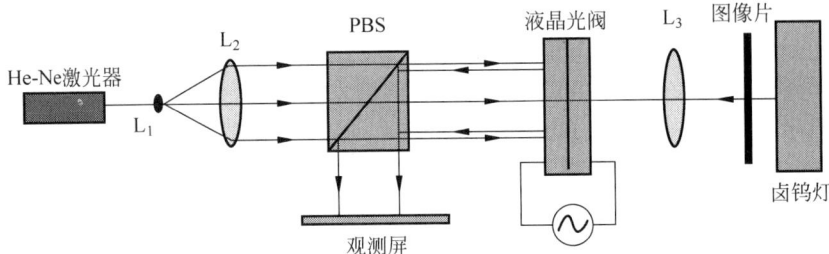

图 4.33　非相干-相干图像转换实验光路图

（3）再将驱动电压分别固定在最小光强和最大光强所对应的值之处，将光阀的驱动频率从 0.5 kHz 增加到 1.5 kHz（步进值取 0.1 kHz），得到不同频率条件下的光强曲线，并与步骤（2）得到的工作曲线进行比较。

（4）根据获得的液晶光阀的工作曲线，确定写入光为零的工作曲线上的光强的极大值，所对应的液晶光阀的驱动电压的频率和幅值。

2）图像转换，记录正像、反像、微分像现象

（1）把光阀的驱动电压固定在所获得的光强极大值的频率和幅值上，写入一图像，则可在观测屏上得到该图像的反像。

（2）把光阀的驱动电压固定在所获得的光强极小值的频率和幅值上，则可在观测屏上得到该图像的正像。

（3）把驱动电压固定在某特殊的频率和幅值上，可能会观察到原图像的暗处和亮处都变暗，而中间灰度级处变亮，图像的轮廓部分被增强的微分图像。

3）光学图像的实时相减、微分

（1）按图 4.32 调整光路布置。将待处理的图像置于光路中。

（2）仔细调整光路，使两待处理图像在液晶光阀输出面上成像。

（3）图像相减处理：打开光路 1，挡住光路 2，观察输出面上物 1 的像，这是一个在强度恒定的背景上的正像；挡住光路 1，打开光路 2，观察输出面上物 2 的像，旋转 λ/4 波片，使物 2 的像为反像；再打开光路 1，输出面上的图像为两光路重叠的图像，可见部分光强消失，接近于背景亮度。仔细调节照明物 2 的光源的亮度，使输出面上两图像重叠部分消失，使其亮度与背景亮度完全一致，这时便得到了相减图像。

（4）图像微分处理：将物 2 换成与物 1 完全相同的图像，调节物 2 和透镜 L_2 的位置，使物 2 在输入面上所成的像变得小些，略小于物 1 在输出面上所成的像，但两个像的中心重合。当这两个图像相减时，便得到输入像的轮廓，即微分图像。

5. 实验数据与处理

（1）写入光为零时液晶光阀的工作曲线。

填写表 4.6～表 4.8。

表 4.6　光电池光强与光阀驱动电压的关系（频率为 1 kHz）

驱动电压/V	0	0.5	1.0	1.5	2.0	2.5	3.0	3.5	4.0	...	10.0
光强											

表 4.7　频率与光强的关系 1(1 kHz 时光强最大的驱动电压为：　　)

频率/kHz	0.5	0.6	0.7	0.8	0.9	1.0	1.1	1.2	1.3	1.4	1.5
光强											

表 4.8　频率与光强的关系 2(1 kHz 时光强最小的驱动电压为：　　)

频率/kHz	0.5	0.6	0.7	0.8	0.9	1.0	1.1	1.2	1.3	1.4	1.5
光强											

确定写入光为零的工作曲线上的光强的极大值所对应的液晶光阀的驱动电压的频率和幅值。

（2）记录正像、反像、微分像出现的驱动电压的频率和幅值。

（3）记录光学图像的实时相减、微分现象。

6. 思考题

（1）液晶光阀如何实现光调制？对液晶光阀的两个玻璃基片的夹角有何要求？夹角太小时对实验有何影响？

（2）设计一个用两个液晶光阀实现两图实时相减的实验光路，并说明其工作原理。

（3）要得到理想的相减图像，对液晶光阀有什么特殊的要求？

参考文献

［1］　王慧琴. 光学实验［M］. 北京：清华大学出版社，2023.

［2］　陈笑，张颖，吕敏，等. 光电信息专业实验教程［M］. 北京：科学出版社，2022.

［3］　王仕璠. 现代光学实验［M］. 北京：北京邮电大学出版社，2007.

第5章 激光原理与技术

自 1960 年第一台红宝石激光器问世以来,激光技术给古老的光学学科注入了强大的生命力,引起现代光学应用技术的迅猛发展,也标志着人类认识和改造自然的能力发展到新高度。20 世纪 60 年代是激光发展应用最快的时期,He-Ne 激光、Nd:YAG 激光、红宝石倍频激光、固体及染料激光、半导体激光、超短脉冲激光相继问世;70 年代后,异质结半导体激光、真空紫外分子激光、准分子激光和自由电子激光也相继研制成功。如今市面上已有几千种激光。激光原理与技术综合实验是光电相关专业学生的必修课程。本章共安排了六个实验,涵盖气体、固体、半导体激光器,内容包括激光器的调试方法、模式分析、光束特点分析、激光调 Q 技术、激光锁模技术等。

5.1 He-Ne 激光器的调试及模式分析

激光器由光学谐振腔、工作物质、激励系统构成。激光具有单色性好的特点,也就是说它的谱线宽度非常窄。原子受激辐射后发出的光在谐振腔内反复振荡相互干涉,最后形成一个或者多个离散的、稳定的谱线,这些谱线就是激光的模。

1. 实验目的

(1) 掌握气体激光器的主要结构和工作原理。

(2) 理解激光谐振原理,掌握气体激光器的调节方法。

(3) 了解扫描干涉仪的原理,掌握其使用方法。

(4) 学习观测激光束横模、纵模的实验方法。

2. 实验器材

扫描干涉仪,高速光电接收器,锯齿波发生器,双踪示波器,半外腔氦氖激光器及电源,准直用氦氖激光器及电源,准直小孔等。

3. 实验原理

激光是由原子的受激辐射产生的,具有极好的方向性、单色性和极高的亮度。

1) He-Ne 激光器的基本结构和工作原理

(1) 基本结构。

He-Ne 激光器由光学谐振腔(输出镜与全反镜)、工作物质(密封在玻璃管里的 He、Ne

混合气体)、激励系统(激光电源)构成。采用放电管直流高压放电激励方式,其结构如图 5.1 所示。可分内腔式和外腔式:内腔式是放电管与谐振腔固定在一起;外腔式是放电管与谐振腔完全分开。

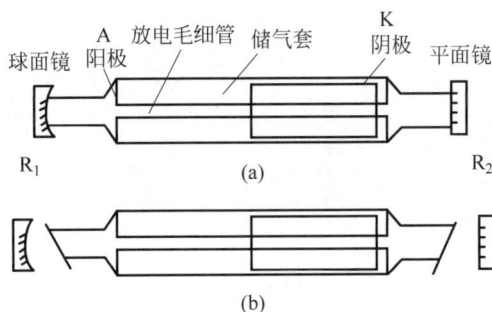

图 5.1　He-Ne 激光器结构示意图
(a) 内腔式;(b) 外腔式

谐振腔由相互平行的两个反射镜 R_1、R_2 组成,激光通过其中反射率较低的腔镜耦合到腔外,该镜称为输出镜。放电管中央的细管为毛细管,毛细管中充有 He、Ne 混合气体,是产生受激放大的区域,毛细管的几何尺寸决定了激光器的最大增益。

套在毛细管外面较粗的管子为储气管,它与毛细管的气路相通,主要作用是稳定毛细管内的工作气压、稳定激光器的输出功率和延长其寿命。

(2) 激励方式。

图 5.1 中,K 为阴极,A 为阳极。He-Ne 激光器工作时,毛细管要进行辉光放电,受电场加速的正离子撞击阴极会引起阴极材料的溅射与蒸发。He-Ne 激光器一般采用直流高压放电激励方式。

光照射介质时,会发生受激辐射和受激吸收过程。对于激光器,要有激光输出,要求受激发射超过受激吸收,必须是高能级原子数密度 N_2 大于低能级原子数密度 N_1,即"粒子数反转"。

(3) 工作物质。

He-Ne 激光器中氖气是产生激光的物质,氦气为产生激光的媒介用以增加激光输出功率。如图 5.2 所示,氦原子有两个亚稳态能级 2^1S_0、2^3S_1,在气体放电管中,电子在电场中加速获得一定动能,与氦原子碰撞后,可将氦原子激发到 2^1S_0、2^3S_1 能级,这两个能级寿命长,容易积累粒子。因而,在放电管中处于这两个能级上的氦原子数比较多。这些氦原子的能量又分别与处于 3S 和 2S 态的氖原子的能量相近。当处于 2^1S_0、2^3S_1 能级的氦原子与基态氖原子碰撞后,很容易将能量传递给氖原子,使它们从基态跃迁到 3S 和 2S 态,这一过程称为能量共振转移。由于氖原子的 2P、3P 态能级寿命较短,这样氖原子能够在能级 3S~3P、3S~2P、2S~2P 间形成粒子数反转分布,从而发射出 3.39 μm、0.6328 μm、1.15 μm 三种波长的激光。而处于 1S 能级上的氖原子主要是通过"管壁效应",即通过与毛细管的碰撞将能量交给管壁而回到基态。选用毛细管作放电通道有利于增强这种效应。

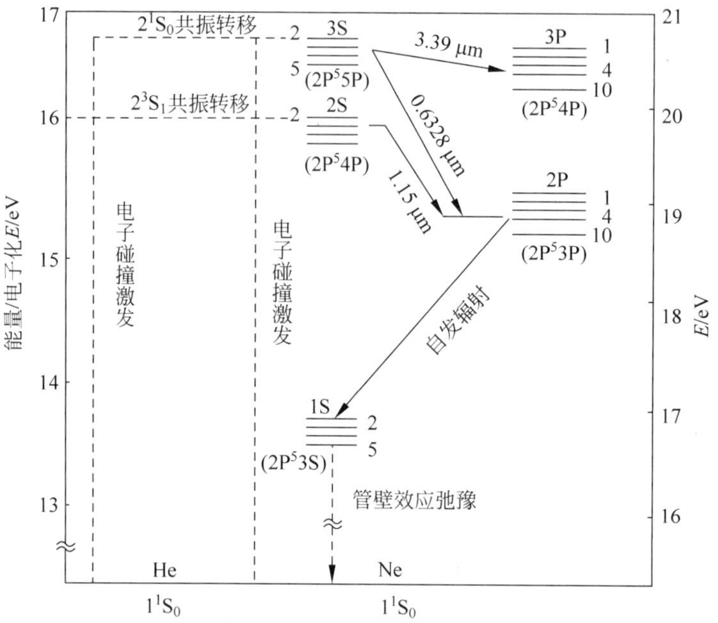

图 5.2 与激光跃迁有关的氖原子部分能级图

2）He-Ne 激光器模式的形成

（1）激光的纵模。

激光器由增益介质、光学谐振腔和激励能源三个基本部分组成。如果介质被激励，介质的某一对能级间将形成粒子数反转，由于自发辐射和受激辐射的作用，将有一定频率的光波产生，在腔内传播并被增益介质放大。被传播的光波绝不是单一频率的（通常所谓某一波长的光，是指光中心波长）。因为能级有一定宽度，且粒子在谐振腔内运动受多种因素的影响，所以实际激光器输出的光谱宽度是自然增宽、碰撞增宽和多普勒增宽叠加而成的。但只有单程放大，还不足以产生激光，还需要有谐振腔对它进行光学反馈，光学谐振腔能够对介质起到延长作用，使光在多次往返传播中形成稳定持续的振荡，使增益明显增强，才有激光输出的可能。形成持续稳定振荡的条件是：在腔内形成稳定的驻波，即光在谐振腔中往返一次的光程差应是波长的整数倍：

$$2\mu l = q\lambda \tag{5.1}$$

这个式子也叫选模条件，其中 μ 是增益介质的折射率，l 是谐振腔长，λ 是波长，q 是整数，也叫纵模序数。因此谐振腔中允许的激光频率为

$$\nu_q = q\frac{c}{2\mu l} \tag{5.2}$$

满足式（5.2）条件的光将形成一系列的纵模，ν_q 为纵模频率。相邻两纵模的频率间隔为

$$\Delta\nu_{\Delta q=1} = \frac{c}{2\mu l} \tag{5.3}$$

从式（5.3）可知，纵模间隔与 q 无关，和激光器的腔长呈反比。即腔越长，$\Delta\nu_{纵}$ 越小，满足振荡条件的纵模个数越多；相反腔越短，$\Delta\nu_{纵}$ 越大，在相同的增宽曲线范围内，纵模个数

就越少,因而缩短谐振腔的长度可以获得单纵模运行激光器。

谐振腔一系列的纵模频率中只有落在辐射谱线宽度内并达到阈值条件的那些频率才能形成激光。考虑到光在谐振腔中来回反射会有损耗,只有满足以下正反馈放大条件才能得到稳定输出的激光:

$$R_1 \cdot R_2 \cdot e^{2G(\nu)l} \geqslant 1 \tag{5.4}$$

式中,$G(\nu)$ 为增益系数。每种增益介质都有其自身的增益曲线 $G(\nu)$,只有增益大于损耗的纵模才会被保留,因此,最后达到稳定后输出的激光只有几个分立的纵模,如图 5.3 所示,激光的单色性就是基于上述原理。

(2) 激光的横模。

谐振腔对光多次反馈,对横向场分布也会产生影响,光每经过放电毛细管反馈一次,就相当于发生一次衍射,使出射光波的波阵面发生畸变。多次反复衍射,就在垂直于光的传播方向(横向)上同一波腹处形成一个或多个稳定的衍射光斑。每一个衍射光斑对应一种稳定的横向电磁场分布,称为一个横模,用 TEM_{mn} 来表示。我们所看到的复杂的光斑是这些基本光斑的叠加,图 5.4 是几种常见的基本横模光斑图样。

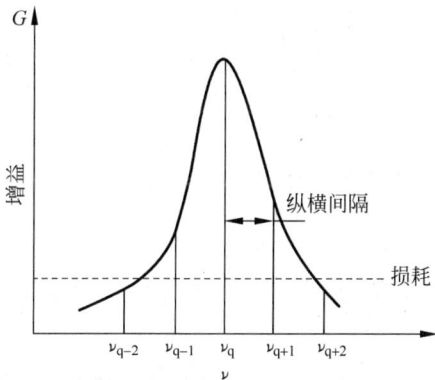

图 5.3 增益曲线 $G(\nu)$ 示意图

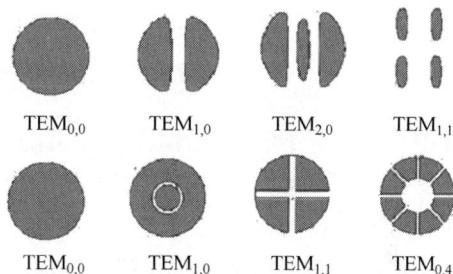

图 5.4 激光束横截面上的光场分布(横模)

激光模式指激光器内能够发生稳定光振荡的形式,每一个模,既是纵模,又是横模——纵模描述了激光器输出分立频率的个数,横模描述了垂直于激光传播方向的平面内光场的分布情况。激光的线宽和相干长度由纵模决定,光束的发散角、光斑的直径和能量的横向分布则由横模决定。要完整地描述一个模式,必须有三个指标:m,n,q,记为 $TEM_{m,n,q}$,其中 m,n 是横模序数,q 是纵模序数。设激光器的轴线沿 z 轴方向,则 m,n,q,分别表示沿 x,y,z 三个轴线方向场强为零的节点数。

用 $\nu_{m,n,q}$ 表示 $TEM_{m,n,q}$ 模的频率,由式(5.3)得到纵模间隔为

$$\Delta\nu_{纵} = \nu_{m,n,q+\Delta q} - \nu_{m,n,q} = \frac{c}{2\mu l}\Delta q \tag{5.5}$$

可知相邻的纵模间隔是相等的。

横模的频率间隔为 $\Delta\nu_{横} = \nu_{m+\Delta m,n+\Delta n,q} - \nu_{m,n,q}$,其具体表达式与谐振腔的结构有关,对于非共焦腔激光器,横模的频率间隔为

$$\Delta\nu_{横} = \frac{c}{2\mu l}\left\{\frac{1}{\pi}(\Delta m + \Delta n)\arccos\left[\left(1-\frac{l}{R_1}\right)\left(1-\frac{l}{R_2}\right)\right]^{1/2}\right\} \tag{5.6}$$

相邻横模间隔为

$$\Delta \nu_{\Delta m + \Delta n = 1} = \Delta \nu_{\Delta q = 1} \left\{ \frac{1}{\pi} \arccos \left[\left(1 - \frac{l}{R_1} \right) \left(1 - \frac{l}{R_2} \right) \right]^{1/2} \right\} \tag{5.7}$$

在谐振腔中加一些物理效应,如晶体双折射效应,可以把激光的一个频率光分裂成 o 光和 e 光,被称为激光模式分裂。

3）共焦球面扫描干涉仪

共焦球面扫描干涉仪是一种分辨率很高的分光器材,已成为激光技术中一种重要的测量设备。本实验正是通过它将彼此频率差异甚小（几十至几百兆赫兹）,用眼睛和一般光谱器材都分不清的各个不同纵模、不同横模展现成频谱图来进行观测。

共焦球面扫描干涉仪是一个无源谐振腔,由两块球形凹面反射镜构成共焦腔,即两块镜的曲率半径均与腔长相等,$R_1 = R_2 = R = L$,反射镜镀有高反射膜,由此构成一个共焦系统,如图 5.5 所示。

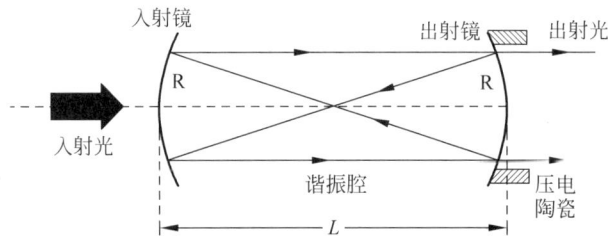

图 5.5 共焦球面扫描干涉仪光路示意图

其中一镜固定不动,另一镜固定在可随电压变化而变化的压电陶瓷环上,即腔长 L 可随电压变化,为了维持 L 变化后两球面镜仍处于共焦状态,用低膨胀系数材料制成间隔圈,保持两球形凹面反射镜 R 总处于共焦状态。

用压电陶瓷的伸缩性性质来控制扫描干涉仪的腔长 L,进而控制该腔所满足的驻波条件为

$$4 \mu L = k \lambda \tag{5.8}$$

式中,k 为整数；μ 是腔内介质的折射率（一般腔内是空气,$\mu = 1$）。只有满足驻波条件的光才能因为干涉极大而透过干涉仪进入光电计测量光强,实现光谱扫描。光强频率 ν 的变化与腔长的变化量呈正比,即与加在压电陶瓷环上的电压呈正比。

实验中若在压电陶瓷上加一线性电压,使腔长变化到某一长度 L_a,此时正好使模式为 λ_a 的这条谱线符合驻波条件,即 $4 \mu L_a = k \lambda_a$；同理,外加电压可使腔长变化到 L_b,使模 λ_b 符合谐振条件,而 λ_a 等其他模消失。因此,透射极大的波长值与腔长值有一一对应关系,只要有一定幅度的电压来改变腔长,就可以使激光器具有的所有不同波长（或频率）的模依次相干极大透过,形成扫描。

值得注意的是,若入射光波长范围超过某一限定时,外加电压虽可使腔长线性变化,但一个确定的腔长有可能使几个不同波长的模同时产生相干极大,造成重序。例如,当腔长变化到可使 λ_d 极大时,λ_a 也正好再次出现极大,即

$$4 \mu L_d = k \lambda_d = (k+1) \lambda_a \tag{5.9}$$

因此,要定量分析激光模式,就必须用自由光谱区来标定频宽。

所谓自由光谱范围(S. R.)就是指扫描干涉仪所能扫出的不重序的最大波长差或者频率差,用 $\Delta\lambda_{\mathrm{S.R.}}$ 或者 $\Delta\nu_{\mathrm{S.R.}}$ 表示:

$$\Delta\lambda_{\mathrm{S.R.}} = \frac{\lambda^2}{4\mu L}, \quad \Delta\nu_{\mathrm{S.R.}} = \frac{c}{4\mu L} \tag{5.10}$$

在模式分析实验中,我们不希望出现式(5.9)中的重序现象,故选用扫描干涉仪时,必须首先知道它的 $\Delta\nu_{\mathrm{S.R.}}$ 和待分析的激光器频率范围 $\Delta\nu$,并使 $\Delta\nu_{\mathrm{S.R.}} > \Delta\nu$,即自由光谱范围要大于待分析的激光输出频率范围,才能保证在频谱图上不重序(图 5.6(a)),此时腔长与模的波长或频率间是一一对应关系,否则就会出现模谱重叠(图 5.6(b))。

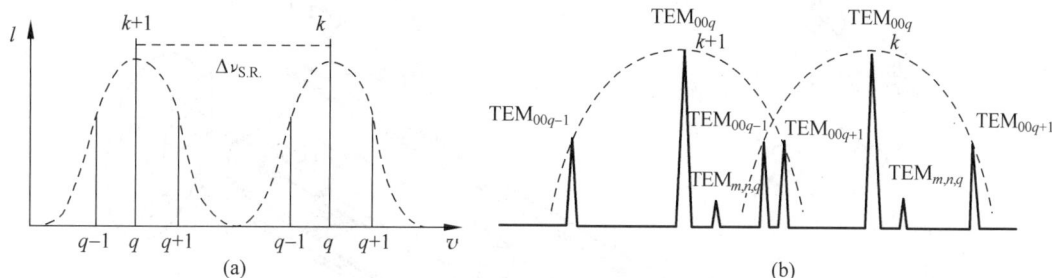

图 5.6　展开的多个干涉序列谱线和出现的模谱重叠情况

关于器材的分辨率和精细常数可以参考 F-P 干涉仪的原理介绍。

注意:实验时用示波器观察谱线,为了将自由光谱区内所有模式都能在示波器显示出来,扫描电压的周期必须大于自由光谱区在示波器上对应的时间宽度。

4) 激光模式的测量

如图 5.7 所示,利用共焦扫描干涉仪可以测定激光输出模式的频率间隔,Δx_{F} 正比于干涉仪的自由光谱区 $\Delta\nu_{\mathrm{S.R.}}$,$\Delta x$ 正比于激光器相邻纵模的频率间隔 $\Delta x_{q=1}$,Δx_1 正比于相邻横模间隔 $\Delta\nu_{\Delta m+\Delta n=1}$,由实验测出 Δx,Δx_1 的长度,即可得到如下比值:

$$\frac{\Delta\nu_{\Delta m+\Delta n=1}}{\Delta\nu_{q=1}} = \frac{\Delta x_1}{\Delta x} = \frac{1}{\pi}(\Delta m + \Delta n)\arccos\left[\left(1-\frac{L}{R_1}\right)\left(1-\frac{L}{R_2}\right)\right]^{1/2}$$
$$= \frac{1}{\pi}\arccos\left[\left(1-\frac{L}{R_1}\right)\left(1-\frac{L}{R_2}\right)\right]^{1/2} \tag{5.11}$$

式中,Δm,Δn 分别表示 x,y 方向上横模模序数差;R_1,R_2 为谐振腔的两个反射镜的曲率半径,由此可以估计横模阶次。

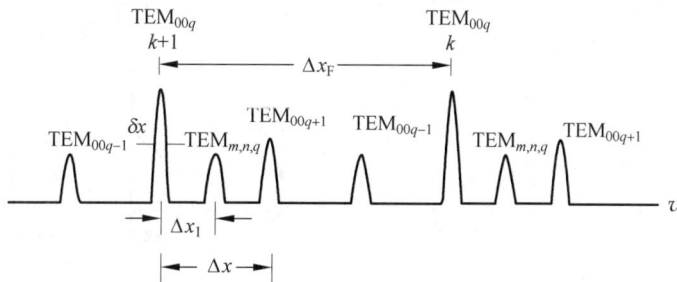

图 5.7　示波器上显示的激光模谱图

4. 实验内容与步骤

1）He-Ne 激光器的调整

当输出镜与全反镜平行度偏离到一定程度后,激光器无功率输出。这时可用十字叉调光板将激光调出,其方法是:用白炽灯照十字叉丝板,在放电管处在工作状态时,用眼睛在十字叉丝板背后通过小孔观察放电管,当眼睛适应放电管亮度后,可看到放电管内的亮白点,调准观察角度,使亮白点与出光孔同心,保持十字叉丝板不动,调节谐振腔镜调节架的螺纹,使十字叉丝中心与亮白点出光孔同心即可出光,如图 5.8 所示。

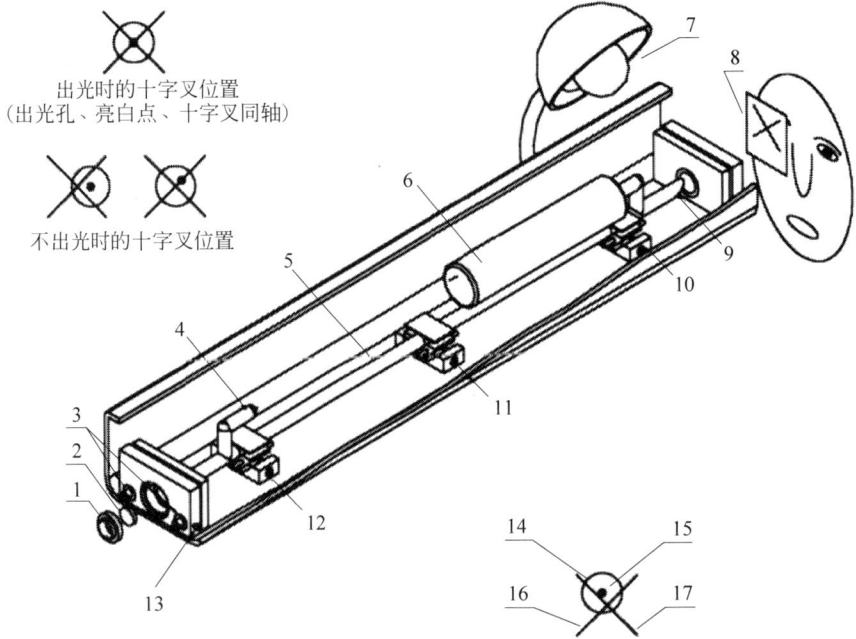

1—镜片压圈;2—前腔镜;3—腔镜调节螺丝(含粗调和细调);4—阳极;5—放电管;6—阴极;7—灯;
8—十字叉调光板;9—布儒斯特窗;10~12—放电管调直螺丝;13—粗调锁紧螺丝;14—出光孔;
15—亮白点;16—调右面螺丝移动此线;17—调左面螺丝移动此线。

图 5.8　He-Ne 激光器的内部结构和调节方法

2）He-Ne 激光器的模式分析

（1）通过远场光斑观察横模光斑图形

① 接通氦氖激光器电源,待被测激光器工作稳定后再进行正式实验。

② 由于实验空间的限制,为了观测远场光斑,可在光路上加一平面反射镜将光路延长(可参考图 5.9),将光斑投射到远处的白屏上,以便更清晰地观察图形,注意区分横模的级次。

③ 改变工作电流,再次观察远场光斑的变化情况。

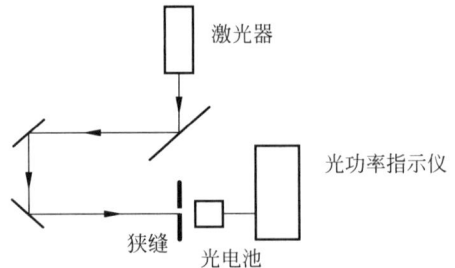

图 5.9　光强法测远场发散角的曲折光路

（2）调整扫描干涉仪，通过示波器观察激光模谱

① 首先加入光阑，使激光束从光阑小孔垂直通过，调整扫描干涉仪共焦腔上下、左右的位置，使光束正入射孔中心，再细调共焦腔夹持架上的两个俯仰旋钮，使从干涉仪入射孔内腔镜反射出的最亮的光点（光斑）回到光阑小孔的中心附近，表明入射光束和扫描干涉仪共焦腔的光轴基本重合。

② 将光电探测放大器的接收孔对准从共焦腔后出射的光点（如果看到有明显两个光点出射，则需要进一步调整共焦腔的位置，使两个光点合二为一）。

③ 按图 5.10 将各设备连接好，打开锯齿波发生器、示波器的开关，观察示波器上展现的频谱图，进一步细调干涉仪的两个方位螺丝，使谱线最强，噪声最小。

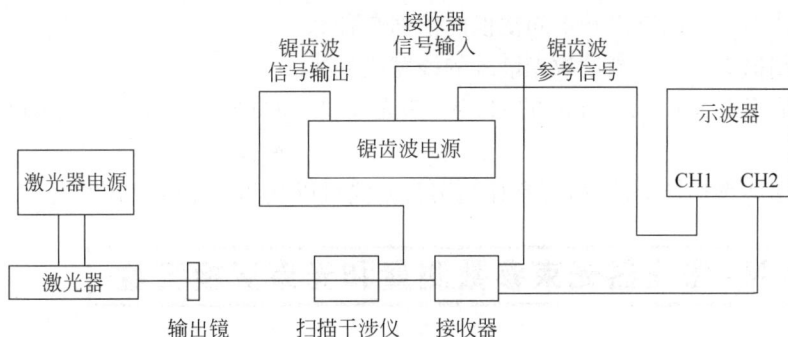

图 5.10　实验装置图

④ 适当调节锯齿波电源前面板上的幅值和频率，使锯齿波有一定的幅值和频率。

⑤ 改变锯齿波输出电压的峰值，看示波器上干涉序的数目有何变化，确定示波器上应展示的干涉序个数。在锯齿波一个下降沿（或一个上升沿）范围内观察，根据干涉序个数和频谱的周期性，确定哪些模属于同一干涉序 k。

⑥ 调节幅值和频率旋钮，使波形类似图 5.7 的激光模谱图。

（3）测量激光器的腔长，算出激光器的纵模频率差和 1 阶横模的频率差，根据干涉仪的曲率半径算出干涉仪的自由光谱范围，确定它所对应的频率间隔（哪两条谱线间距为 $\Delta\nu_{S.R.}$），测出与 $\Delta\nu_{S.R.}$ 相对应的标尺长度 Δx_F，计算出两者比值，得到示波器横坐标"x 轴增益"，即每格代表的频率间隔值。

（4）在同一干涉序 k 内观测，根据纵模定义对照频谱特征，确定纵模的个数，测量 Δx、Δx_1、δx，根据之前算出的"x 轴增益"（每格对应的频率间隔值），推测纵模频率间隔 $\Delta x_{q=1}$，并与式（5.3）算出的理论值比较，检查辨认测量的值是否正确。

（5）根据横模的频谱特征，确定在同一纵模序内有几个不同的横模。测出不同的横模频率间隔 $\Delta\nu_{\Delta m+\Delta n}$，与理论值比较，检查测量值是否正确。如果正确，代入式（5.7），解出 $\Delta m+\Delta n$ 的值。

5. 实验数据及处理

（1）观察并记录通过远场光斑观察横模光斑的图形。

（2）记录通过示波器观察到的激光模谱。

（3）在某一干涉序 k 内确定纵模的个数，算出纵模频率间隔 $\Delta x_{q=1}$，并与理论值比较。

（4）在同一纵模序内确定横模的个数，算出横模频率间隔 $\Delta\nu_{\Delta m+\Delta n}$，并与理论值比较。

6. 注意事项

(1) 实验中尽量减少振动和干扰,示波器上才能得到稳定的干涉信号。

(2) 使用共焦扫描干涉仪偏压调节时操作应缓慢,使电压缓慢加载到压电陶瓷上。

(3) 信号输出切勿短路,否则会损坏电路。

(4) 器材出现问题请及时与厂家联系,不得自行拆卸。

7. 思考题

(1) 简述谐振腔的作用。

(2) 根据什么确定扫描仪扫出的干涉序的个数? 测量时先确定干涉序的数目有何好处?

(3) 辨认属于不同纵模和不同横模的依据是什么?

(4) 用扫描干涉仪能测量激光谱线的线宽吗?

(5) 试估算腔长 $L=250$ nm 的 He-Ne 激光器发射的 632.8 nm 的激光可能有的最多纵模数。

(6) 不用共焦扫描干涉仪,还有什么实验方法可以观测激光的模式?

5.2 He-Ne 激光器光束参数测量和光束变换实验

激光具备良好的方向性,也就是说,光能量在空间的分布高度集中在光的传播方向上,但它也有一定的发散度。在激光的横截面上,光强分布遵守高斯函数,故称作高斯光束。

1. 实验目的

(1) 激光光束的基本特性测量,掌握高斯光束的空间分布特点。

(2) 测量高斯光束的远场发散角。

(3) 外腔式 He-Ne 激光器偏振态的验证。

(4) 高斯光束的变换与测量。

2. 实验器材

氦氖激光器及电源,透镜,光功率计,小孔光阑,光学导轨,滑块若干等。

3. 实验原理

由激光器产生的激光束既不是平面光波,也不是均匀的球面光波。虽然在特定位置,可近似看作球面波,但它的振幅和等相位面都在变化。理论上,光在稳定的激光谐振腔中经过无限次的反射后,激光所发出的激光将以高斯光束的形式在空间传输。而且反射(衍射)次数越多,其光束传输形状越接近高斯光束。另外,形状越接近高斯光束的激光束,在传播、偶合及光束变换过程中,其形状越不易改变,即高斯光束不论怎样变换,其形状依然是高斯光束。

1) 基模高斯光束的基本特点

在激光器产生的各种模式的激光中,最基本、应用最多的是基模高斯光束。在以光束传播方向 z 轴为对称轴的柱面坐标系中,在缓变振幅近似下求解亥姆霍兹方程,基模高斯光束的一般表达式:

$$E(r,z)=\left[E_0\frac{\omega_0}{\omega(z)}\exp\left(-\frac{r^2}{\omega^2(z)}\right)\right]\exp\left\{-i\left[\frac{kr^2}{2R(z)}-\psi(z)\right]\right\} \quad (5.12)$$

式中，E_0 为振幅常数；ω_0 定义为场振幅减小到最大值的 $1/e$ 的值，称为腰斑，它是高斯光束光斑半径的最小值；$\omega(z)$、$R(z)$、$q(z)$、$\varphi(z)$ 分别表示高斯光束的光斑半径、等相面曲率半径、复曲率半径（或称 q 参数）、相位因子，是描述高斯光束的四个重要参数，其具体表达式分别为

$$
\begin{cases}
\omega^2(z) = \omega_0^2\left(1 + \dfrac{z^2}{z_0^2}\right) \\[2mm]
R(z) = z\left(1 + \dfrac{z_0^2}{z^2}\right) \\[2mm]
\dfrac{1}{q(z)} = \dfrac{1}{z + \mathrm{i}z_0} = \dfrac{1}{R(z)} - \dfrac{\mathrm{i}\lambda}{\pi\omega^2(z)n} \\[2mm]
\psi(z) = \arctan\left(\dfrac{z}{z_0}\right)
\end{cases}
\tag{5.13}
$$

式中，$z_0 = \dfrac{\pi\omega_0^2 n}{\lambda}$，称为瑞利长度或共焦参数，$n$ 为介质折射率。

对式(5.12)分析可知高斯光束的特点：

(1) 高斯光束在 $z = \text{const}$ 的面内，场振幅以高斯函数 $\exp\left(-\dfrac{r^2}{\omega^2(z)}\right)$ 的形式从中心向外平滑地减小，因而光斑半径 $\omega(z)$ 随坐标 z 按双曲线规律 $\dfrac{\omega^2(z)}{\omega_0^2} - \dfrac{z^2}{z_0^2} = 1$ 而向外扩展，在 $z = 0$ 时 $\omega(z)$ 有最小值 ω_0，这个位置被称为高斯光束的束腰位置。

(2) 在式(5.12)中令相位部分等于常数，并略去 $\psi(z)$ 项，可以得到高斯光束的等相面方程：

$$
\frac{r^2}{2R(z)} + z = \text{const}
\tag{5.14}
$$

因而，近轴条件下高斯光束的等相位面是以 $R(z)$ 为半径的球面，球面的球心位置随着光束的传播不断变化：

① 当 $z = 0$ 时，$R(z) \to \infty$，表明束腰处的等相位面为平面。

② 当 $z \to \infty$ 时，$R(z) \to z$，表明离束腰很远处的等相位面是球面，曲率中心在束腰处。

③ 当光束从束腰传播到 $z = \pm z_0$ 处时，光束半径 $\omega(z) = \sqrt{2}\,\omega_0$，即光斑面积增大为最小值的 2 倍。通常取 $z = \pm z_0$ 范围为高斯光束的准直范围，即在这段长度范围内高斯光束近似认为是平行光，这个范围称为瑞利范围，从束腰到该处的长度称为高斯光束的瑞利长度，通常记作 f。所以，高斯光束的束腰半径越小，瑞利长度越长，意味着高斯光束的准直范围越大，准直性越好；反之亦然。

(3) 从高斯光束的等相位面半径以及光束半径的分布规律可知，在瑞利长度之外，高斯光束迅速发散，定义在远场($z \to \infty$)时高斯光束振幅减小到最大值 $1/e$ 处与 z 轴夹角为高斯光束的远场发散角 θ（半角）：

$$
\theta = \lim_{z \to \infty} \frac{\omega(z)}{z} = \frac{\lambda}{\pi\omega_0} = \sqrt{\frac{\lambda}{\pi z_0}}
\tag{5.15}
$$

高斯光束的特点如图 5.11 所示。

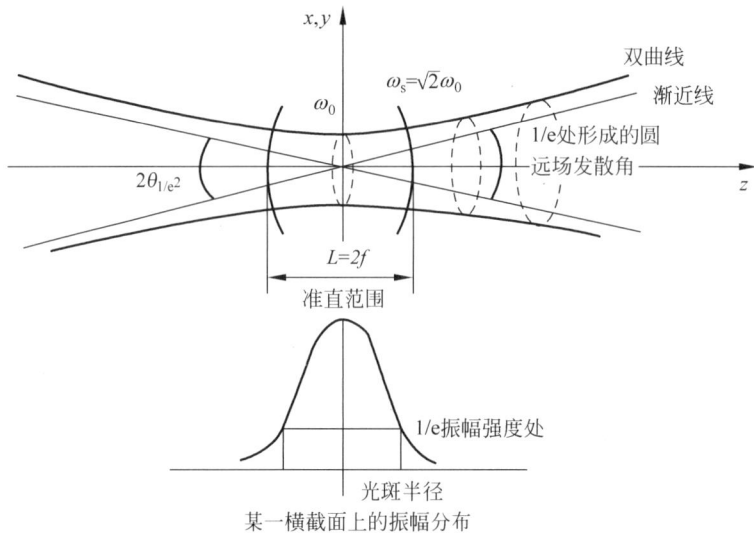

图 5.11 基模高斯光束

2) 高斯光束的复参数表示和高斯光束通过光学系统的 ABCD 变换

在式(5.13)中 $q(z)$ 即为高斯光束的复参数(或称 q 参数),其定义为 $\dfrac{1}{q(z)} = \dfrac{1}{z + iz_0} = \dfrac{1}{R(z)} - \dfrac{i\lambda}{\pi\omega^2(z)}$,表示光束的复曲率半径。

按照光线传输矩阵规则,变换矩阵表示输出面 2 上和输入面 1 上光线参数之间的关系:

$$q_2 = \frac{Aq_1 + B}{Cq_1 + D} \tag{5.16}$$

例如,一高斯光束经透镜变换后其参数可通过变换矩阵进行计算。基于薄透镜的高斯光束变换光学系统如图 5.12 所示。

根据光线矩阵规律,均匀空气介质平板的光线矩阵为 $\begin{bmatrix} 1 & d \\ 0 & 1 \end{bmatrix}$,透镜的光线矩阵为 $\begin{bmatrix} 1 & 0 \\ -\dfrac{1}{f} & 1 \end{bmatrix}$。在 $z = 0$ 处,为高斯光束的束

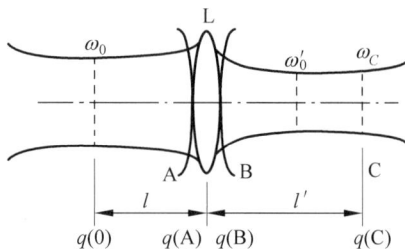

图 5.12 基于薄透镜的高斯光束变换光学系统

腰,q 参数 $q(0) = q_0 = i\dfrac{\pi\omega_0^2 n}{\lambda}$;经均匀空气介质平板到达 A 面,光线矩阵变换后可得 $q(A) = q_0 + l$;再经透镜到达 B 面,经光线矩阵变换可得 $\dfrac{1}{q(B)} = \dfrac{1}{q(A)} - \dfrac{1}{f}$;后经空气平板到达 C 面,可得 C 处的 $q(C) = q(B) + l'$,综上即可求出 C 处的光斑大小 $\omega(c)$。这就是高斯光束的变换过程。若已知透镜的焦距,可计算出高斯光束经透镜后的聚焦位置。

式(5.16)表示了类透镜介质中传播的高斯光束的传输变换规则。可以证明,高斯光束

在其他光学元件上透射或反射都遵循这一规则,该规则称为高斯光束 q 参数变换法则,简称 ABCD 法则。

因此,在已知光学系统变换矩阵参数的情况下,采用高斯光束的复参数表示法可以简洁快速地求得变换后的高斯光束的特性参数。

3) 激光光束远场发散角的测量

对发散角的理解不同,其测量方法也不同,在此我们列举几个典型的发散角测量方法,读者可以收集整理更多的测量方法。

(1) 透镜变换法。

对高斯光束,设理想薄透镜(所谓理想薄透镜,是指在光路中引入该薄透镜不影响光束的强度分布,不截断光束,紧靠透镜两边的光斑大小和光强分布完全一样)的焦距为 f,束腰半径为 ω_0 的高斯光束在透镜焦平面上的光斑半径 $\omega_F = \dfrac{\lambda}{\pi\omega_0}f$,则高斯光束的远场发散角 θ 为

$$\theta = \frac{\lambda}{\pi\omega_0} = \frac{\omega_F}{f} \tag{5.17}$$

因此测量光束在透镜后焦平面处的光斑半径 ω_F,光斑半径与聚焦透镜焦距之比即为高斯光束远场发散角 θ。

在会聚透镜的后焦面内测量光斑尺寸,对基模高斯光束,以 ω_0 为半径的环围内含有总功率的 86.5%(即 $1 - 1/e^2$)。相应的实际光束的 ω_F 即为其焦平面光斑中含 86.5% 总能量的环围的角半径。

需要注意,这里测量的是透镜焦平面处的光斑,而不是透镜后的新束腰尺度,新束腰位置与焦平面并不重合,只有透镜焦平面处光斑才是入射光的远场。

这种方法对器材精度要求高。

(2) 光强度分布测量法。

激光光束束腰的位置根据谐振腔腔型的不同而不同,通常认为束腰在光束输出窗口附近。在远场时用光电测量装置测得光强的横向分布,确定强度为中心强度 $1/e^2$(为 0.135)处的直径 2ω,同时测得测量点到束腰的距离 L,则远场发散角(图 5.13)可以认为是:

$$2\theta = \frac{2\omega}{L} \tag{5.18}$$

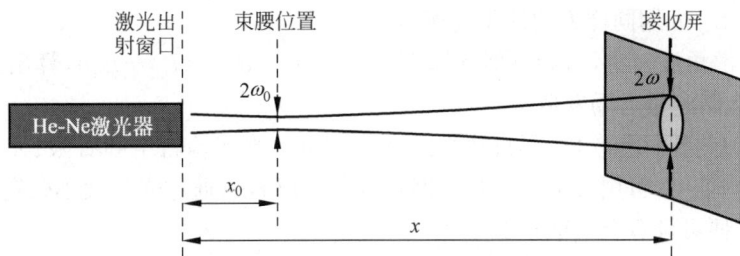

图 5.13 光强度分布法测远场发散角

这种方法对于小发散角的激光光束,需要一个较长的测量距离,通常采用平面镜多次反射来增加测量距离,但因平面镜面形引起激光光束形貌改变将增加光强横向分布的测量误差。

（3）双孔法。

利用两个大小一致的圆孔（光阑）相隔一定距离放在激光光路中，要求光阑与激光束腰处的直径相当，保证通过的光束能量为全部能量的 86% 左右。由第一个光阑发出光被第二个光阑遮挡了一部分，在第二个光阑圆孔的外围形成亮斑。如果实验条件简陋，可以直接测量这个亮斑的直径；如果有激光功率测量仪，则可以分别测量两个圆孔出射的光强度，由衍射的艾里斑换算出激光光束发散角。由于该方法简单易行，采用此种方法测量激光光束发散角的人较多。

4）外腔式 He-Ne 激光器偏振态验证

外腔式 He-Ne 激光器的谐振腔内放置了布儒斯特窗，限制了输出光的偏振态为垂直桌面的线偏振。在出光口前放置一个偏振片，通过旋转偏振片测量光强即可分析外腔式 He-Ne 激光器激光的偏振方向。

4. 实验内容与步骤

1）高斯光束的基本特性测量

（1）开启 He-Ne 激光器，调整高低和俯仰，使其输出光束与导轨平行。可通过前后移动一个带小孔的支杆完成检验。

（2）启动计算机，运行 BeamView 激光光束参数测量软件。

（3）He-Ne 激光器输出的光束测定及模式分析。使激光束垂直入射到 CCD 靶面上，运行软件观察光斑图案，在 CCD 前的 CCD 光阑中加入适当的衰减片。利用激光光束参数测量软件分析激光束的模式，判定其输出的光束为基模高斯光束还是高阶横模式（作为前面模式分析实验内容的一部分）。

（4）通过光斑图案确定 He-Ne 激光器输出是基模高斯光束。前后移动 CCD 探测器，利用激光光束参数测量仪测出不同位置的光斑大小，判断束腰位置（即光斑最小位置）、腰斑大小。

2）测高斯光束的远场发散角

（1）通过软件测量。

① 确定和调整激光束的出射方向。

② 使激光在光源前方 L_1 处垂直入射 CCD 靶面，通过软件测量出相应位置光斑直径 d_1。

③ 在前方 L_2 处用同样方法测出光斑直径 d_2。

④ 由于发散角度较小，可做近似计算，即 $2\theta = (d_2 - d_1)/(L_2 - L_1)$，算出全发散角 2θ。

（2）自建光路测量远场发散角。

若不用专门的器材和软件，可自建光路进行测量。当实验台空间有限、光路太短，难以测出光斑大小差值时，可用反射镜延长光路，如图 5.9 所示，通过光强大小确定光斑大小，测出光路的长度，便可计算全发散角 2θ。

3）外腔式 He-Ne 激光器偏振态验证

在激光输出前方放置一个偏振片，通过旋转偏振片来判断外腔式 He-Ne 激光器激光的偏振方向。

（1）调整外腔式 He-Ne 激光器稳定出光。

（2）将偏振片垂直插入光路，再放置激光功率指示计。

（3）旋转偏振片,观察功率指示计的示数变化,验证激光器输出光的偏振态。

4）高斯光束的变换与测量

选择合适的透镜,在光具座上搭建高斯光束聚焦光学系统,并测量高斯光束经过聚焦光学系统后高斯光束的参数。根据光学透镜的参数和测得的高斯光束的参数,计算变换后的高斯光束的理论参数,并和测量结果对比分析。

（1）在光斑束腰位置后面 L_1 处放置一透镜,观察透镜后激光光束的变化情况,并测量经透镜后的新的束腰位置及光斑大小,给出 ABCD 变换矩阵。

（2）换成其他焦距的透镜或换成柱面镜,利用激光光束参数测量软件观测经过其他焦距的透镜或柱面镜变换后光场的变化情况,给出对应的 ABCD 变换矩阵。

（3）测出透镜焦距处的光斑大小 ω_F,利用透镜变换法测发散角的公式 $\theta = \dfrac{\omega_F}{f}$ 计算发散角,并与变换前的测量值进行比较。

（4）按照实验要求选择合适的透镜,搭建高斯光束扩束准直光学系统,并测量高斯光束经过扩束准直光学系统后高斯光束的参数,并和理论结果对比分析。

5. 实验数据及处理

（1）记录通过光束变换前后的光斑大小、束腰位置。

（2）记录通过软件或自建光路测量的发散角 2θ。

（3）记录出射激光光束的偏振方向。

（4）高斯光束的变换与测量。

6. 注意事项

（1）测量光斑大小时尽量减少振动和干扰,以便得到稳定的光斑。

（2）激光光斑变化比较小,判断束腰位置时要认真仔细。

7. 思考题

（1）在自建光路远场测光斑时,使用反射镜延长光路会同时产生一定的散射,如何尽量减少这些散射?

（2）经过焦距为 f 的透镜或柱面镜后,光场如何变化?给出对应的 ABCD 变换矩阵。

（3）除以上测量方法外,再设计一种激光光束发散角的测量方法,论述该方法的可行性。

（4）用两个圆孔的出射光强度测量发散角,推导此时激光光束发散角的实验公式。

5.3 电光调 Q 脉冲 YAG 激光器实验

脉冲激光器一般是前一级利用半导体激光器或氦氖激光器抽运固体激光工作介质,利用调节 Q 值使腔内损耗增大,使反转粒子数增大,高能级粒子聚集而不发射,然后在一个脉冲时间内让反转粒子数快速辐射,形成高能脉冲输出。通过本实验可全面了解脉冲激光器的基本结构、工作原理、光电探测机制、非线性光学原理等。

1. 实验目的

（1）熟悉 Nd:YAG 激光器的结构。

（2）了解和掌握利用晶体的线性电光效应实现激光调 Q 的原理。

（3）了解和掌握激光倍频、和频技术的产生原理和方法。

（4）分析影响倍频转换效率的主要原因。

（5）认识相位匹配在非线性光学过程中的重要作用。

2. 实验原理

1）激光调 Q 技术

激光调 Q 技术是通过激光谐振腔的 Q 值变化,把激光工作物质的受激辐射压缩在极短的时间内发射的一种技术。具体讲,是在光泵开始激励的初期,使腔内的损耗增大, Q 值降低,这时激光阈值很高,激光振荡不能形成,因而上能级的反转粒子数大量积累;当反转粒子数积累达到最大值时,突然使谐振腔的损耗变小, Q 值突增,激光振荡迅速建立,像雪崩一样快速建立极强的振荡,在极短的时间内输出一个极强的激光脉冲。调 Q 激光脉冲峰值功率一般都高于兆瓦级,而脉冲宽度只有 $10^{-9} \sim 10^{-8}$ s,通常将这种脉冲称为激光巨脉冲。

激光谐振腔内的损耗种类很多,用不同的方法来控制腔内不同的损耗,就形成了不同的调 Q 技术,例如控制反射损耗的有转镜调 Q 技术、电光调 Q 技术,控制吸收损耗的有染料调 Q 技术,控制衍射损耗的有声光调 Q 技术等。目前常用的调 Q 技术有电光调 Q 、声光调 Q 和被动式可饱和吸收调 Q ,本实验采用电光调 Q 技术。

如图 5.14 为电光调 Q 技术示意图。主要利用晶体的线性电光效应起到 Q 开关作用,它的优点是开关速度快、控制精度高。

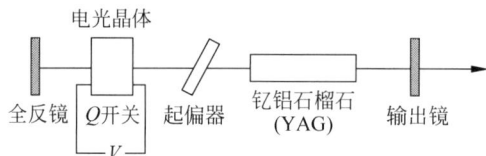

图 5.14　电光调 Q 示意图

也可以利用 Cr^{4+}:YAG 晶体的可饱和吸收性能实现被动调 Q ,这个内容下一节介绍。

2）激光的倍频与和频

倍频技术就是将频率为 ω 的强激光束入射到某非线性晶体中,经强光与晶体的相互作用产生频率为 2ω 的二次谐波的技术。倍频技术是目前将较低频率的激光转换为较高频率激光的最成熟和最常用的频率转换技术,也是最早被利用的非线性光学效应。

（1）介质的极化。

当频率为 ω 的光入射介质后,引起介质中原子的极化,产生极化强度矢量,它和入射场的关系式为

$$P = \chi^{(1)}E + \chi^{(2)}E^2 + \chi^{(3)}E^3 + \cdots\cdots \tag{5.19}$$

式中, $\chi^{(1)}$, $\chi^{(2)}$, $\chi^{(3)}\cdots$ 分别称为线性极化率、二阶非线性极化率、三阶非线性极化率……并且 $\chi^{(1)} \gg \chi^{(2)} \gg \chi^{(3)}$,一般情况下,极化率每增加一阶, χ 会减小 $7 \sim 8$ 个数量级。由于入射光是变化的,其振幅为 $E = E_0 \sin\omega t$,所以极化强度也是变化的。根据电磁场理论,变化的极化场可作为辐射源产生电磁波——新的光波。在入射光的电场比较小(比原子内的场强还小)时,

$\chi^{(2)}$、$\chi^{(3)}$ 等极小,$\chi^{(2)}E^2$、$\chi^{(3)}E^3$ 等项可忽略不计,近似为 P 与 E 呈线性关系($P=\chi^{(1)}E$)。这种新的光波与入射光具有相同的频率,就是通常的线性光学现象。但当入射光的电场较强时,不仅有线性现象,非线性现象也不同程度地表现出来了,此时新的光波中不仅含有入射的基波频率,还有二次谐波、三次谐波等频率产生,形成能量转移、频率交换。激光是高强度光,它的出现使非线性光学迅速发展。

（2）二阶非线性光学效应。

许多介质都可以产生非线性光学效应,但具有中心对称结构的某些晶体和各项同性介质(如气体),由式(5.19)可知,其偶次项为零,只含有奇次项(最低为三阶),因此要观测二阶非线性效应只能在非中心对称的晶体中进行,如磷酸二氢钾(KDP)、铌酸锂 $LiNO_3$(LN)晶体等。

下面用耦合波理论来分析二阶非线性效应。

设有下列两波同时作用于介质：

$$E_1 = A_1\cos(\omega_1 t + k_1 z) \tag{5.20}$$

$$E_2 = A_2\cos(\omega_2 t + k_2 z) \tag{5.21}$$

介质产生的极化强度应为两列波的叠加 $E=E_1+E_2$,研究二阶光学效应只需考察 $\chi^{(2)}$ 项,即

$$\begin{aligned}
P &= \chi^{(2)}[A_1\cos(\omega_1 t + k_1 z) + A_2\cos(\omega_2 t + k_2 z)]^2 \\
&= [A_1^2\cos^2(\omega_1 t + k_1 z) + A_2^2\cos^2(\omega_2 t + k_2 z) + \\
&\quad 2A_1 A_2\cos(\omega_1 t + k_1 z)\cos(\omega_2 t + k_2 z)]
\end{aligned} \tag{5.22}$$

经推导得出,二阶非线性极化波应包含以下几种不同的频率成分：

$$P_{2\omega_1} = \frac{\chi^{(2)}}{2}A_1^2\cos[2(\omega_1 t + k_1 z)] \tag{5.23}$$

$$P_{2\omega_2} = \frac{\chi^{(2)}}{2}A_2^2\cos[2(\omega_2 t + k_2 z)] \tag{5.24}$$

$$P_{\omega_1+\omega_2} = \chi^{(2)}A_1 A_2\cos[(\omega_1+\omega_2)t + (k_1+k_2)z] \tag{5.25}$$

$$P_{\omega_1-\omega_2} = \chi^{(2)}A_1 A_2\cos[(\omega_1-\omega_2)t + (k_1-k_2)z] \tag{5.26}$$

$$P_{直流} = \frac{\chi^{(2)}}{2}(A_1^2 + A_2^2) \tag{5.27}$$

可以看出,二阶效应中含有基频波的倍频分量($2\omega_1$、$2\omega_2$),和频分量($\omega_1+\omega_2$),差频分量($\omega_1-\omega_2$)及直流分量。因此,二阶效应可以实现倍频、和频、差频及参量振荡等过程。

当只有一种频率为 ω 的光入射介质时,二阶非线性效应除基频外就只有一种频率(2ω)的光波产生,称为二倍频或二次谐波。二倍频是最基本、应用最广泛的一种技术。第一个非线性光学效应实验,是在第一台红宝石激光器问世后不久,利用红宝石 $0.6943~\mu m$ 激光在石英晶体中观察到紫外倍频光。后来有人利用此技术将 $1.06~\mu m$ 的红外激光转换成 $0.53~\mu m$ 的绿光,满足了水下通信和探测等工作对波段的要求。

当 $\omega_1 \neq \omega_2$ 时,产生频率为 $\omega_3 = \omega_1 + \omega_2$ 的光波频率叫和频,如入射的光波频率分别为 ω 和 2ω,和频后得到 $3\omega = \omega + 2\omega$（数值上等于三倍频,但并非是三阶非线性效应,而是和频

效应,属于频率上转换)。

(3)相位匹配及实现方法。

极化强度与入射光强和非线性极化系数有关,但仅仅是入射光强足够强,使用非线性极化系数尽量大的晶体,还不足以获得较好的倍频效果。要获得较好的倍频效果,还需要满足一个重要条件——相位匹配。

实验证明,只有具有特定偏振方向的线偏振光,以某一特定角度入射晶体时,才能获得良好的倍频效果,而以其他角度入射时,倍频效果很差,甚至完全不出倍频光。

根据倍频转换效率定义

$$\eta = I_{2\omega}/I_{\omega} \tag{5.28}$$

经理论推导可知:

$$\eta \propto \frac{\sin^2(L \cdot \Delta k/2)}{(L \cdot \Delta k/2)^2} \cdot d \cdot L^2 \cdot I_{\omega} \tag{5.29}$$

式中,$\Delta k = k_{2\omega} - 2k_{\omega}$,$k_{2\omega} = \dfrac{2\pi n_{2\omega}}{\lambda_{2\omega}}$ 为倍频光的波矢,$k_{\omega} = \dfrac{2\pi n_{\omega}}{\lambda_{\omega}}$ 为基频光的波矢,所以 $\Delta k = \dfrac{4\pi}{\lambda_{\omega}}(n_{2\omega} - n_{\omega})$。

η 与 $L \cdot \Delta k/2$ 的关系曲线如图 5.15 所示。要获得最大的转换效率,就要使 $L \cdot \Delta k/2 = 0$,L 是倍频晶体的通光长度,不能等于 0,因此应 $\Delta k = 0$,即

$$n_{2\omega} = n_{\omega} \tag{5.30}$$

式中,n_{ω} 和 $n_{2\omega}$ 分别为晶体对基频光和倍频光的折射率,只有当基频光和倍频光的折射率相等时,倍频光最强,倍频效率最高,故称 $\Delta k = 0$ 为相位匹配条件。

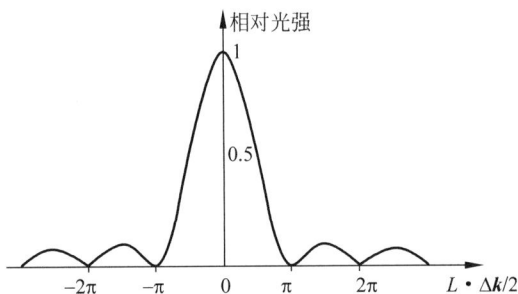

图 5.15 倍频效率与 $L \cdot \Delta k/2$ 的关系

实现相位匹配条件的方法之一是利用各向异性晶体的双折射效应。对于具有正常色散的材料,e 光和 o 光的折射率都是随频率升高而单调增大,因而当倍频和基频光同属于 e 光或 o 光时,相位匹配条件无法满足。但当这两种光分别属于不同的偏振态时,利用双折射现象,就可能在某一特定的方向上实现 $n_{\omega}^{o} = n_{2\omega}^{e}(\theta_m)$,即当光波沿着与光轴呈 θ_m 方向传播时,$\Delta k = 0$,此时满足相位匹配条件,称 θ_m 为相位匹配角。θ_m 可由下式计算得出

$$\sin^2\theta_m = \frac{(n_0^{\omega})^{-2} - (n_0^{2\omega})^{-2}}{(n_e^{2\omega})^{-2} - (n_0^{2\omega})^{-2}} \tag{5.31}$$

在实际的倍频装置中,都希望获得最高的倍频转换效率,这就要在相位匹配的条件下工

作。主要有两种方式：

① 寻找合适的相位匹配角。

寻找合适的相位匹配角，就是要找到特定的入射角，使 $n_{2\omega} = n_\omega$。利用折射率球即可寻找到基频的 o 光折射率与倍频的 e 光折射率相等的相位匹配角 θ_m，如图 5.16 所示，θ_m 是 $n_\omega^o = n_{2\omega}^e$ 时光传播方向与晶体光轴之间的夹角，即相位匹配角。

常用晶体的 θ_m 可通过查表 5.1 得到。

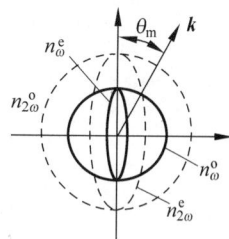

图 5.16　折射率椭球

表 5.1　几种材料的相位匹配角

晶　　体	$\lambda/\mu m$	n_o	n_e	θ_m
铌酸锂	1.06	2.231	2.152	87°
	0.53	2.320	2.230	
碘酸锂	1.06	1.860	1.719	29°30′
	0.53	1.901	1.750	
KD＊P	1.06	1.495	1.455	30°57′
	0.53	1.507	1.467	

对于负单轴晶体，n_e 总小于 n_o，并且 o 光折射率 n_o 与光波法线方向和光线传播方向的离散角 θ 无关，e 光折射率与 θ 有关。因而选用基频 o 光和倍频 e 光，就可以找到一个特定的 θ_m，在这个角度 θ_m 上，正好有 $n_\omega^o = n_{2\omega}^e(\theta_m)$。也就是说，光的基波沿 θ_m 方向传播时，如果产生的倍频光也沿同一方向传播，当它是 e 光时，相位匹配条件就可以满足，这种匹配方式称为 oo－e 匹配方式.

对于正单轴晶体，它的 $n_o < n_e$，与负单轴晶体正好相反，它的匹配技术必须采用基波为 e 光，倍频光为 o 光的 ee－o 匹配方式。否则，有关的两个折射率曲面就不能相交。

② 温度匹配。

在这种匹配中，通过控制晶体的温度，使相位匹配角 $\theta_m = 90°$。相位匹配时的温度 T_m 称为相位匹配温度。当晶体温度改变时，它的折射率就会发生变化。有些晶体，例如 $LiNbO_3$、KDP、ADP 等，它们的折射率 n_e 对温度变化的改变量比 n_o 对温度变化的改变量大得多，因而改变晶体温度有可能使 $\theta_m = 90°$。

（4）倍频光的脉冲宽度和线宽。

由于倍频光与入射基频光强的平方呈正比，倍频光脉冲宽度 t 和相对线宽 ν 都比基频光窄，如图 5.17 所示。

假设在 $t = t_0$ 时，基频和倍频光具有相同的极大值，基频光在 t_1 和 t_1' 时，功率为峰值的 $1/2$，脉冲宽度 $\Delta t_1 = t_1' - t_1$，而在相同的时间间隔内，倍频光的功率却为峰值的 $1/4$，倍频光的半值宽度 $(t_2' - t_2) < (t_1' - t_1)$，即 $\Delta t_2 < \Delta t_1$，脉冲宽度变窄。同样的道理，可知倍频后的谱线宽度也会变窄。

3. 实验装置

倍频实验装置通常由基频光源、非线性倍频晶体以及相位匹配与激励耦合元件三部分组成。基频光源可采用半导体、氦氖灯各种类型的激光器；倍频晶体应根据倍频的工作频率和实际需要来选取，倍频晶体要选用不具有对称中心的晶体，还要有较大的非线性极化系

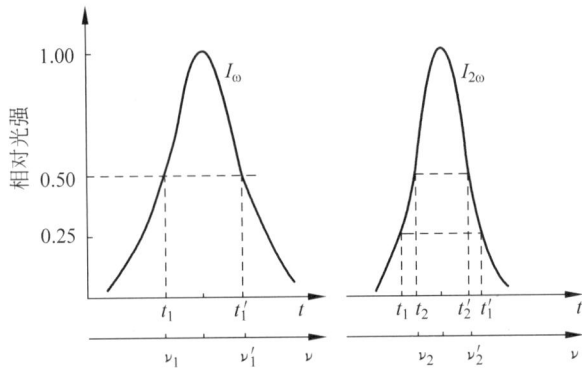

图 5.17 基频光与倍频光的脉宽及相对线宽比较

数 $\chi^{(2)}$,此外透明性要好,能实现相位匹配条件等,如铌酸锂晶体;相位匹配与激励耦合元件,是根据所采用的倍频晶体的特性及具体实验条件而确定。

倍频装置按倍频晶体放置位置的不同,分为腔内倍频和腔外倍频两种类型。腔内倍频将在下一节介绍,本实验采用腔外倍频方式,如图 5.18 所示。

图 5.18 腔外倍频实验装置图

实验采用 He-Ne 激光器泵浦,电光调 Q,确定磷酸钛氧钾(KTP)晶体的相位匹配角,YAG 激光器输出 1064 nm 的基频激光经 KTP 晶体倍频后,获得 532 nm 的倍频光,具体实验装置如图 5.19 所示。

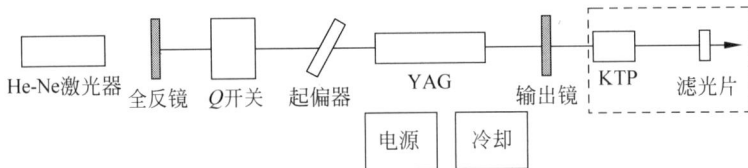

图 5.19 KTP 晶体的相位匹配角实验装置图

用 He-Ne 激光器来调试 YAG 激光器及测试匹配角。滤光片可以滤掉 1064 nm 基频光,只透过 532 nm 倍频绿光。倍频晶体及角度调节组件采用插入式结构,用紧固螺丝将其固定在需要插入和移出的位置上。倍频晶体及角度调节组件移出光路时输出的是 1064 nm 的激光;插入光路时可调节角度以获得二次谐波的最佳相位匹配角。

4. 实验内容及步骤

1)连续 Nd:YAG 激光器输出

(1)开启准直激光(氦氖激光器或其他激光器),调节其二维调节架,让光束经 Nd: YAG 棒的几何中心通过,并使其反射光点落到准直光源的小孔光阑上。再依次放置并调节半反镜和全反镜,若光都能反射到小孔光阑上,表示两腔镜基本上平行,并与 Nd:YAG 棒的

几何轴线垂直。盖上小孔光阑(防止漏光损坏准直光源)。

(2) 开启器材电源,打开冷却水循环系统,运行 10 min 后,确定循环的冷却水温度稳定在 20℃。

(3) 开启激光泵浦源(激光二极管),逆时针方向将电流调节旋钮转到底,使输出电流最小。按"启动"开关,再顺时针方向缓慢调节电流旋钮,逐步加大激光二极管的泵浦电流(注意不得超过最大值),此时应有 1064 nm 的激光输出,微调两腔镜使输出功率最大,用光功率计测量激光的输出能量。

(4) 待谐振腔调节到最佳状况后,将泵浦电流调至最大,再逐步减小泵浦电流。在此过程中,依次记录泵浦电流和所对应的输出功率值,画出 I-P 关系曲线,并确定其阈值。

2) 连续 Nd:YAG 激光器倍频输出

(1) 光路如图 5.19 所示,将倍频晶体及角度调节组件插入光路,输出的激光即为绿光(532 nm)。

(2) 调节螺旋测微杆,使倍频晶体反射的红色激光按原光路返回,记下测微杆读数;再将晶体反射的红色激光调出光路,缓慢调节晶体角度,同时用能量计测量脉冲绿色激光能量,找出输出绿色激光最强时对应的角度,即为相位匹配角。

3) 电光调 Q 脉冲 Nd:YAG 激光输出

(1) 将倍频晶体及角度调节组件调出光路,用 He-Ne 激光调试 Nd:YAG 激光器,使之连续输出 1064 nm 的激光,并根据打在曝光相纸上的斑点,检验固体激光器谐振腔已调好后,进行下一步。

(2) 给电光晶体 KDP 加上 3960 V 高压。在连续 Nd:YAG 激光器的基础上,在腔内放置电光 Q 开关,就构成了一个电光调 Q 激光器,可输出波长为 1064 nm 的脉冲激光序列。

(3) 脉冲频率是由电光晶体驱动源的调制效率决定的,可进行频率选择。输出脉冲激光后测量分析泵浦电流与激光输出的关系,以及脉冲宽度、脉冲序列。

4) 关机

关机顺序:依次按灭泵浦、调 Q 退压、冷却、电源开关。先将激光二极管的泵浦电流减小至零(注意调节速度不要太快);停止供电后,将电光晶体 KDP 的高压退压至零;待激光器冷却后,关闭器材电源。

5. 实验数据及处理

(1) 测量出输出光功率与泵浦电流的关系,绘制 I-P 曲线并填写表 5.2,确定阈值。

表 5.2　泵浦电流与输出光功率的关系数据记录表

泵浦电流 I/A					
光功率 P/W					

(2) 研究倍频输出特性及相位匹配角。

(3) 分析脉冲频率、宽度和输出能量的关系。

6. 注意事项

(1) 激光不能直射、散射到肉眼,否则会灼伤眼睛。

(2) 激光器应存放在干燥、干净的环境中。

（3）如有灰尘落于光学元件的表面，应先用吸耳球吹落，若不行，可用蘸有少量乙醇和乙醚的清洁混合液的脱脂棉球或镜头纸轻轻擦拭光学元件表面。在擦拭时，必须注意同一块棉球或镜头纸的使用次数有限，应及时更换，擦拭须按同一方向，切忌来回反复。

（4）在激光器工作时，虽然设置有水流保护，但还应随时注意水流情况，以免断水烧坏激光模块和 Q 开关。

7. 思考题

（1）激光调 Q 主要原理是什么？

（2）激光调 Q 主要有哪些技术？

（3）倍频激光输出的强弱与哪些因素有关？

（4）如何在同样的泵浦条件下获得功率更高的脉冲激光？

5.4 半导体泵浦被动调 Q 固体激光器实验

半导体泵浦固体激光器（diode-pumped solid-state laser，DPSL）是用激光二极管泵浦固体激光增益介质的激光器，具有效率高、体积小、寿命长等优点，在光通信、激光雷达、激光医学、激光加工等方面有巨大应用前景，是未来固体激光器的发展方向。通过本实验熟悉半导体泵浦固体激光器的基本原理和调试技术，及其调 Q 和倍频的原理和技术。

1. 实验目的

（1）掌握半导体泵浦固体激光器的工作原理和调试方法。

（2）掌握固体激光器被动调 Q 的工作原理，进行调 Q 脉冲的测量。

（3）了解固体激光器倍频的基本原理。

2. 实验器材

半导体激光器（808 nm）及驱动电源，耦合系统（组合透镜），Nd：YAG 激光晶体，Cr^{4+}：YAG 被动调 Q 晶体，倍频晶体，不同透过率的输出镜，激光二极管（LD）准直激光器，光电探测器，激光功率计，示波器等。

3. 实验原理

1）半导体激光泵浦固体激光器的工作原理

20 世纪 80 年代起，半导体激光器蓬勃发展，LD 的功率和效率不断提高，极大地促进了 DPSL 技术的发展。与闪光灯泵浦相比，DPSL 的效率大大提高，体积也大大减小。由于泵浦源 LD 的光束发散角较大，为使其聚焦在增益介质上，须对泵浦光束进行光束变换（耦合）。泵浦耦合方式主要有侧面泵浦和端面泵浦两种，其中侧面泵浦方式主要应用于大功率激光器；端面泵浦方式适用于中小功率固体激光器，具有体积小、结构简单、空间模式匹配好等优点，端面泵浦耦合通常有直接耦合和间接耦合两种方式，如图 5.20 所示。

（1）直接耦合：将半导体激光器的发光面紧贴增益介质，使泵浦光束在未散开之前便被增益介质吸收，泵浦源和增益介质之间无光学系统，这种耦合方式称为直接耦合方式，如图 5.20(a)所示。直接耦合方式结构紧凑，但较难实现，且容易对 LD 造成损伤。

（2）间接耦合：先将 LD 输出的光束进行准直、整形，再进行端面泵浦耦合。常见的方法有：用球面透镜组合或柱面透镜组合的组合透镜耦合，如图 5.20(b)所示；用自聚焦透镜取代组合透镜的自聚焦透镜耦合，其优点是结构简单，准直光斑的大小取决于自聚焦透镜的数值孔径,如图 5.21(c)所示;用带尾纤输出的 LD 的泵浦光纤耦合,其优点是结构灵活,如图 5.20(d)所示。

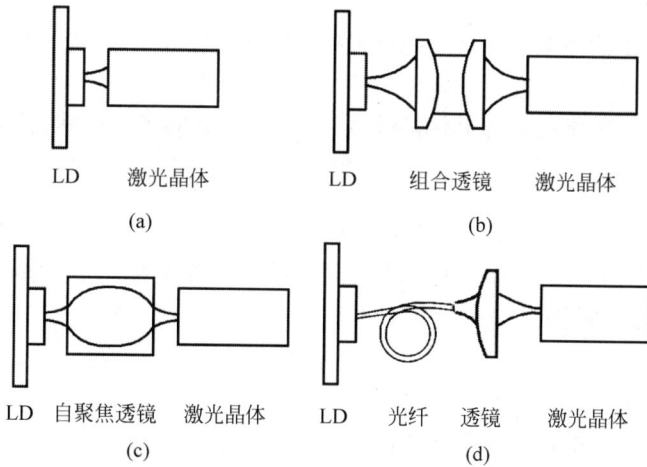

图 5.20 半导体激光泵浦固体激光器常用的耦合方式

(a) 直接耦合;(b) 组合透镜耦合;(c) 自聚焦透镜耦合;(d) 光纤耦合

本实验采用柱透镜和球面组合透镜双重压缩的方式对光束进行快轴压缩准直整形。先用光纤微透镜对半导体激光器的出射光束进行快轴压缩准直,再采用组合透镜对光束进行整形变换,各透镜表面均镀有增透膜,以提高耦合效率。光束快轴压缩耦合示意图如图 5.21 所示。

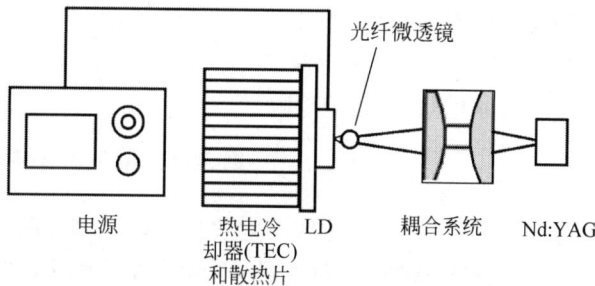

图 5.21 半导体激光光束快轴压缩耦合示意图

2) 端面泵浦耦合固体激光器

图 5.22 是典型的平凹腔型端面泵浦的结构图。激光晶体的入射端面镀有对泵浦光增透但对输出激光全反的膜,以此作为输入平面镜 R_1,输出镜是镀有对输出激光有一定透过率膜的凹面镜 R_2。这种平凹腔容易形成稳定的输出模,同时具有较高的光转换效率。

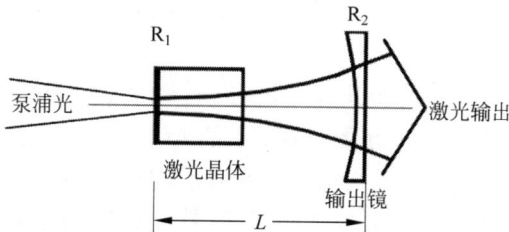

图 5.22 端面泵浦的激光谐振腔形式

如图 5.22 所示,平凹腔中的 g 参数表示为

$$g_1 = 1 - \frac{L}{R_1} = 1, \quad g_2 = 1 - \frac{L}{R_2} \tag{5.32}$$

式中,R_1 为平面镜 1 的曲率半径,$R_1 = \infty$。根据腔的稳定性条件,当 $0 < g_1 g_2 < 1$ 时为稳定腔。故腔长满足 $L < R_2$ 时,腔是稳定的。

若其输出激光的束腰位置在晶体的输入面上,则该处的光斑尺寸 ω_0 为

$$\omega_0 = \sqrt{\frac{[L(R_2 - L)]^{\frac{1}{2}} \lambda}{\pi}} \tag{5.33}$$

因此,泵浦光在激光晶体输入面上的光斑半径小于等于 ω_0,可使泵浦光与基模振荡模式匹配,更容易获得基模输出。

3) 激光晶体

激光晶体是 DPSL 激光器的重要工作介质,为获得高效率激光输出,选择合适的激光晶体是非常有必要的。目前已有上百种晶体可作为固体激光器的增益介质,如以钕离子(Nd^{3+})作为激活粒子的钕激光器是目前应用最广泛的激光器增益介质,尤其是用 Nd^{3+} 离子部分取代 $Y_3Al_5O_{12}$ 晶体中 Y^{3+} 离子的掺钕钇铝石榴石($Nd:YAG$),由于其具有量子效率高、受激截面大、光学质量好、热导率高、容易生长等优点,是最受欢迎的 LD 泵浦的理想激光晶体之一。$Nd:YAG$ 晶体的吸收光谱如图 5.23 所示。

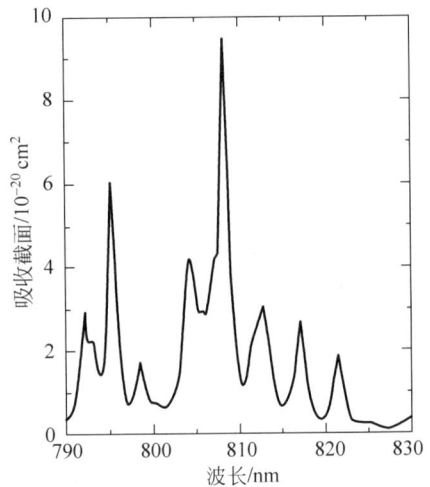

图 5.23 Nd：YAG 晶体中 Nd³⁺ 吸收光谱图

从 $Nd:YAG$ 的吸收光谱图可以看出,$Nd:YAG$ 在 807.5 nm 处有一强吸收峰,如果选择发射波长正好在该吸收峰一致的 LD 作为泵浦源,可获得高输出功率和光光转换效率,即实现了光谱匹配。但 LD 的激射波长会受温度影响,温度变化时激光波长会产生漂移,输出功率也会发生变化。因此,为获得稳定输出,需采用精确控温的电源,使 LD 工作波长稳定保持在与 $Nd:YAG$ 的吸收峰匹配的状态。

另外,在激光器设计中,除了考虑激光晶体的吸收波长和出射波长外,还需要考虑掺杂浓度、上能级寿命、热导率、发射截面、吸收截面、吸收带宽等多种因素。

4) 半导体激光泵浦固体激光器的被动调 Q 技术

上一节介绍了电光调 Q,本实验利用 $Cr^{4+}:YAG$ 晶体的可饱和吸收被动调 Q 技术实现激光调 Q,它结构简单、使用方便、无电磁干扰,可获得峰值功率大、脉宽小的巨脉冲,调 Q 装置示意图如图 5.24 所示。

$Cr^{4+}:YAG$ 被动调 Q 的工作原理是:利用 $Cr^{4+}:YAG$ 晶体的光透过率随光强变化实现调 Q。在激光振荡的初始阶段,光强小,$Cr^{4+}:YAG$ 的透过率低,反转粒子数增加,至谐振腔增益等于谐振腔损耗时达到最大值;随着泵浦的进一步作用,腔内光子数不断增加,$Cr^{4+}:YAG$ 的透过率逐渐变大,并最终达到饱和,激光振荡形成,输出激光;此后,由于辐射

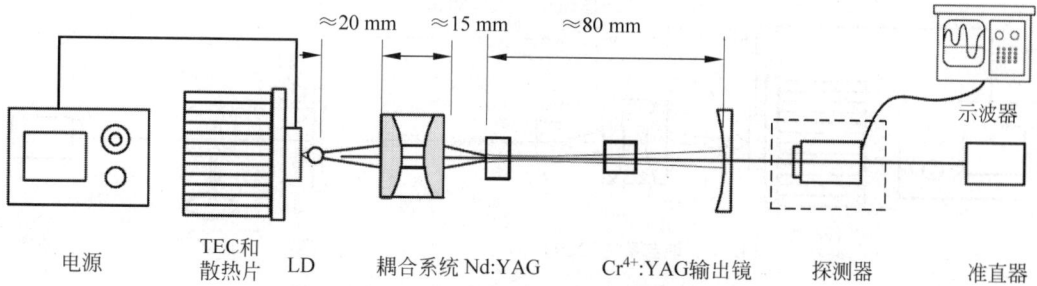

图 5.24 可饱和吸收体 Cr^{4+} : YAG 被动调 Q 示意图

后反转粒子的减少,光子数密度也降低,Cr^{4+} : YAG 的透过率也开始下降,不再输出激光,当光子数密度降到初始值时,Cr^{4+} : YAG 的透过率也恢复到初始值,至此一个调 Q 周期结束。

5) 半导体激光泵浦固体激光器的倍频技术

当强激光与非磁性透明电介质相互作用时,介质的极化不仅存在与场强呈线性关系的线性极化,还存在二次及更高次的非线性极化现象,倍频现象就是二次非线性效应的一种特例。本实验中的倍频仍然是通过倍频晶体实现,把 Nd : YAG 输出的 1064 nm 红外激光倍频成 532 nm 绿色激光。

常用的倍频晶体有磷酸钛氧钾(KTP)、磷酸二氢钾(KDP)、三硼酸锂(LBO)、三硼酸钡(BBO)和铌酸锂(LN)等。其中,KTP 晶体在 1064 nm 附近有高的非线性系数,且导热性好,非常适合用于 YAG 激光的倍频。KTP 晶体属于负双轴晶体,对它的相位匹配及有效非线性系数的计算已有大量的理论研究,通过 KTP 的色散方程可得,KTP 对输出 1064 nm 的 Nd : YAG 激光的倍频的最佳相位匹配角为 $\theta_m = 90°$,对应的有效非线性系数 $d_{eff} = 7.36 \times 10^{-12}$ V/m。

倍频技术通常有腔外倍频和腔内倍频两种。腔外倍频方式(见图 5.18)指将倍频晶体放置在激光谐振腔之外的倍频技术,适用于脉冲运转的固体激光器;腔内倍频是指将倍频晶体放置在激光谐振腔之内,由于腔内具有较高的功率密度,因此适于连续运转的固体激光器。本实验采用腔内倍频方式,实验装置如图 5.25 所示。

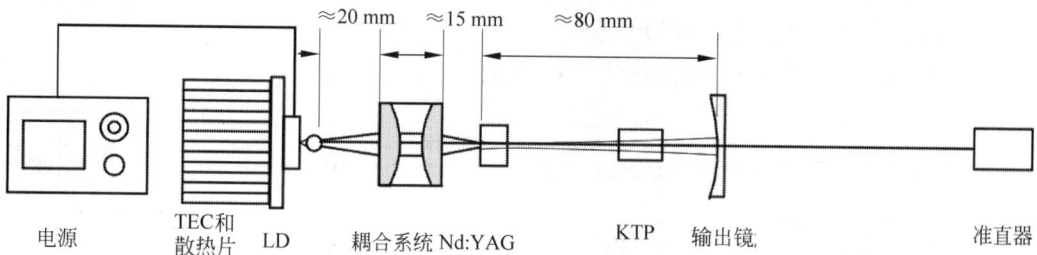

图 5.25 半导体激光泵浦固体激光器腔内倍频示意图

4. 实验内容及步骤

1) 半导体激光泵浦固体激光器的安装及测量

实验装置如图 5.26 所示,按图搭建半导体激光泵浦固体激光系统,并进行参数测量,具体步骤如下:

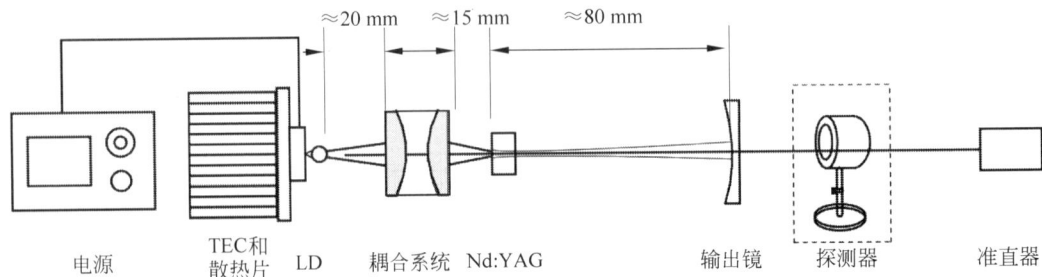

图 5.26　半导体激光泵浦固体激光系统装置图

（1）接通半导体激光器（LD）的电源，观察 LD 出射光近场和远场的光斑，用探测器测量并绘制 LD 经光纤微透镜快轴压缩后的电流-功率输出特性曲线，得到半导体激光的阈值电流。

（2）将准直器安装在导轨上，利用直尺将光束调整为水平出射，中心高度 50 mm。

（3）根据图 5.26 所示距离将耦合系统、激光晶体等各元器件依次安装在导轨上，进行等高共轴调节。通过调整架旋钮微调耦合系统、激光晶体的倾斜和俯仰，确保光线水平入射在激光晶体中心位置，使晶体反射光位于准直器中心，并且准直光通过晶体后的反射光仍能与入射光重合，依旧垂直进入 LD。

（4）在准直器前安装一透过率为 T_1 的输出镜，调整旋钮使输出镜的反射光点位于准直器中心。

（5）设定输出镜与 Nd:YAG 晶体之间的距离（注意保持激光腔长小于输出镜的曲率半径），打开 LD 电源，缓慢调节工作电流到 1.3 A，微调输出镜的倾斜和俯仰角度使系统出光，然后微调激光晶体、耦合系统，使激光输出达到最大。

（6）将 LD 电流调到最小，然后从小到大逐渐增大 LD 电流，每隔 0.2 A 测量一组固体激光器系统输出功率，绘制固体激光输出功率与泵浦 LD 电流的关系曲线，得到泵浦固体激光的阈值电流。结合 LD 的功率-电流关系，在实验报告上绘制激光输出功率-泵浦功率曲线。

（7）更换为透过率为 T_2 的输出镜，重复上述步骤。根据两组实验数据和曲线，计算两种耦合输出下的激光斜率效率和光光转换效率，并作简要分析。

2）半导体泵浦固体激光器调 Q 实验

实验装置如图 5.27 所示，按图搭建调 Q 系统，具体步骤如下：

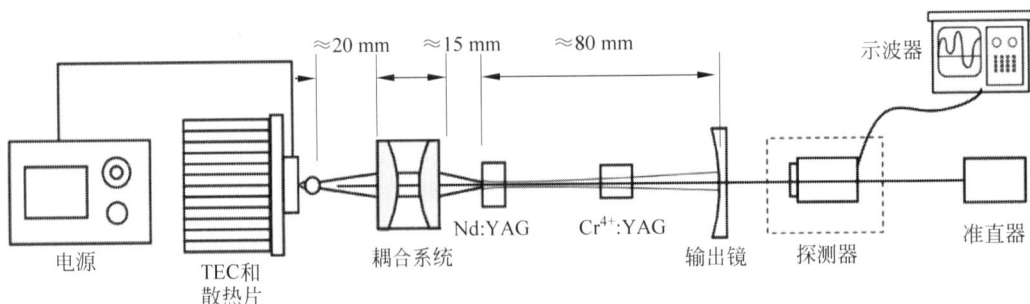

图 5.27　半导体激光泵浦固体激光调 Q 实验装置图

（1）将 Cr^{4+}:YAG 晶体放入谐振腔内,利用准直器准直。

（2）将 LD 电流调到 1.7 A,通过探测器观察激光输出平均功率,微调调整架,使平均功率最大。

（3）将 LD 电流调回到零,再从小到大缓慢增加,分别测出 1.7 A、2.1 A、2.3 A 时输出脉冲的平均功率、脉宽和重频。

（4）计算不同平均功率下的峰值功率,与不同平均功率下输出的脉冲功率进行对比,并作简要分析。

3）半导体泵浦固体激光器倍频实验

实验装置如图 5.25 所示,按图搭建好倍频系统,具体步骤如下:

（1）将输出镜换为短波通输出镜,微调调整架使其反射光点落在准直器中心。打开 LD 电源,取工作电流 1.7 A,微调输出镜、激光晶体、耦合系统的旋钮,使输出激光功率最大。

（2）在谐振腔内安装磷酸钛氧钾(KTP)[或三硼酸锂(LBO)]倍频晶体,倍频晶体应尽量靠近激光晶体,利用准直器准直,调节调整架,使输出绿光功率最大,记录输出功率。

（3）旋转倍频晶体,观察旋转过程中绿光输出有何变化,并作简要分析。

5. 实验数据及处理

（1）输出光功率与半导体泵浦电流的关系。

填写表 5.3。

表 5.3 半导体驱动电流与输出光功率的关系数据记录表（$T_1 =$ %, $T_2 =$ %）

LD 电流 I/A	0.5	0.7	0.9	1.1	1.3	1.5	1.7	1.9	2.1	2.3	2.5
快轴压缩后 LD 输出功率/W											
T_1 镜 LD 泵固体激光输出/W											
T_2 镜 LD 泵固体激光输出/W											
调 Q 输出/mW											
脉宽/ns											
重频/kHz											

绘制 I-P 曲线,确定阈值;分析脉冲频率、宽度和输出能量的关系。

（2）比较倍频前后的输出功率,计算倍频效率。

6. 注意事项

（1）LD 对环境要求较高,需放置于洁净实验室内。实验完成后,应及时盖上器材罩,以免 LD 沾染灰尘。

（2）LD 对静电非常敏感,所以严禁随意自行拆装 LD 和用手直接触摸 LD 外壳。如果确实需要拆装,操作前请戴上静电环,拆下的 LD 两个电极必须立即短接。

（3）LD 电源的控制温度已经设定好了,对应于 LD 的最佳泵浦波长,请不要自行拆装和更改。

（4）LD、耦合系统、激光晶体间的距离调整好后最好不要随意变动，以免影响实验结果。

（5）光路准直好后需用遮挡物挡住准直器，避免准直器被输出的激光烧坏。

7. 思考题

（1）半导体泵浦固体激光器中的光谱匹配和模式匹配分别是什么？

（2）可饱和吸收调 Q 中的激光脉宽、重复频率随泵浦功率如何变化？为什么？

（3）腔内倍频如何提高倍频效率？和腔外倍频有何异同？

5.5 半导体激光器实验

半导体激光于1962年被成功激发，1970年实现室温下连续输出，是目前产量最高的激光器。半导体激光器同样由工作物质、谐振腔和激励能源组成，是以直接带隙半导体材料构成的 PN 结或 PIN 结为工作物质的一种小型化激光器。其工作原理是利用半导体中的粒子在激励下形成能带间跃迁，用半导体晶体的解理面组成两个平行反射镜构成谐振腔，使光在腔内振荡、反馈，从而实现受激辐射输出激光。激励方式有电激励、光激励、高能电子束激励和碰撞电离激励等，最常见的是电激励。半导体激光器的工作物质目前常见的有几十种，主要有Ⅲ-Ⅴ族化合物半导体砷化镓（GaAs）、氮化镓（GaN）等；Ⅱ-Ⅳ族化合物半导体硫化镉（CdS）、碲化镉（CdTe）等；以及一些掺杂半导体铝镓砷（AlGaAs）、铟磷砷（In-PxAs）等。目前应用最多的材料是 GaAs-AlGaAs（$0.8 \sim 0.9 \ \mu m$）InP-InGaAsP（$1.3 \sim 1.35 \ \mu m$）和 InP-InGaAs（$1.5 \sim 1.65 \ \mu m$）材料。

半导体激光器既有激光的单色性好、相干性好、方向性好、亮度高等特点，又具有半导体器件的体积小、重量轻、结构简单、使用方便、效率高和工作寿命长等优点；还能直接利用电源进行调制，且发射波长恰好与光纤传输损耗最低的波段相匹配，因此，是光通信的理想光源，也是当前通信领域中发展最快的光纤通信光源。同时，半导体激光器可应用于光盘、激光打印、激光扫描器、激光指示器等常见领域，并可作为大气污染监测和同位素分离的光谱仪光源和雷达、测距、全息照相、射击模拟器、红外夜视仪、报警器等的光源。

1. 实验目的

（1）了解半导体激光器的基本工作原理，掌握其使用方法。

（2）掌握半导体激光器耦合、准直等光路的调节方法。

（3）学会测量半导体激光器的输出特性和光谱特性。

2. 实验器材

半导体激光器，激光功率计，双踪示波器，信号源，光电二极管等。

3. 实验原理

1）半导体激光器工作原理

和其他激光器一样要使半导体发射激光，必须具备三个基本条件：①建立粒子数反转分布，以产生受激辐射；②建立一个能起到光反馈作用的谐振腔，以产生激光振荡；③满足一定的阈值条件，使得光增益大于损耗。

在简单的两能级系统中，高能级的载流子数大于低能级的载流子数就实现了载流子的反转分布，受激辐射将大于受激吸收而产生光学增益。在半导体激光器中，受激跃迁发生在被占据的导带电子态和价带空穴态之间,其跃迁发生在能量分布较广的能级之间,不同条件下载流子的反转分布有所不同。

图 5.28(a)表示 $T \approx 0$ K 时直接带隙半导体中载流子的填充情况,能量大于带隙 E_g 的入射光子将被吸收,引起载流子跃迁。假若用某种激励方式使电子受激从价带跃迁到导带,经过一段很短弛豫时间后,电子填充情况如图 5.28(b)所示。

在一定温度 T 时,电子占据导带和价带中某一能级 E 的概率 $f_C(E)$ 和 $f_V(E)$ 满足费米-狄拉克分布,分别为

图 5.28 直接带隙能带图

(a) 平衡态;(b) 粒子数反转态

$$\begin{cases} f_C(E) = \dfrac{1}{a + \exp\left(\dfrac{E - E_{FC}}{kT}\right)} \\[4mm] f_V(E) = \dfrac{1}{a + \exp\left(\dfrac{E - E_{FV}}{kT}\right)} \end{cases} \tag{5.34}$$

式中,E_{FC}、E_{FV} 分别是导带和价带的准费米能级;k 是玻耳兹曼常数。若用能量为 $h\nu$ 的光子束照射半导体系统,必然会引起光的受激辐射和吸收。要使受激辐射大于受激吸收,也就是实现载流子反转分布,必须满足:$f_C(E) > f_V(E - h\nu)$,即 $(E_{FC} - E_{FV}) > h\nu > E_g$。

获得反转分布的一个简单方法是利用重掺杂 P 型和 N 型半导体构成 PN 结,如图 5.29 所示。零偏压时,两区有统一的费米能级,载流子处于热平衡状态,如图 5.29(a)。当加上正向偏压 V 时,PN 结处势垒降低,N 区向 P 区注入电子,P 区向 N 区注入空穴,当 $h\nu = E_{FC} - E_{FV} \geqslant E_g$ 时,在结平面附近形成分布反转区,如图 5.29(b)所示,此时受激辐射占主导地位,可得到光放大。

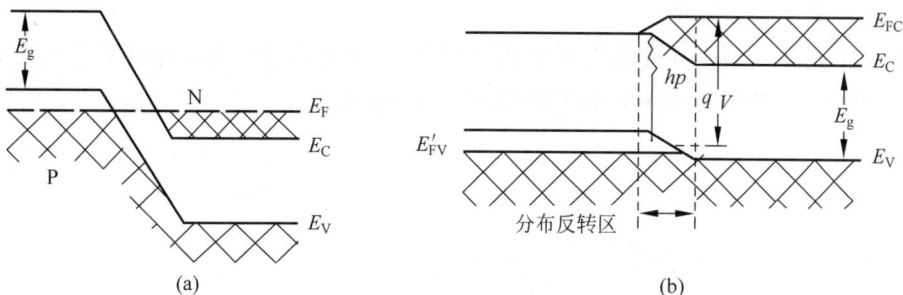

图 5.29 结型半导体能带图

(a) 零偏压;(b) 正向偏压

2)阈值电流

激光器的核心部分就是载流子反转分布区,也称"激活区"或"有源区",和其他激光器一样,要使受激辐射达到发射激光的要求,即达到强度更大的单色相干光,还必须依靠光学谐振腔进行选模,并使注入电流达到一定的数值,即要达到阈值电流,使腔内的单程增益大于

损耗,才能形成激光输出。当正向注入电流较低时,增益小于 0,此时半导体激光器只能发射荧光;随着电流的增大,注入的非平衡载流子增多,增益大于 0,但尚未克服损耗,在腔内无法建立一定模式的振荡,这种情况被称为超辐射;当注入电流达到或超过某一数值时,增益克服损耗,半导体激光器输出激光,定义恰能使增益克服损耗时的注入电流值为阈值电流 I_{th}。

半导体激光器输出功率与注入电流的关系如图 5.30 所示。注入电流较低时,输出功率随注入电流缓慢上升。当注入电流达到并超出阈值电流后,输出功率陡峭上升。我们把陡峭部分外延,其延长线与电流轴的交点即为阈值电流 I_{th}。

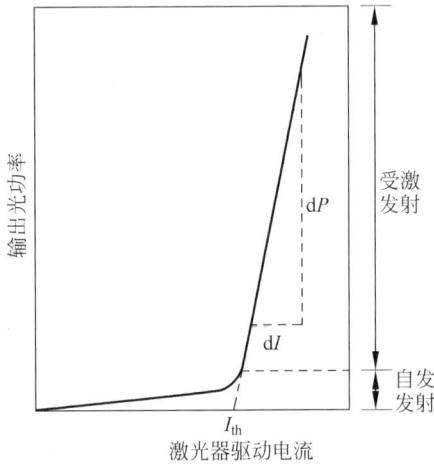

图 5.30 半导体激光器输出功率 P 与注入电流 I 的典型关系曲线

3) 横膜和偏振态

半导体激光器的激励方式有:PN 结注入电流激励、电子束激励、光激励、碰撞电离激励等。目前应用最多的是 PN 结注入电流激励,这种激励方式的半导体激光器称为激光二极管,也称注入型半导体激光器。

图 5.31 是注入型半导体激光器的基本结构,利用适当的扩散和外延工艺制成 PN 结,利用垂直于 PN 结的两个相对的自然解理面组成谐振腔。

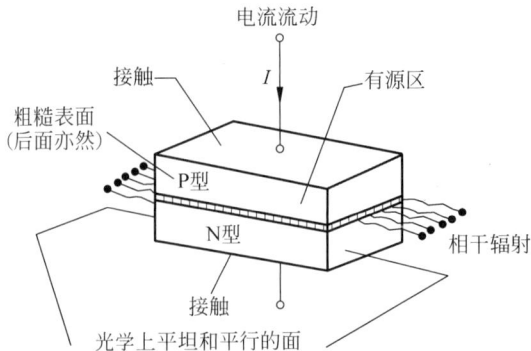

图 5.31 注入型半导体激光器原理图

如果 P 区和 N 区采用同种半导体材料,称为同质结半导体激光器。这种激光器的阈值电流密度很高,就算装有散热器,也无法在室温下连续工作。后来人们相继研制出单异质结、双异质结半导体激光器,大大降低了阈值电流密度,发热量随之减小,实现了室温下连续工作。

半导体激光器的共振腔中传播光以模的形式存在。每个模都有自己的传播常数和横向电场分布,这些模就构成了半导体激光器中的横模。横模经端面出射后形成辐射场,辐射场的角分布沿平行于结面方向和垂直于结面方向分别形成侧横场和正横场。

辐射场的角分布与共振腔的几何尺寸密切相关,由于半导体激光器有源层的模截面是不对称的,平行于结平面方向的宽度大于垂直于结平面方向的厚度,故远场光斑不对称,侧横场小于正横场发散角。侧横场发散角可近似表示为 $\theta \approx \lambda/d$,其中 d 表示共振腔的宽度;共振腔尺寸越小,辐射场发射角越大。共振腔厚度很小,通常只有 $1~\mu\mathrm{m}$ 左右,和波长同量级,容易发生衍射,所以正横场发射角较大,一般为 $30°\sim40°$。辐射场的发散角还和共振腔长度呈反比,而半导体激光器共振腔一般只有几百微米,所以其远场发射角远远大于气体激光器和晶体激光器的远场发射角。

图 5.32 是半导体激光器的典型远场辐射图,两个半功率强度点处的全角宽分别记为 θ_1 和 θ_2,为光束发散角。

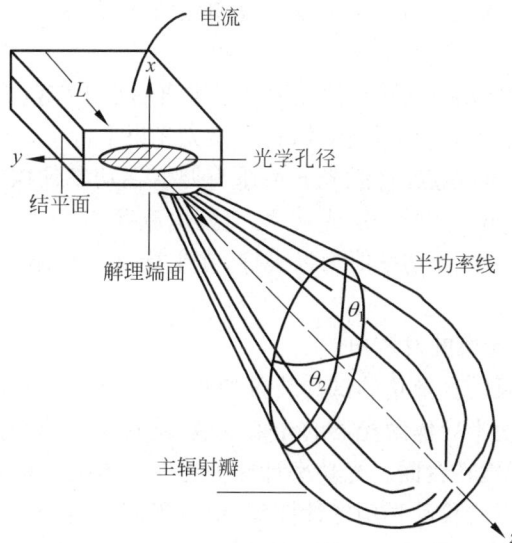

图 5.32 半导体激光器的典型远场辐射图

半导体激光器共振腔面一般是晶体的解理面,对常用的 GaAs 异质结激光器,GaAs 晶面对 TE 模的反射率大于对 TM 模的反射率,这样一方面,TE 模需要的阈值增益低,TE 模首先产生受激发射,反过来又抑制了 TM 模;另一方面,形成半导体激光器共振腔的波导层一般都很薄,波导层越薄对偏振方向垂直于波导层的 TM 模吸收越大,就使得 TE 模增益越大,更容易产生受激发射。因此半导体激光器输出的激光偏振度很高,一般大于 90%。若在光束后加入偏振片,旋转偏振片可观察到光强会随旋转角度变化,若用 $P_{\max}$、$P_{\min}$ 分别表示光最强和最弱时的光功率,则半导体激光的偏振度可表示为

$$\eta = \frac{P_{\max} - P_{\min}}{P_{\max} + P_{\min}} \tag{5.35}$$

4. 实验内容

1）测量半导体激光器的输出特性及阈值电流

实验装置如图5.33所示，开启激光器电源，缓慢增加泵浦电流，测量输出光功率随激光器泵浦电流的变化，作出 $P\text{-}I$ 关系曲线，将 $P\text{-}I$ 曲线中拐点处对应的电流值定为阈值。具体步骤如下：

（1）开启激光功率计，将量程置于 20 mW 挡预热。

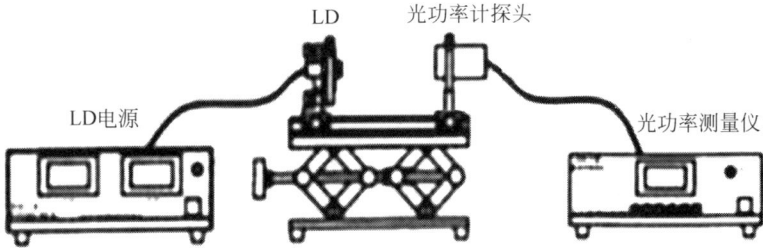

图 5.33　半导体激光器的输出特性测试光路

（2）开启激光器电源的开关，再开启电流开关，通过电流调节旋钮来控制输出电流的大小，使半导体激光器输出激光。注意：开关时需防止浪涌电流的产生，以免损坏半导体激光器。

（3）调节激光器前面的准直透镜，使光束经过准直后在工作范围内光斑的大小、形状变化不大。然后调节激光器支架上的仰俯螺钉，使激光光束平行于光学平台的台面。

（4）调节激光功率计的零点，将激光光束垂直照射在功率计探测器的光敏面的中心位置。改变电流，每隔 0.5 mA 测量一次光功率，直到电流等于 20 mA。

（5）以电流值为横坐标、光功率值为纵坐标，在坐标纸上绘制出 $P\text{-}I$ 关系曲线，并求出阈值电流。

2）测量半导体激光光束的发散角

测定半导体激光光束的发散角的试验装置如图5.34所示。将半导体激光器置于旋转台中心，去掉准直透镜，使半导体激光器的光束发散，旋转半导体激光器使激光光束在水平方向对称分布，且平行于旋转台面。光功率计探头与半导体激光器 LD 的纵向距离为 L，沿着与光束相垂直的横向方向移动光功率计探头，记下当旋转台处于不同角度时光功率测量仪的输出值，画出半导体激光器输出功率的空间分布曲线，求出正横场光束的发散角。

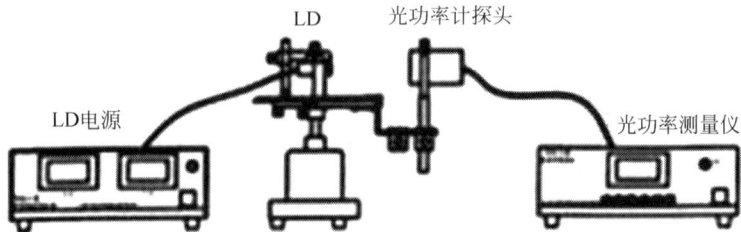

图 5.34　半导体激光器发散角测试光路

再将半导体激光器在 XY 平面内旋转 90°，用同样的方法测出激光侧横场光束的发散角。

3）半导体激光器的偏振度测量

测量半导体激光器的偏振度的装置如图 5.35 所示，旋转偏振器，分别读出偏振片处于不同角度时对应的半导体激光器的输出值，将实验值记录在表 5.6 中，确定输出功率的最大值和最小值，依据式（5.35）即可计算出其偏振度。

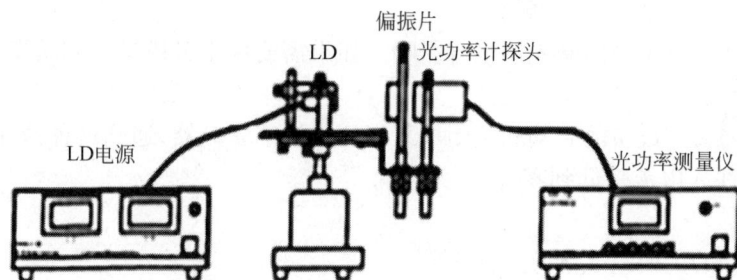

图 5.35　测量半导体激光器的偏振度

5. 实验数据及处理

（1）半导体激光器的输出特性。

填写表 5.4。

表 5.4　半导体激光器电流与输出光功率的关系记录表

LD 电流 I/mA	0.5	1.0	1.5	2.0	2.5	3.0	3.5	4.0	…	20
输出功率/mW										

绘制 I-P 曲线，确定阈值电流。

（2）半导体激光器光束的发散角。

填写表 5.5。

表 5.5　半导体激光器光束发散角测量记录表

角度/(°)	2	4	6	8	10	12	14	16	…	50
正横场时的输出功率/mW										
侧横场时的输出功率/mW										

（3）半导体激光器光束的偏振度。

填写表 5.6。

表 5.6　半导体激光器光束偏振度测量记录表

测量次数	1	2	3	4	5	6
最大输出功率/mW						
最小输出功率/mW						

6. 注意事项

（1）半导体激光器的 PN 结非常薄，极易被击穿，不能承受电流或电压的突变，所以不要频繁开关电源，在开关半导体激光器的电源时不宜过快，务必按顺序操作，防止浪涌电流的产生,避免损坏半导体激光器。

（2）开启时,先开电源开关,再开电流开关。当电源接通时,半导体激光器的注入电流必须缓慢地上升,不要超过 65 mA,以防半导体激光器损坏。

（3）使用完毕时,先将电流调节旋钮逆时针旋转到底,将半导体激光器的注入电流降回零,再关电流开关,最后关闭电源开关。

（4）静电感应对半导体激光器也有影响。如果需要用手触摸半导体激光器的外壳或电极,必须先用手触摸一下金属。

（5）周围的大型设备的启动和关闭极易损坏半导体激光器,遇到这种情况时,应先将半导体激光器的注入电流降低到零,再开关电源。

7. 思考题

（1）激光器的主要组成部分是什么?

（2）请说明半导体激光器的输出功率 P 与注入电流 I 的关系,并解释原因。

（3）半导体激光光束的发散角有什么规律? 为什么?

（4）半导体激光光束的偏振度有什么特点? 为什么?

（5）开启和关闭半导体激光器的电源时,应注意什么?

（6）在实验过程中,有哪些注意事项?

5.6 声光调制锁模激光器实验

锁模技术是从 1964 年发展起来的,利用锁模技术可得到皮秒（1 ps $=10^{-12}$ s）量级的短脉冲激光。到 80 年代后期,利用碰撞锁模技术可获得飞秒（1 fs $=10^{-15}$ s）量级的超短脉冲。由于激光输出脉宽很窄,所以峰值功率很高。这种窄脉冲、高峰值功率的激光应用甚广,在非线性光学、时间分辨激光光谱学、受控核聚变、等离子物理学、遥测技术、化学及物理动力学、生物学、高速摄影、光通信、光雷达、全息学等许多领域都有重要的应用,对研究超高速现象及探索微观世界的规律性具有极大意义。

1. 实验目的

（1）学习和掌握激光锁模和声光调制原理。

（2）掌握锁模激光器的结构特点及调试方法。

（3）观察腔长变化及调制深度对输出光脉冲的影响。

2. 实验器材

He-Ne 激光器（大功率）,准直 He-Ne 激光器（小功率）,共焦球面扫描干涉仪,共焦球面扫描干涉仪控制器,声光锁模调制器,声光锁模驱动源,法布里-珀罗（F-P）标准具,示波器,激光功率计,光电二极管,腔镜（2 个）,辅助腔镜（1 个）等。

3. 实验原理

1）锁模激光器原理

锁模技术是实现激光器输出更窄的脉宽和更高的峰值功率的技术,如在 He-Ne 激光器的腔内插入声光损耗调制器来实现对 633 nm 的激光锁模。He-Ne 激光器的工作介质的增益特性属非均匀增宽类型,如果激光器的腔长足够长,在多光束干涉的作用下就会在腔内出现多个激光纵模振荡,各纵模彼此独立。相邻纵模的频率差（纵模间隔）为

$$\Delta\nu = \nu_{q+1} - \nu_q = \frac{c}{2L} \tag{5.36}$$

式中，c 为光速；L 为腔长，因腔内介质为气体，折射率取 1。He-Ne 激光器相邻纵模的圆频率差为

$$\Delta\omega = 2\pi\Delta\nu = \frac{\pi c}{L} \tag{5.37}$$

假设激光器的工作物质的净增益线宽内包含 N 个纵模，如图 5.36 所示。这时激光器输出的光波电场是 N 个纵模电场的和；在腔内 N 个纵模的总光场可表示为

$$E(t) = \sum_{q=0}^{N} E_q \cos\left[\omega_q\left(t - \frac{z}{c}\right) + \varphi_q\right] \tag{5.38}$$

式中，$q = 0,1,2,\cdots,N$，是激光器腔内 N 个振荡模中第 q 个纵模的序数。ω_q 及 φ_q 是纵模序数为 q 的模的圆频率及相位，E_q 是纵模序数为 q 的模的场强。

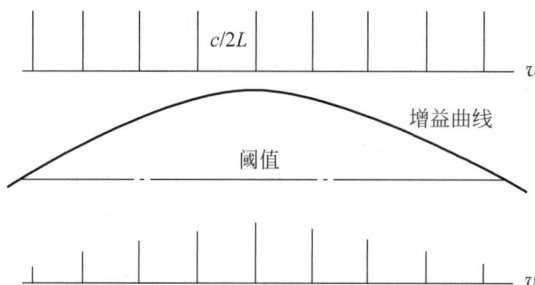

图 5.36 激光腔内的纵模与增益曲线的关系

在一般情况下，这 N 个纵模的相位 φ_q 是无关的，即它们之间在时间上没有相互关联，是完全独立的、随机的，可表示为 $\varphi_{q+1} - \varphi_q \neq$ 常数。

另外，各纵模的相位不仅会受到激光器的工作物质及腔体的热效应、泵浦能量的变化等不规则扰动的影响，还会产生各自的漂移、变化，及它们各自的相位在时间轴上也是不稳定的，φ_q 本身不是常数，这就破坏了波列之间相干的条件，所以激光器输出的是互不相干的波列。

激光的频谱是由等间隔（$\Delta\nu = c/2L$）的分离谱线组成，每条谱线对应一个纵模，各纵模的相位是在 $-\pi \sim \pi$ 随机分布，因此非锁模激光器的输出强时域分布随机涨落较大。当用接收器件来探测非锁模激光器的输出功率时，接收到的光强是所有满足阈值条件的纵模的光强相叠加，激光总强度正比于各纵模强度之和。用扫描干涉仪观察纵模频谱时，可看到各个纵模强度是随机涨落的，这是由模式之间无规干涉引起的。自由运转激光器腔内辐射的光谱结构如图 5.37 所示。

如果有办法使振荡模的频率间隔保持一定，同时还能使各模式之间存在相对确定的相位关系，这时激光器输出的是一系列周期脉冲，这种激光器叫作"锁模"激光器，相应的技术叫作"锁模技术"。

假设激光器中各纵模初相位之间已建立固定的联系，这时激光腔内各纵模就可以相干叠加了。简便起见，令所有纵模同步振荡，即所有纵模的初相位 $\varphi_n = 0$，且所有纵模的振幅相等即 $E_n = E_0$，则

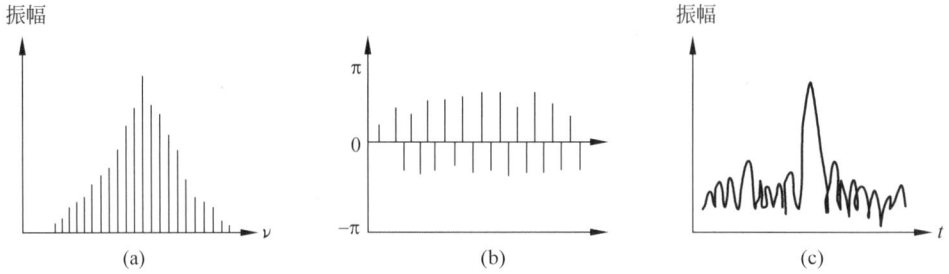

图 5.37　自由运转激光器腔内辐射光谱结构

(a) 光谱图；(b) 相位分布；(c) 光强时域分布图

$$E(z,t)=E_0\cos\left[\omega\left(t-\frac{z}{c}\right)\right]\frac{\sin\left[\frac{1}{2}N\Delta\omega\left(t-\frac{z}{c}\right)\right]}{\sin\left[\frac{1}{2}\Delta\omega\left(t-\frac{z}{c}\right)\right]} \tag{5.39}$$

某一瞬时在某点处的输出光强为

$$I(z,t)\propto|E(z,t)|^2=E_0^2\frac{\sin^2\left[\frac{1}{2}N\Delta\omega\left(t-\frac{z}{c}\right)\right]}{\sin^2\left[\frac{1}{2}\Delta\omega\left(t-\frac{z}{c}\right)\right]} \tag{5.40}$$

从式(5.40)可见，当各纵模的相位同步以后，原来连续输出的光强变成了随时间和空间变化的光强。下面分别在固定空间或固定时间上来观察锁模后光强的特点。

(1) 当空间位置固定(令 $z=0$)，光强随时间变化可写成

$$I(t)\propto|E(t)|^2=E_0^2\frac{\sin^2\left(\frac{1}{2}N\Delta\omega t\right)}{\sin^2\left(\frac{1}{2}\Delta\omega t\right)} \tag{5.41}$$

观察光强的时间变化关系式(5.41)，有以下特点：

① N 个相同频率间隔的同步等幅振荡，可使激光光强变成随时间变化的脉冲序列，脉冲的周期 $T=\frac{2\pi}{\Delta\omega}=\frac{2L}{c}$，$T$ 是光脉冲在腔内来回传播一次所需的时间。

② 当式(5.41)的分母趋于零时，可得光脉冲的峰值光强 $I_{max}\propto N^2E_0^2$，比自由振荡时的平均光强大了 N 倍。

③ 光脉冲的宽度为 $\tau=\frac{2\pi}{N\Delta\omega}=\frac{2L}{Nc}$，是脉冲周期 T 的 $1/N$，锁住的纵模个数越多，锁模脉宽就越窄。锁模脉宽与增益线宽呈反比，增益线宽越宽，参与相干叠加的纵模个数就越多，脉宽也就越窄。图 5.38 给出 $E_0=1$，$N=5$ 时，式(5.42)的计算结果。

(2) 当固定时间(令 $t=0$)，式(5.40)变为

$$I(z)\propto|E(z)|^2=E_0^2\frac{\sin^2\left(N\frac{\pi}{2L}z\right)}{\sin^2\left(\frac{\pi}{2L}z\right)} \tag{5.42}$$

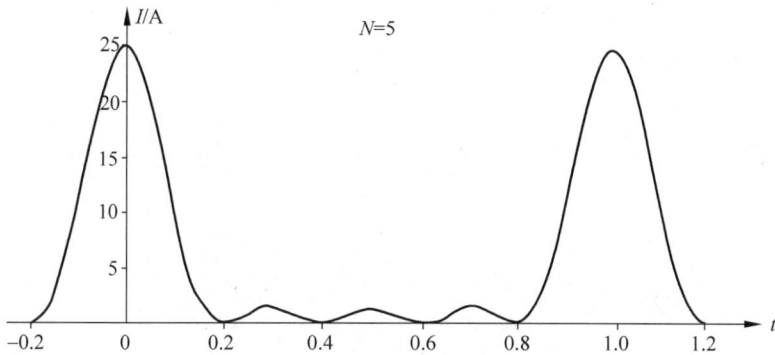

图 5.38 锁模后光强随时间的变化

观察光强的空间变化关系式(5.42)可见以下特点：

① N 个相同频率间隔的同步等幅纵模相干叠加后，变成了随空间周期变化的脉冲激光序列，光脉冲的空间周期为 $2L$。

② 输出光脉冲的峰值强度为 $I_{max} \propto gN^2E_0^2$，式中的 g 为激光腔镜的透射率。

③ 光脉冲的空间宽度为 $2L/N$，锁住的纵模个数越多，光脉冲的空间宽度就越窄。

要在腔内实现同时存在 N 个相同相位的纵模，就要靠锁模技术。激光锁模的方法有许多种：例如前面已经介绍过的在激光腔内放入可饱和吸收元件的被动锁模；也可在激光腔内放置调制元件对光波进行调幅、调频或调相，这类器件的某些参数可以人为控制，故称为主动锁模。

本实验采用主动锁模的调幅技术，在激光腔内插入损耗调制器，使激光纵模强度在腔内受到周期性的损耗调制。假设调制频率恰好等于纵模频率间隔，则损耗调制函数为

$$M = M_0 \cos(\Delta \omega t) \tag{5.43}$$

式中，$\Delta \omega$ 为调制频率，则受到损耗调制的第 q 个纵模可表示为

$$
\begin{aligned}
E_q(t) &= E_{0q}(1+M)\cos(\omega_q t + \varphi_q) \\
&= E_{0q}\cos(\omega_q t + \varphi_q) + \frac{1}{2}E_{0q}M_0\cos[(\omega_q + \Delta\omega)t + \varphi_q] + \\
&\quad \frac{1}{2}E_{0q}M_0\cos[(\omega_q - \Delta\omega)t + \varphi_q]
\end{aligned} \tag{5.44}
$$

从式(5.44)可知，当调制频率 $\Delta\omega$ 恰好等于纵模频率间隔 $\pi c/L$ 时，除了频率为 ω_q 的纵模外还产生了两个边频 $\omega_q \pm \Delta\omega$，边频频率正好与 $\omega_{q\pm1}$ 的纵模频率一致，它们之间会发生耦合，迫使 $\omega_{q\pm1}$ 与 $\omega_q \pm \Delta\omega$ 同步。同样，在增益线宽内所有的纵模都会与相邻纵模产生的边频相耦合，迫使所有的纵模都以相同的相位振动，最终实现同步振荡，达到了锁模的目的，如图 5.39 所示。从时域的角度看，因调制频率 $\Delta\omega$ 恰好等于纵模频率间隔 $\pi c/L$，光脉冲在腔内往返一次的时间 $T = \dfrac{2L}{c}$ 恰好等于损耗调制的周期。当调制器损耗为 0 时，通过调制器的光波在腔内往返一周回到调制器时仍是零损耗，此时光波从介质中得到的增益大于腔内的损耗，这部分光波就会得到不断增强直到饱和稳定。当调制器损耗较大时，通过的光波每次回到调制器时都会有较大损耗，若损耗大于往返一次从介质中得到的增益，则这部分光波就不能形成激光振荡，所以激光器输出周期为 $c/2L$ 的激光光脉冲序列。

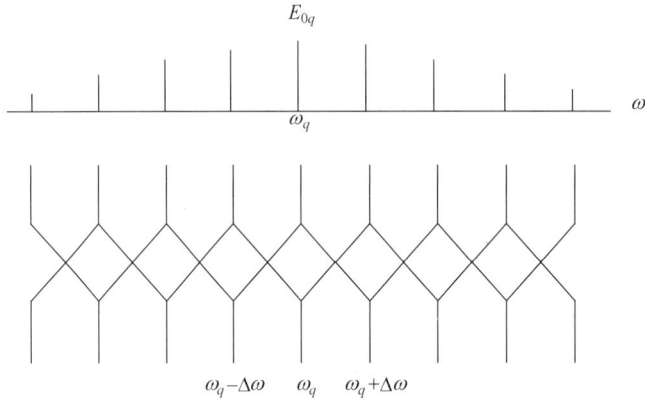

图 5.39　损耗调制时纵模耦合过程示意图

2）声光调制原理

当介质中有超声波传播时,超声波使介质产生弹性应力或应变,使介质的折射率发生变化,光束通过这种介质时会发生衍射,使光束产生偏转、频移或强度变化,这种现象称为声光效应。各向异性晶体的折射率随晶体内的方向不同而不同,因此声光效应将随声波和光波在晶体中传播方向不同而不同;各向同性介质应变引起的折射率变化也是各向同性的,因此声光效应不随声波和光波的传播方向不同而改变。根据入射角的不同和声光相互作用的长短不同,声光衍射可分作两类,一类叫拉曼-奈斯(Raman-Nath)衍射,另一类叫布拉格(Bragg)衍射。本实验使用的声光介质是熔石英,属于各向同性介质,利用拉曼-奈斯衍射效应进行锁模。

当一束波长为 Λ、圆频率为 Ω、波数为 K 的平面超声波沿 y 方向进入声光介质时,若在某一时刻观察,介质中的折射率在空间中呈周期分布。当波长为 λ、圆频率为 ω、波数为 k 的平行光通过这种介质时,通过稠密部分(折射率大)时波阵面将延迟,通过稀松部分(折射率大)时波阵面将超前,整个介质相当于一块平面位相光栅,通过声光介质的平面波波阵面出现凹凸现象,光栅常数等于声波波长 Λ,光束通过这种光栅就会发生衍射。让入射光垂直于声波方向进入声光介质,且声光作用区 l 较短时,满足 $l < l_0/2 (l_0 = \Lambda^2/\lambda$ 称为特征长度),就会产生对称于零级的多级衍射,这就是拉曼-奈斯衍射,如图 5.40 所示。

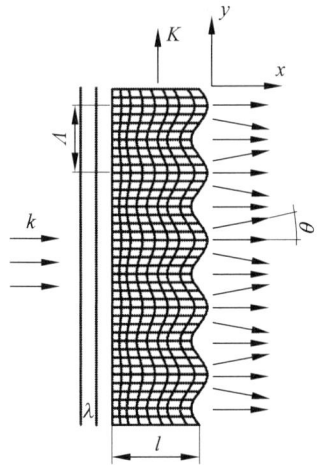

图 5.40　拉曼-奈斯衍射

由于 $\Lambda \gg \lambda$,衍射角很小,各级衍射极大的方位角 θ_m 由下式决定

$$\theta_m \approx \sin\theta_m = m\frac{\lambda}{\Lambda} \tag{5.45}$$

ω 为入射光的圆频率,各级衍射光的圆频率变为 $\omega \pm m\Omega$。除零级衍射光频率不变外,其余各级衍射光均发生了多普勒频移。

当声波在介质中以驻波方式传播时,介质的折射率随时间、空间的变化有如下形式:

$$n(y,t) = n_0 + \Delta n \sin\Omega t \sin Ky \tag{5.46}$$

式中，n_0 为无超声波时的介质折射率。

Δn 为声光介质折射率变化的幅值，定义为

$$\Delta n = -\frac{1}{2}n_0^3 p S_0 \tag{5.47}$$

式中，p 为光弹系数；S_0 表示静止时的应变。

由出射波阵面上各次波源将发生相干作用，形成与入射方向对称分布的多级衍射光，各级衍射光对称分布于零级衍射光的两侧，同级次的衍射光的强度相等，这是拉曼-奈斯衍射的主要特征。高级次的衍射光偏离入射光的传播方向，在传播中溢出谐振腔外，最终消失，因此周期性地给声光晶体施加声场，实际就是周期性地在谐振腔中引入损耗，进而达到锁模的目的。

驻波型声光器件的各级衍射光强受到调制，定义光强的调制深度 η 为

$$\eta = \frac{I_{max} - I_{min}}{I_{max} + I_{min}} \tag{5.48}$$

式中，I_{max} 和 I_{min} 分别为调制输出光强的最大值和最小值。除 0 级以外，各种衍射光强的调制度均为 1。

0 级最大输出光强和最小输出光强分别为

$$I_{0max} = J_0^2(\xi = 0) \tag{5.49}$$

$$I_{0min} = J_0^2(\xi) \tag{5.50}$$

式中，J 为贝塞尔函数；ξ 为光波通过声光作用区 l 将获得的最大附加相位差，称为声致相移，用下式表示：

$$\xi = \frac{2\pi}{\lambda}\Delta n l \tag{5.51}$$

一般光电接收器的光电转换效率受频率限制，当接收器的响应频率大大低于调制频率时，测量的结果反映的是光强的平均值。在 ξ 不很大的范围内（$\xi < 2$ rad），0 级衍射光强的平均值可近似表示为 $\bar{I} = J_0^2(\xi/2)$，则 0 级衍射光强的调制度 η_0 可近似表示为

$$\eta_0 = \frac{I_{0max} - I_{0min}}{I_{0max} + I_{0min}} \approx 2(1 - \overline{P_0}), \quad \overline{P_0} = J_0^2(\xi/2)J_0^2(0) \tag{5.52}$$

式中，$\overline{P_0}$ 定义为 0 级衍射光强的平均衍射效率。

4. 实验装置

实验装置如图 5.41 所示。M_1、M_2 是腔镜，M_1 镜装在可前后移动的镜座上，移动的精度可达 10 pm；两腔镜内为 He-Ne 放电管；M_0 为布儒斯特窗片；M_3 是辅助腔镜，M_3 必须用平面镜；M_2 与 M_3 之间放置调制器；M_4 是分束镜；D_1 是快速光电二极管，接 250 MHz 示波器观察锁模脉冲序列；F-P 是扫描干涉仪，接普通示波器观察激光纵模频率谱。

声光调制器数据如下：声光介质材料为熔石英，折射率 $n = 1.457$，长度 $l = 17$ mm，厚度 $d = 2$ mm，声光优值 $M_2 = 1.51 \times 10^{-15}$ N^2m/kg；超声波频率为 $\Omega/2\pi = 45.77$ MHz，波长 $\Lambda = 130.22$ pm，声速 $v = 5960$ m/s。为了减小调制器在腔内的插入损耗，把声光介质的入射和出射界面加工成布儒斯特角的形状，用 θ_b 表示布儒斯特角。

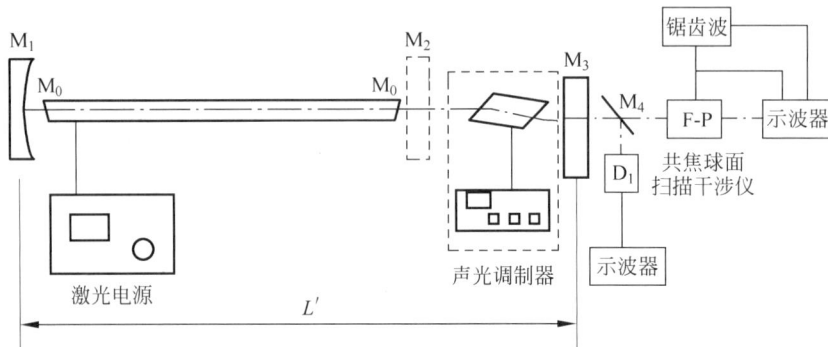

图 5.41　实验装置简图

5. 实验内容与步骤

1) 激光腔安装和锁模调节

(1) 先在腔镜 M_1 和腔镜 M_2 之间调出 632.8 nm 的激光,并使输出光强达到最大,调节方法参看 5.1 节的有关章节。

(2) 安装 M_3 镜,使调制器上的电功率降到 0,在辅助腔镜 M_2 和腔镜 M_3 之间放置声光调光调制器,并使 M_3 镜尽量靠近声光调制器。用 M_2 镜输出的激光调节 M_3 镜,使得从 M_3 镜反射回来的光沿原路返回,这时在 M_3 镜上能看到光斑增强并伴有强度闪烁变化。

(3) 用 M_2 镜输出的光束调节声光调制器的方位,使光束以布儒斯特角入射并通过声光介质的中部。

(4) 取下辅助腔镜 M_2,调节声光晶体位置,使以 M_1 和 M_3 镜组成的谐振腔重新形成激光振荡。细调 M_1、M_3 镜架上的螺丝,使输出光功率最大。

(5) 在调制器上逐步加上电功率,观察拉曼-奈斯衍射现象,在正常情况下在光屏上能观察到 0 级、±1 级、±2 级衍射光。若衍射光强不对称,则可调节调制器支架下两个正交的调平螺丝使其对称。

(6) 在调制器上加上适当的电功率后,通常激光功率会下降,再细调 M_1、M_3 镜架上的螺丝,尽可能使激光功率增强,如果腔长合适,这时激光腔内可能已形成了锁模振荡。

2) 观察与测量

(1) 利用光电二极管(D_1)接收锁模激光,通过示波器显示锁模激光脉冲序列。在几何腔长值附近改变腔长,小心地移动 M_1 镜,观察锁模脉冲的变化,找出最佳锁模腔长的位置,并得出锁模激光器对腔长调节精度的要求。测量脉冲周期及脉冲宽度,并与理论值做比较,分析误差原因。

(2) 用共焦球面扫描干涉仪观察激光器输出的纵模频谱,并比较锁模前后频谱的变化(纵模个数,强度及稳定性),有关扫描干涉仪的性能和使用方法请参看 5.1 节的有关章节。本实验装置实现锁模后,在扫描干涉仪获得的激光锁模频率谱中可看出约能锁住 30 个纵模。

(3) 调节声光调制器上的锁模频率和输入电功率,观察对锁模状态的影响,比较锁模前后频谱的变化(纵模个数、强度及稳定性),找出最佳锁模声频率和电功率。

(4) 测出零级衍射的衍射效率(或调制度)与电功率的关系曲线。

6. 实验数据及处理

（1）测量锁模激光脉冲周期及脉冲宽度，并与理论值进行比较，分析误差来源。

（2）记录锁模后的输出纵模频谱，比较未锁模和锁模后的光谱。

（3）记录最佳锁模声频率和电功率。

（4）测出零级衍射的衍射效率（或调制度）与电功率的关系曲线。

7. 注意事项

（1）在实验过程中各元件的调节均应满足等高共轴的基本条件。

（2）在锁模过程中，要求声光调制器尽量靠近某一腔镜，否则锁不住纵模。

（3）He-Ne 激光器的阳极带有几千伏的高压，请注意安全。

（4）激光管为玻璃结构，易碎，特别是布儒斯特窗结构由多种玻璃构成，应避受力和碰撞。

（5）激光膜片是非常易损的光学元件，绝对避免人手触摸和剐蹭，必要的清洁请使用专用长丝绵或脱脂棉结合乙醚或丙酮轻轻擦拭（由实验技术人员操作）。

8. 思考题

（1）阐述 He-Ne 激光器中毛细管窗片及声光晶体均应切成布儒斯特角的原因。

（2）从谱线竞争角度论述在 He-Ne 激光器毛细管边放置磁块的目的。

（3）在实验中，声光调制器为什么要靠着前腔镜 M_3 放置？

（4）思考辅助腔镜 M_2 的作用，如果实验中不用 M_2，是否可直接利用 M_1 与 M_3 构成的谐振腔出光？

（5）在实验中，锁模频率和输入驱动功率对锁模信号有何影响？

参考文献

［1］ 蓝信钜. 激光技术［M］. 3 版. 北京：科学出版社，2021.

［2］ 陈笑，张颖，吕敏，等. 光电信息专业实验教程［M］. 北京：科学出版社，2022.

［3］ 张维光，段存丽，陈阳，等. 光电信息科学与工程专业实践教程［M］. 西安：西北工业大学出版社，2021.

［4］ 周炳琨，高以智，陈倜嵘，等. 激光原理［M］. 7 版. 北京：国防工业出版社，2014.

［5］ 陈家壁，彭润玲. 激光原理及应用［M］. 4 版. 北京：电子工业出版社，2019.

第 6 章　光纤技术及应用

光纤(optical fiber)是光导纤维的简称,是一种由高纯度石英或透明聚合物通过特殊工艺拉制而成的圆柱光波导,它具有损耗低、频带宽、重量轻等特点。此外,光纤不仅具有纤芯细、易弯曲及透光性好等本身性质上的优点,还具有抗腐蚀和抗电磁干扰能力强、耐高温等诸多应用上的优点。光纤的众多特性和优点使其应用范围从长距离光纤通信到光纤传感,遍布了医疗、军事、能源等诸多领域。随着 5G 时代的到来,光纤更被认为是下个时代的网络基石。

通过本章的学习,促进学生巩固光纤技术的理论知识,帮助学生加深光纤通信的基本原理和传输技术,提高学生对光纤器件原理及特性的掌握和应用能力,在培养学生理论联系实际、科学思维等方面都有重要的作用。

本章共安排了 8 个实验,内容涉及单模和多模光纤的结构及参数测量、光纤色散和损耗特性测量、光纤器件特性参数测量、光纤传感和光纤通信相关实验,采用综合性和设计性实验同时开展的方式,以实现培养学生自主创新意识的目的。

6.1　光纤光学基本知识

1. 光纤的结构

光纤是指能够传导光波的圆柱形介质光波导,主要由折射率较高的纤芯(core)和折射率较低的包层(cladding)构成,如图 6.1 所示。根据实际应用要求,通常还有涂覆层、缓冲层及套塑层等作为保护的外层结构。其中,纤芯位于单模光纤中心,用来传输光波;包层位于纤芯外层,将光波限制在纤芯中。光纤纤芯和包层的材料的主要成分均为掺杂的 SiO_2,其纯度可达 99.999%,其余成分为极少量的掺杂剂,如 GeO_2 等用于提高纤芯的折射率。涂覆层位于光纤最外层,通常由环氧树脂、硅橡胶和尼龙等高分子材料组成,用于保护光纤不受外部潮湿环境影响、防止外力擦伤,提高光纤的柔韧性、机械强度、耐老化性及抗微弯性能。

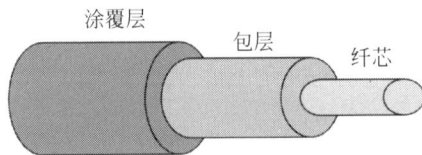

图 6.1　光纤的基本结构示意图

光纤的横截面半径为几十微米到几百微米,长度从几十厘米到上千千米不等。光纤是通过纤芯的高折射率和包层的低折射率所构成的光波导结构实现导光的。

2. 光纤的分类

光纤的种类繁多,其分类方式可依据折射率分布、光波传导模式、材料及其他特殊性能进行分类。

(1) 按径向折射率分布分类。

根据光纤纤芯横截面上折射率分布的不同,可将光纤粗略地分为阶跃折射率分布光纤和渐变折射率分布光纤。

阶跃折射率分布光纤(step index optical fiber,SIOF)又称为包层光纤,其特点是纤芯和包层的折射率层内均匀分布,分别为一常数。如图 6.2(a)所示,纤芯的折射率为 n_1,包层的折射率为 n_2,且 $n_1 > n_2$。在纤芯和包层的界面处,折射率呈阶跃式变化,其折射率径向分布可表示为

$$n(r) = \begin{cases} n_1, & 0 \leqslant r \leqslant a \\ n_2, & r > a \end{cases} \tag{6.1}$$

式中,a 为纤芯半径;r 为光纤的径向坐标;$n(r)$ 为光纤折射率径向分布函数。

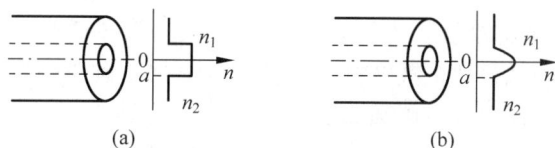

图 6.2 光纤折射率分布示意图
(a)阶跃折射率分布;(b)渐变折射率分布

渐变折射率分布光纤(graded index optical fiber,GIOF)又称梯度光纤,其纤芯折射率与阶跃折射率分布光纤不同,是沿径向渐变分布,如图 6.2(b)所示。折射率在纤芯中心最大,沿径向向外连续非线性递减直到包层。其折射率分布可表示为

$$n(r) = \begin{cases} n_1 \left[1 - 2\Delta \left(\dfrac{r}{a} \right)^g \right]^{1/2}, & 0 \leqslant r \leqslant a \\ n_1 (1 - 2\Delta)^{1/2} = n_2, & r > a \end{cases} \tag{6.2}$$

式中,g 为折射率分布常数,它决定了折射率分布曲线的形状。当 $g \to \infty$ 时,为 SIOF;当 $g = 2$ 时,为平方律折射率分布或抛物线折射率分布光纤,又称为"自聚焦光纤";当 $g = 1$ 时,为三角折射率分布光纤。

Δ 为相对折射率差,其定义为

$$\Delta = \frac{n_1^2 - n_2^2}{2n_1^2} \approx \frac{n_1 - n_2}{n_1} \tag{6.3}$$

通常,纤芯和包层的折射率差别很小,因此可得上述近似。光纤的结构参数是一个非常重要的参量,其大小直接影响光纤的色散特性和耦合效率。一般而言,单模光纤的相对折射率差约为 0.2%,多模光纤的相对折射率差约为 1%。

(2) 按光波传输模式分类。

根据光纤中光波的传输模式不同,可将光纤分为单模光纤(single mode fiber,SMF)和多模光纤(multi mode fiber,MMF)。

光纤的模式是指光场在光纤横截面处的分布。当光纤中只允许一种模式的光场传输时,称该光纤为单模光纤;若光纤中允许两种或更多种模式的光场传输,则称为多模光纤。光纤中允许传输的模式数可由下式进行估算

$$M = \frac{g}{2(g+2)}V^2 \tag{6.4}$$

式中,M 为光纤的模式数;V 为光纤的归一化频率。V 反映了光纤的结构特征,其定义为

$$V = k_0 a \sqrt{n_1^2 - n_2^2} = \frac{2\pi a}{\lambda_0} n_1 \sqrt{2\Delta} \tag{6.5}$$

式中,k_0 为真空中光波波数;λ_0 为真空中光波波长。

单模光纤的中心纤芯极细,芯径一般为 8.5 μm 或 9.5 μm,通常在 1310 nm 和 1550 nm 波长下工作。单模光纤中,光以一特定入射角度入射光纤,在光纤和包层间通过全反射原理进行传输。由于单模光纤只允许一种光场模式传输,其余高阶模式全部截止,因此不存在模式色散现象。也正因为如此,单模光纤具有较宽的带宽,适用于大容量、长距离的光纤通信系统。

多模光纤的纤芯直径较粗,一般为 50 μm 或 62.5 μm。光信号在光纤中以多种光场模式进行传播。多模光纤的标准波长为 850 nm 和 1300 nm。多模光纤传输,由于纤芯直径较大,模间色散也较大,即光信号"扩散"较快,这种模式显然不利于长距离信号传输。因此多模光纤通常用于短距离、音视频应用和局域网。

此外,光纤还有多种分类方法,根据光纤制备材料可将其分为石英光纤、多组分玻璃光纤、塑料包层石英芯光纤、全塑料光纤和氟化物光纤等;根据光纤的特殊性能可将其分为保偏光纤、有源光纤、增敏光纤及多芯光纤等;根据光纤的工作波长可分为短波长光纤、长波长光纤和超长波长光纤。

3. 光纤的损耗

光纤的传输特性包括损耗(衰减)、色散、偏振和非线性效应等。这些特性对于光纤通信、光纤传感等诸多领域的应用都起着至关重要的作用。

光纤的损耗是指光波在光纤内传输时由于各种原因,光波衰减而光功率减小的现象,是衡量光纤性能的关键指标之一,它决定了光信号能在光纤中传输的最远距离。光纤的损耗系数定义为每单位长度光纤光功率衰减的分贝数,即

$$\alpha = -\frac{10\lg\left(\dfrac{P_{out}}{P_{in}}\right)}{L} \quad \text{(dB/km)} \tag{6.6}$$

式中,P_{in} 和 P_{out} 分别为注入光纤的有效功率和从光纤输出的光功率;L 为光纤长度。

光信号在光纤中传输时的损耗主要来自光纤材料的吸收、散射和光纤弯曲等因素。

1) 吸收损耗

光纤的吸收损耗,即光纤中部分光能转换为其他形式的能量所带来的传输损耗,主要是由于量子跃迁带来的热量损失。光纤的基质材料主要是 SiO_2 和少量杂质,因此其对光的吸收作用可分为基质的本征吸收和杂质吸收两种。

本征吸收是物质固有的吸收,其损耗机理可分为紫外本征吸收和红外本征吸收。在紫外光波段,光纤基质材料主要产生紫外电子跃迁吸收,其中心波长约为 0.16 μm。该波段吸

收达到一定程度时,其尾端可延伸到 $0.7\sim1.6\ \mu m$ 的光纤通信波段。在红外光波段,光纤基质材料会产生分子振动或多声子吸收,这种吸收带在 $9.1\ \mu m$、$12.5\ \mu m$ 及 $21\ \mu m$ 处峰值损耗可达 10^{10} dB/km。红外吸收带的尾端也向光纤通信波段延伸,但影响较小,特别是在 $1.55\ \mu m$ 的波段吸收最小,由红外吸收引起的损耗可低于 0.01 dB/km,形成了一个良好的通信窗口。

杂质吸收是指由材料不纯及工艺不完善而引入的过渡金属离子和氢氧根离子产生的光吸收。过渡金属一般以离子态存在于光纤材料中,主要包括 Fe^{2+}、Mn^{3+}、Ni^{2+}、Cu^{2+}、Co^{2+} 及 Cr^{3+} 等,其电子吸收线在可见光波段或靠近可见光波段。目前,由于光纤制造工艺的不断完善,光纤中由金属离子吸收引起的损耗已基本消除。氢氧化杂质(含 OH^-)包含在光纤中是很难被消除的,其振动形成了在某个频带($0.72\ \mu m$、$0.95\ \mu m$、$1.24\ \mu m$、$1.39\ \mu m$)的吸收峰,而在别的一些波段($0.85\ \mu m$、$1.31\ \mu m$、$1.55\ \mu m$)的吸收特别小,这就是光纤通信的三个窗口。

2)散射损耗

散射损耗是由光纤材料的不均匀引起光的散射,其散射光的大部分不能满足导模条件,成为辐射模而导致损耗。光纤材料的不均匀包括材料密度起伏、制造过程引入的杂质或缺陷等。材料密度不均匀引起折射率不均匀,使光波传播过程中产生散射。当材料的不均匀性尺度较小($<\lambda/10$)时,散射体的尺寸小于入射光波长,就会产生瑞利散射,其散射损耗与波长的四次方呈反比。当材料不均匀尺度较大($>\lambda/10$)时,会引起米氏(Mie)散射。米氏散射和波长的关系比瑞利散射复杂,且同缺陷或不均匀性的尺度有密切关系。目前,通过严格设计光纤和改进制造工艺可以使米氏散射显著降低。

当光纤中功率密度较大时,会发生非线性散射,包括受激拉曼散射和受激布里渊散射。这种散射会造成导模的功率耦合到其他模式并产生新的频率或波长。

3)弯曲损耗

光纤在实际应用过程中不可避免地发生弯曲,由此伴随产生光纤的弯曲损耗。弯曲损耗可分为宏弯损耗和微弯损耗。宏弯是指光纤发生肉眼可见的明显弯曲。从射线光学的角度来说明,即原来以接近全反射临界角传输的高阶导模,在光纤弯曲处其入射角将小于全反射临界角,导模转变成辐射模从而产生损耗。光纤弯曲的曲率半径越小,损耗越大。微弯是指光纤局部产生的微小畸变,其弯曲尺度与光纤横截面尺度相当,是一种在光纤制造过程中引入的随机缺陷。这种微小畸变会导致光纤内部传输的高阶模转变为辐射模,从而产生损耗。

4. 光纤的色散

光纤的色散是指光纤传输过程中,因群速度不同,不同频率成分或不同模式分量的光信号经一定距离传输后产生的信号失真、脉冲展宽的物理现象。光纤色散使传输的信号脉冲发生畸变,限制了光纤传输容量和传输带宽。光纤的色散主要有材料色散、波导色散和模间色散三种。

1)材料色散

材料色散是由于光纤材料的折射率随频率(波长)变化而变化,使信号的各频率(波长)群速度不同,从而引起色散。虽然所有波长的脉冲具有相同的传播路径,但是材料的折射率对每个波长是不同的,因此不同波长的光在光纤中传播速度不同,在输出端有延时,产生脉冲展宽。

2）波导色散

由于导模的传输常数 β 是波长 λ（或频率 ω）的非线性函数，该导模的群速度随光波长的变化而变化，所产生的色散即为波导色散，或称为模内色散。波导色散是模式本身的色散，它是由光纤波导结构本身引起的，源于光纤纤芯和包层之间光场分布的变化。光纤中的模场可在纤芯和包层中同时分布，但光功率主要集中在纤芯中传输，只有一小部分在包层中传输。由于纤芯和包层的折射率分布存在差异，在两种结构中的光脉冲传播速度也不同。

3）模间色散

光纤的模间色散，又称模式色散，只存在于多模光纤中。多模光纤中光信号脉冲的能量由光纤中传输的所有导模共同携带。由于各个导模的群速度不同，使得每一种模式到达光纤终端的时间先后不同，造成脉冲展宽，出现色散现象。通常阶跃折射率光纤的模间色散比渐变折射率光纤的模间色散大，因此，消除模间色散的方法之一是采用渐变折射率分布的多模光纤。

6.2 光纤与光源耦合方法实验

光纤传输系统的高传输效率包括光纤的传输效率和光源与光纤的耦合效率。随着光纤加工工艺的日渐成熟，光纤传输损耗已经极大降低。因此，提高光源与光纤的耦合效率成为提高光纤传输效率的重要途径。

1. 实验目的

（1）了解常用的光源与光纤的耦合方法。

（2）熟悉光路调整的基本过程。

（3）计算并对比不同耦合方法的耦合效率。

（4）体会透镜数值孔径对耦合效率的影响。

2. 实验器材

He-Ne 激光器，光纤耦合架，光功率计一套（包括探测器、光功率显示仪），633nm 单模光纤，白屏，光纤支架，光纤微调架，物镜等。

3. 实验原理

在光纤耦合过程中存在两个主要的系统问题，其一是将各种类型的发光光源所发射的光功率耦合进光纤中，其二是采用光学系统对一端的光束进行准直、整形、变换后进一步耦合到另一端的光纤中。对于光通信系统，主要目的是降低光纤损耗，提高传输距离。影响光纤与光源耦合效率的因素有光纤数值孔径、光纤纤芯尺寸、光纤折射率剖面、光纤纤芯-包层的折射率差、光源的辐射空间分布以及发光面积等。

通常使用的光纤与光源耦合方法有直接耦合和透镜耦合两种。

1）直接耦合

直接耦合是将光纤直接对准光源输出的光进行的"对接"耦合。直接耦合包括光纤直接耦合和光纤微透镜耦合两种。其中，光纤直接耦合是将激光器直接与光纤对准连接，如图 6.3 所示。此时，光纤纤芯的匹配以及光纤数值孔径 NA 的匹配是影响光纤直接耦合效率的主要因素。光纤微透镜直接耦合是利用微透镜的聚焦作用将光束聚焦到光纤的端面

上,实现光学耦合。此时的微透镜是由光纤端面通过一定工艺加工而成,端面可加工成锥形或半球形微透镜,以提高光纤的等效收光角,并且通过减小透镜的焦距提高耦合效率。

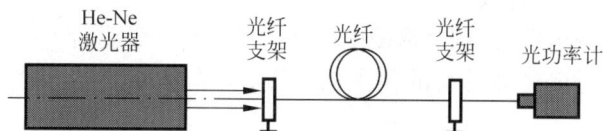

图 6.3　直接耦合示意图

直接耦合方法简单、可靠,但必须用专用设备将光纤端面制备成特定形状。此外,当光纤纤芯横截面积小于光源输出光束的横截面积时,有较大的耦合损耗。对于单模光纤,由于光纤纤芯很细,纤芯横截面积很小,直接耦合只有部分光能入射光纤中。而多模光纤的纤芯横截面积较大,只要光源与光纤端面靠的足够近,光源基本都能入射光纤中。

2) 透镜耦合

光学透镜耦合(经聚光器件耦合)法是目前光源和光纤耦合常用的方法之一。聚光器件通常包括单透镜、自聚焦透镜和组合透镜系统等聚光系统。其耦合方式是将光源发出的光通过聚光系统(器件)聚焦到光纤纤芯上,把光源较大的辐射角转变成可被光纤接收的较小球面角,从而提高耦合效率,如图 6.4 所示。

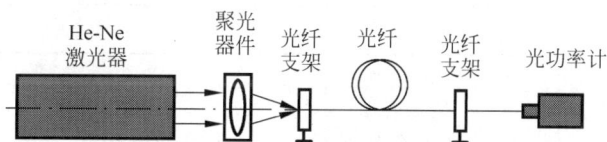

图 6.4　聚光器件耦合示意图

单透镜耦合是采用单个透镜(球面透镜或非球面透镜)进行光束聚焦的耦合方法。相比于直接耦合,该方式的耦合效率更高,但对透镜的设计要求较高,必须根据光源特性和光纤特性选择合适的透镜。

自聚焦透镜又称梯度渐变折射率(GRIN)棒状透镜,是一根折射率呈抛物线形的渐变折射率玻璃棒。它具有聚焦和准直的功能,可应用于多种不同的微型光学器件中(如耦合器、准直器和隔离器等)。

组合透镜耦合是将上述多种透镜组合起来使用的一种耦合方式,可有效提高耦合效率,但组合系统较复杂,光路调整难度较大。

无论直接耦合还是经聚光器件耦合,耦合效率的计算式均可表示为

$$\eta = \frac{P_1}{P_0} \times 100\% \tag{6.7}$$

式中,P_1 为耦合进光纤的光功率;P_0 为光源输出的光功率。

4. 实验内容及步骤

1) 直接耦合效率测量

(1) 按图 6.3 准备好各个元器件,打开激光电源预热,直至激光器稳定。

(2) 利用光功率计直接测量光源输出功率 P_0。

(3) 调节光路,使光路上各元器件光轴与光路重合。

（4）处理好光纤端面，按图 6.3 进行耦合操作，测出输出功率 P_1。

（5）计算光源—光纤直接耦合效率 η_1，对实验结果进行分析讨论。

2）聚光器件（透镜）耦合效率测量

（1）按图 6.4 准备透镜，并调节透镜中心轴线使之与光轴重合。

（2）确定光束通过聚光器件后的焦平面位置，调节光纤支架，使光纤端面处于物镜焦点上。

（3）利用光功率计测量光纤输出功率 P_1'。

（4）计算透镜耦合时的耦合效率 η_2。

（5）比较不同耦合方式下的耦合效率。

5. 实验数据及结果处理

数据记录：功率计直接测量激光器的输出功率为 $P_0 =$ （mW）。填写表 6.1。

表 6.1 光纤耦合效率测量记录表

光纤输出功率/mW	测 量 次 数							耦合效率 η
	1	2	3	4	5	6	平均值	
直测激光功率 P_0								
直接耦合 P_1								
透镜耦合 P_1'								

6. 思考题

（1）查阅文献，找出光源-光纤耦合的其他方法，并进行比较。

（2）分析影响耦合效率的因素，以及不同因素对耦合效率的影响程度。

6.3 多模光纤数值孔径测量实验

光纤的数值孔径是重要的光纤特性参数之一，其在光纤与光纤、光纤与光源的耦合过程中起关键作用，用来表征多模光纤集光能力的大小以及与光源耦合的难易程度。光纤数值孔径越大，其收集、传输光的能力就越强。同时，光纤数值孔径与光纤连接损耗、微弯损耗和衰减温度特性、传输带宽等都有关联。

1. 实验目的

（1）学习光纤数值孔径的物理意义。

（2）掌握多模光纤数值孔径的测量方法。

（3）理解光纤数值孔径在光纤-光源耦合效率中所起的作用。

2. 实验器材

He-Ne 激光器，光纤耦合架，光功率计一套（包括探测器、光功率显示仪），633 nm 多模光纤，白屏，光纤支架，光纤微调架等。

3. 实验原理

1）光纤数值孔径的定义

光源入射到光纤端面处的光并不能完全被光纤接收和传输，只有在某个角度范围内的

入射光才可以经光纤传输,与这个角度有关的参量就是光纤数值孔径(NA)。光纤数值孔径定义为激励导模的光线在光纤端面入射角正弦的最大值。由于不同入射角的斜光线,其数值孔径的大小不同,因此可以通过子午光线在光纤中的传播来定义数值孔径。如图 6.5 示出阶跃折射率光纤中子午光线的传播。

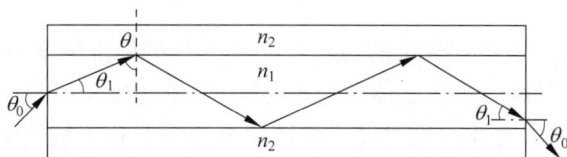

图 6.5 阶跃折射率光纤数值孔径示意图

光线从空气入射到光纤纤芯的端面,其折射方向满足折射定律,即

$$\sin\theta_0 = n_1 \sin\left(\frac{\pi}{2} - \theta\right) = n_1 \cos\theta \tag{6.8}$$

光线在纤芯内发生全反射,必须满足 $\theta > \theta_c$,θ_c 为临界角。因此阶跃折射率光纤的数值孔径为

$$NA = (\sin\theta_0)_{max} = \sqrt{n_1^2 - n_2^2} \tag{6.9}$$

对于渐变折射率光纤,由于其折射率 $n(r)$ 随径向呈渐变形式分布,因此可通过求解光纤轨迹得到数值孔径。在计算过程中,将渐变折射率分布的纤芯结构近似成多层薄层结构,把每一层内的折射率近似为常数,逐层运用折射定律可得

$$n_0 \sin\theta_0 = n(r_0) \cos\theta_1 \tag{6.10}$$

式中,r_0 为光线在光纤端面入射时的径向坐标。由于导模的传输特性要求光线的转折点必须在芯层内,因此可得渐变折射率光纤的数值孔径为

$$NA = (\sin\theta_0)_{max} = \sqrt{n_2(r_0) - n_2^2} \tag{6.11}$$

即渐变折射率光纤的数值孔径与光线在光纤端面的入射点位置有关。在实际应用中,通常选取 $r_0 = 0$ 的数值孔径 $NA = \sqrt{n_1^2 - n_2^2}$ 作为标准。

(1) 最大理论数值孔径 NA_{max}。

光纤的最大理论数值孔径 NA_{max} 数学表达式为

$$NA_{max} = n_0 \sin\theta_{max} = \sqrt{n_1^2 - n_2^2} \approx n_1 \sqrt{2\Delta} \tag{6.12}$$

式中,$\sin\theta_{max}$ 为光纤允许的最大入射角;n_0 为周围介质的折射率,空气中为 1,纤芯的折射率为 n_1;包层的折射率为 n_2;Δ 为相对折射率差。最大理论数值孔径由光纤的最大入射角的正弦值决定。

(2) 远场强度有效数值孔径 NA_{eff}。

光纤远场辐射场功率分布 $P(\theta)$ 与远场辐射角 θ 的关系为

$$P(\theta) = P(0)\left(1 - \frac{\sin^2\theta}{NA_{max}^2}\right)^{2/g} \tag{6.13}$$

式中,$P(0)$ 为轴线处的光功率;g 为光纤折射率分布参数。远场强度有效数值孔径 NA_{eff} 是 CCITT(国际电报电话咨询委员会)组织规定的数值孔径。它是指光纤远场辐射场上光功率 $P(\theta)$ 下降到最大值的 5% 处的半弧角的正弦值,即 $P(\theta)/P(0) = 5\%$,此时有效数值孔

径可以表示为

$$NA_{eff} = \sin\theta_c \qquad (6.14)$$

式中，θ_c 为 $P(\theta)$ 下降到中心最大值的 5% 处对应的 θ 角。

2）多模光纤数值孔径的测量

（1）远场强度法。

远场强度法是 CCITT 组织规定的 G.651 多模光纤的标准测试方法。该方法通过测量光纤远场辐射场上光强度（每单位立体角的光功率）下降到最大值 5% 处的半弧角的正弦值来测定。该方法通常要求专业的检测设备和强度可调的非相干稳定光源。如图 6.6 所示，测量光纤出射端的光功率分布曲线，以及光纤端与探测界面之间的距离 L，测量光功率下降到最大值的 5% 处（离中心光强距离为 d）的半张角的正弦值，可计算得到光纤的数值孔径 NA_{max} 为

$$NA_{max} = \frac{d}{\sqrt{L^2 + d^2}} \qquad (6.15)$$

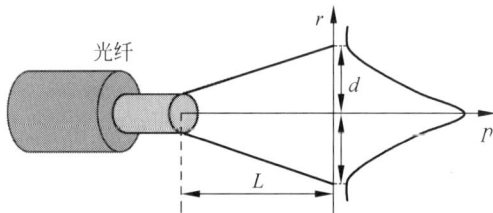

图 6.6 远场光强度法测量原理示意图

（2）远场光斑法。

远场光斑法的原理与光场强度法类似，只是结果获取的方式不同。光斑法所用光源不是强度可调的非相干光源，而是相干光源（如 He-Ne 激光器）。测试时，光斑法直接测量光纤出射张角，从而求得 NA_{max}。

测量示意图如图 6.7 所示。测量所用的屏幕采用具有坐标格的白屏，这样可以清晰地观察到光斑的图像。用数格子的方法测出光斑直径 $D = 2d$，测量光纤端面到观察屏的距离 L，即可通过式（6.15）计算出光纤最大理论数值孔径 NA_{max}。此方法虽不是测量光纤数值孔径的标准方法，但操作简单，容易实现。

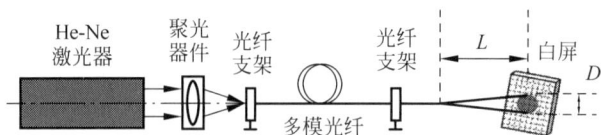

图 6.7 远场光斑法测量光纤数值孔径示意图

4. 实验内容及步骤

（1）按图 6.7 所示准备好各个元器件，打开激光电源预热，直至激光器稳定。

（2）调整激光器及各元件，使光路平行于实验台面并且光轴重合。

（3）取待测光纤，对其两端端面进行处理，一端经精密光纤耦合器与激光束耦合，一端夹持于白屏前，并使端面与接收屏保持垂直。

（4）在暗室中将光纤出射光远场投射到具有坐标格的白屏上，测量光斑直径 D。

（5）用直尺准确测量白屏与光纤输出端面之间的距离 L。

（6）计算光纤数值孔径。

（7）关闭 He-Ne 激光器电源，实验结束。

5. 实验数据及结果处理

（1）按表 6.2 记录测量数据。

表 6.2　多模光纤数值孔径测量记录表

测 试 项 目	测 量 次 数					
	1	2	3	4	5	6
L/cm						
D/mm						
NA						
NA 平均值						

（2）对表 6.2 中数据进行计算和分析处理。

6. 思考题

（1）数值孔径 NA 的物理意义是什么？影响其测量精度的因素有哪些？

（2）查阅相关资料，找出测量光纤数值孔径的其他方法，并进行比较。

6.4　光纤传输损耗的测量实验

光信号经光纤传输后会产生损耗和畸变，使输出信号和输入信号不完全相同。产生信号畸变的主要原因是光纤传输过程中存在色散和损耗。色散限制了系统的传输容量，损耗限制了系统的传输距离。对于通信光纤，低损耗特性尤为重要，光纤通信正是随着光纤损耗不断降低而发展起来的。

1. 实验目的

（1）熟悉光纤损耗产生的原因及其物理含义。

（2）掌握光纤损耗的测量方法。

2. 实验器材

光源，光纤耦合架，光功率计一套（包括探测器、光功率显示仪），光纤跳线一组，光纤支架，光纤微调架等。

3. 实验原理

一段光纤的损耗是由通过这段光纤的光功率的损失来衡量的。6.1 节中介绍了光纤损耗的类型及产生机理。为了降低损耗，要针对不同类型的损耗采取不同的措施。

测量光纤损耗的常用方法包括插入法、剪断法和后向散射法。

1）插入法

插入法的原理很简单，即先使用一根短的标准光纤跳线连接光源和光功率计之间，测量此时的输出光功率 P_0，然后接入待测光纤代替短光纤跳线，测量此时的输出光功率 P_1，给

定待测光纤的长度 L，即可根据式(6.6)计算得到待测光纤单位长度的损耗值 α(dB/km)。由于插入损耗法的测量精度和重复性受耦合接头的精确度和重复性的影响，因此测量精度不够高。此外，需要注意的是实验过程中要尽可能保持其他条件不变，光纤位置、弯曲程度、连接头等都应保持不变，并且保证光纤中的模式受到均匀的激励。

2) 剪断法(破坏性测量方法)

剪断法是一种直接用损耗系数的定义建立的损耗测量方法，是一种破坏性测量方法。其基本原理如图6.8所示，将待测光纤接入光源和功率计之间，记录此时的光功率 P_1，再将光纤在离光源耦合端保留大约20 cm处将光纤剪断，测量此时的光功率 P_0，然后再利用式(6.6)计算光纤的损耗 α。剪断法所用器材简单，测量结果准确，因而被确定为测量光纤损耗的基准方法，但这种方法是破坏性的，不利于重复测量，实际应用多采用插入法。

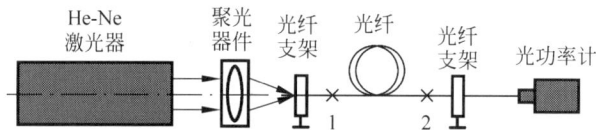

图6.8　剪断法测量光纤损耗示意图

3) 后向散射法

由于瑞利散射光功率与传输光功率成比例，可以利用与传输光相反方向的瑞利散射光功率来确定光纤损耗，这种方法称为后向散射法。插入法和剪断法都只能测量距离为 L 的光纤的平均损耗，而后向散射法可以提供损耗特性沿光纤长度的详细情况。后向散射法需要用到光时域反射仪(OTDR)，这种器材采用单端输入和输出，不破坏光纤，使用非常方便。OTDR不仅可以测量光纤损耗系数和光纤长度，还可以测量连接器和接头的损耗，观察光纤沿线的均匀性和确定故障点的位置，是光纤通信系统工程现场不可缺少的工具之一，但价格十分昂贵。

本实验采用剪断法来测量单模光纤的损耗系数 α。

4. 实验内容及步骤

(1) 打开光源和功率计开关，并预热至激光器输出稳定。

(2) 按图6.8所示，将光纤端面处理后插入微调架，对准功率计的探头，使激光束通过透镜中心轴线，并确定其焦平面位置。

(3) 将待测光纤的另一端夹入光纤支架中，使其两端面处于物镜焦平面位置并固定。

(4) 调节激光输入端的支架，使功率计中测得值达到最大，并记录此时的值 P_0。

(5) 在距离光纤端面约20 cm处剪断光纤，重复步骤(4)，记录此时功率计读数 P_1。

(6) 重复步骤(4)和步骤(5)，求得光纤损耗的平均值并用OriginLab软件绘制光纤损耗随距离的变化曲线。

5. 实验数据及结果处理

(1) 测量光纤跳线总长度 L。

(2) 按照表6.3记录好剪断一定长度光纤后的实验测量值。

表 6.3 单模光纤传输损耗测量记录表

传输距离/m 功率/mW	传输距离 L/m					
	L_1	L_2	L_3	L_4	L_5	L_6
P_0						
P_1						
损耗平均值 α、						

(3)对所测实验数据进行计算和分析处理,算出光纤损耗平均值并用 OriginLab 软件绘制光纤损耗随距离的变化曲线。

6. 思考题

(1)光纤损耗的类型有哪些,产生机理分别是什么?

(2)查阅文献资料,说明减小光纤损耗的方法或途径有哪些。

6.5 光纤隔离器的特性和参数测试实验

光纤隔离器是一种非互易光学耦合器,是一种只允许光单向通过的无源光器件,对反射光具有很强的阻挡作用,主要用在激光器或光放大器的后面。在光隔离器中,当光信号沿正向传输时,损耗极低,光路接通;当光信号沿反向传输时,损耗很大,光路阻断。由于半导体激光器及光放大器等对来自连接器、熔接点及滤波器等的反射光非常敏感,如果不使用光隔离器阻止反射光,将对通信系统性能产生有害影响。由此说明光隔离器对高速光纤通信系统具有重要的意义。

1. 实验目的

(1)了解光纤隔离器的工作原理、结构和工作特性。

(2)学习设计带有光纤隔离器的光纤系统。

(3)掌握光纤隔离器的参数测量方法。

2. 实验器材

1550 nm 激光器,光功率计一套(包括探测器、光功率显示仪),光纤隔离器一个,光纤跳线,光耦合器,光纤支架,光纤微调架等。

3. 实验原理

1)光隔离器原理

如图 6.9 所示,光隔离器由起偏器、法拉第旋光器和检偏器三部分组成。当光入射到起偏器上后,其输出光束的偏振方向与起偏器的偏振轴方向一致,为该方向的线偏振光。当入射光的偏振方向与起偏器的偏振轴垂直时,光束不能通过,因此起偏器也可用作检偏器。旋光器的结构为由永久磁铁外壳包裹的旋光性材料,借助磁光效应,使通过旋光器的光的偏振方向发生旋转。

光隔离器利用了法拉第磁光效应,当光波通过置于磁场中的法拉第旋光器时,光波的偏振方向总是沿与磁场方向构成右手螺旋的方向旋转,而与光波的传播方向无关,如图 6.9(a)所示。当有反射光出现时,反射光通过检偏器和旋光器后,因其偏振方向与起偏器偏振方向正交而无法通过起偏器,从而实现阻断反射光的目的,如图 6.9(b)所示。

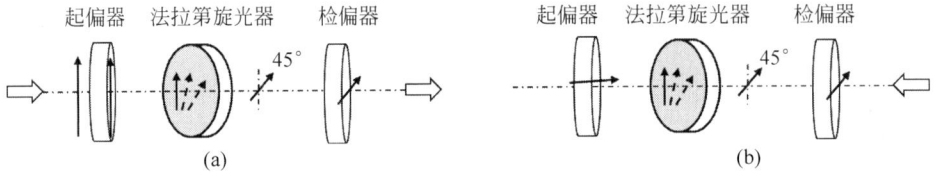

图 6.9　光隔离器结构示意图

（a）光正向传输；（b）光反向传输

2）光隔离器分类

光隔离器有两种类型，即偏振相关型和偏振无关型光隔离器两大类型。

（1）偏振相关型光隔离器。

偏振相关型光隔离器不论入射光是否为偏振光，其出射光均为线偏振光。如图 6.9 所示，当入射光为正向传输时，通过起偏器后成为线偏振光，法拉第旋磁介质与外磁场一起使信号光的偏振方向右旋 45°，并恰好使其低损耗通过与起偏器呈 45°放置的检偏器。对于反向传输光束，出检偏器的线偏振光经过旋光器后，偏振方向右旋 45°，此时反射光的偏振方向恰与起偏器的偏振轴方向正交，完全隔离了反射光的传输。由于这种光隔离器是偏振灵敏型的，光能否通过器件取决于输入光的偏振态，因而常用保偏光纤作为输入光纤。

（2）偏振无关型光隔离器。

如图 6.10 所示，偏振无关型光隔离器大多采用楔形结构，其中包含：一个法拉第旋光器，两块与光轴呈 45°的楔形双折射晶体 P_1 和 P_2，外部配置一对光纤准直器 A_1 和 A_2。偏振无关型光隔离器采用光束分离原理制成。当光束正向传输时，如图 6.10(b)所示，入射光束被双折射晶体 P_1 分为 o 光和 e 光，传播方向呈一夹角，经过 45°法拉第旋光器时，o 光和 e 光沿同一方向旋转 45°。由于双折射晶体 P_2 光轴相对于 P_1 呈 45°，因此 o 光和 e 光被 P_2 折射到一起，

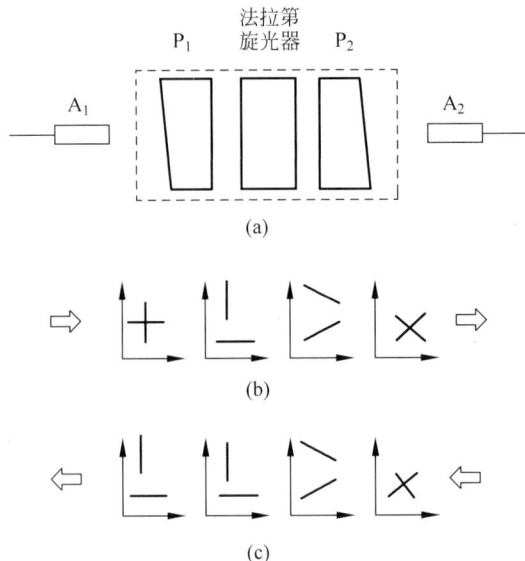

图 6.10　偏振无关型光隔离器工作原理图

（a）偏振无关型隔离器结构示意图；（b）光正向传播；（c）光反向传播

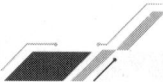

合成两束间距很小的光束进入光纤准直器 A_2 中。当光束反向传输时,如图 6.10(c)所示,光束分成与 P_2 晶轴呈 45°的 o 光和 e 光。光束经过旋光器时,o 光和 e 光的振动面与正向光传播时相同的旋转方向旋转 45°,即相对于 P_1 晶轴呈 90°,整个光路相当于一个沃拉斯顿棱镜,因此出射的两束光被分开而不能耦合进光纤,从而实现光隔离功能。

3)光隔离器主要性能参数

光隔离器的主要性能参数有插入损耗、反向隔离度及回波损耗等。

(1)插入损耗。

光隔离器的插入损耗是由光隔离器中的偏振器、法拉第旋光器和准直器等元件的插入而产生的。其插入损耗可表示为

$$\alpha_L = -10\lg\frac{P_{out}}{P_{in}} \text{ (dB)} \tag{6.16}$$

式中,P_{in} 为光隔离器正向输入时的输入功率;P_{out} 为光隔离器正向输入时的输出功率。

(2)反向隔离度。

反向(逆向)隔离度是光隔离器的重要指标之一,用符号 I_{so} 表示,其表达式为

$$I_{so} = -10\lg\frac{P'_R}{P_R} \text{ (dB)} \tag{6.17}$$

式中,P_R 为光隔离器反向输入功率;P'_R 为光隔离器反向输入时的输出功率。无论哪种光隔离器,其反向隔离度应在 30 dB 以上,越高越好。

(3)回波损耗。

光隔离器的回波损耗 α_{RL} 定义为正向输入光功率 P_{in} 和返回到输入端的光功率 P'_{in} 之比,其表达式为

$$\alpha_{RL} = -10\lg\frac{P'_{in}}{P_{in}} \text{ (dB)} \tag{6.18}$$

回波损耗直接影响系统的性能,因此回波损耗是一个相当重要的指标。在光纤通信系统中,要求性能优良的光隔离器的回波损耗在 55 dB 以上。

在光纤传输系统中,对光隔离器的整体性能的要求是插入损耗低、反向隔离度好、回波损耗高、器件体积小以及环境稳定性能好等。目前,利用钇铁石榴石晶体(YIG)制成的光隔离器,其反向隔离度可达 30 dB,插入损耗仅有 1~2 dB。在 1310 nm 和 1550 nm 波段,光隔离器的反向隔离度都可做到 40 dB 以上。

4. 实验内容及步骤

(1)打开激光器电源,预热直至激光器稳定。

(2)测出激光器输出功率。

(3)正向连接好光纤隔离器后测出光功率值,计算正向插入损耗。

(4)反向连接好光纤隔离器,测出光功率值,计算反向隔离度。

(5)设计光隔离器回波损耗的测量方法并用实验验证。

(6)关闭电源,实验结束。

5. 实验数据及结果处理

(1)记录实验数据,并计算插入损耗和反向隔离度。

(2)设计光隔离器回波损耗的测量方法,并计算其回波损耗。

6. 思考题

(1) 影响光隔离器插入损耗的因素有哪些?

(2) 光纤通信系统中,反向隔离度越大越好吗,为什么? 可以无穷大吗,为什么?

6.6 掺铒光纤放大器的特性测量

掺铒光纤放大器(erbium doped fiber amplifier,EDFA)的出现在光纤通信发展中具有里程碑意义。光纤放大器是在光纤通信系统中对传输的光信号进行放大补偿的光纤器件,是实现远距离光信号传输的关键器件。掺铒光纤放大器的意义不仅在于光通信系统可实现全光中继,它还从许多方面推动了光纤通信的发展,引起了光纤通信的历史性变革。其中最突出的是光纤通信系统中的波分复用(WDM)技术的应用。

1. 实验目的

(1) 了解掺铒光纤放大器的工作原理。

(2) 设计掺铒光纤放大器测试系统,掌握其相关性能参数的测量方法。

2. 实验器材

1550 nm 激光器,EDFA 一台,光功率计一套(包括探测器、光功率显示仪),光纤跳线若干,可调光衰减器,法兰盘等。

3. 实验原理

1) EDFA 的结构及工作原理

光纤放大器有两类,一类是使用普通传输光纤制作的光放大器,它是借助传输光纤的三阶非线性效应产生的增益机制实现光信号放大的分布式光纤放大器;另一类是通过在光纤的纤芯中掺杂一定浓度的物质(通常是铒、镱等)引起激活机制实现光放大的光纤放大器。EDFA 就属于第二类。

EDFA 主要由掺铒光纤、泵浦光源、波分复用器、光隔离器以及滤波器等组成,其结构如图 6.11 所示。泵浦光由半导体激光器提供,与被放大的信号光一起通过波分复用器注入掺铒光纤。光隔离器用于隔离反射光信号,以提高系统稳定性。泵浦光除了图 6.11 所示的输入端泵浦方式外,为了提高 EDFA 的输出功率,还可从掺铒光纤(EDF)的末端(放大器输出端)注入,或输入、输出端同时注入。这三种泵浦方式的 EDFA 分别称为正向泵浦、反向泵浦和双向泵浦 EDFA。双向泵浦的光源波长可以一致,也可分别采用不同波长进行泵浦,如1480 nm 和 980 nm 双泵浦方式。

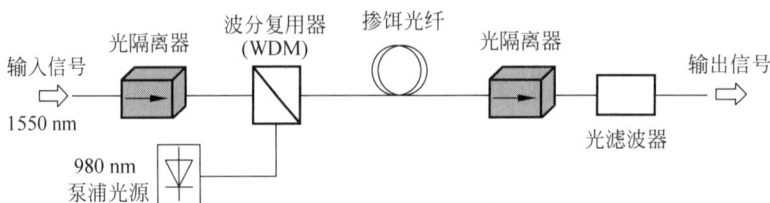

图 6.11 EDFA 结构原理图

(1) 掺铒光纤。

铒(Er)是一种稀土元素(属于镧系元素),原子序数是 68,原子量为 167.3。在制造光纤时,将铒离子作为激活离子掺入纤芯中制成的光纤就是掺铒光纤,这种光纤能作为对波长1550 nm 的光进行放大的增益介质。EDFA 利用了镧系元素的 4f 能级。图 6.12 是简化的铒离子能级图。掺铒光纤之所以能放大光信号,其原理在于铒离子吸收泵浦光的能量,由基态($^4I_{15/2}$)跃迁至处于高能级的泵浦态。对于不同的泵浦波长,电子跃迁至不同的能级。当用980 nm 波长的光泵浦时,铒离子由基态跃迁至

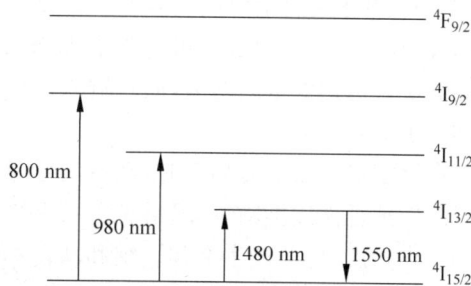

图 6.12 铒离子的能级图

泵浦态($^4I_{11/2}$)。由于泵浦态上载流子的寿命时间只有 1 μs,电子迅速以非辐射方式由泵浦态弛豫至亚稳态。在亚稳态上载流子有较长的寿命(10 ms),在光源的不断泵浦下,亚稳态上的粒子数积累,从而实现了亚稳态和基态间的粒子数反转分布。当有 1550 nm 的信号光通过已被激活的掺铒光纤时,在信号光的感应下,亚稳态上的粒子以受激辐射的方式跃迁到基态。每一次跃迁,都会产生一个与感应光子完全一样的光子,从而实现了信号光在掺铒光纤的传播过程中被不断放大。在放大过程中,亚稳态粒子也会以自发辐射的方式跃迁到基态,自发辐射产生的光子也会被放大,这种放大的自发辐射(amplified spontaneous emission,ASE)会消耗泵浦功率并引入噪声。铒离子作为掺铒光纤放大器的增益介质,其浓度及在纤芯中的分布方式等对 EDFA 的特性有很大影响。

(2) 泵浦光源。

一般来说,光纤放大器的泵浦光不止一个波长。掺铒光纤可以在几个波长上实现有效激励,除了上面提及的 980 nm 波长的光可以作为泵浦光外,670 nm、800 nm 及 1480 nm 的光也可作为掺铒光纤放大器的泵浦光。最先突破的是 1480 nm 的 InGaAs 多量子阱半导体激光器,其输出功率可达 100 mW。这种泵浦光源的可靠性较高,量子转换效率高,泵浦增益系数高。同时,铒掺杂的光纤在 1480 nm 波段的吸收带较宽,因此对泵浦光源波长稳定性的要求较低。此外,EDFA 的带宽可与现有实用化的 InGaAs 激光器相匹配。目前,980 nm 波长泵浦光效率高,噪声低,已广泛使用。

(3) 波分复用器。

光纤放大器的波分复用器的作用是使泵浦光与信号光复合。WDM 可将绝大多数的信号光与泵浦光耦合进入掺铒光纤中,要求所用 WDM 具有插入损耗低、对偏振不敏感等特性,因而适用的 WDM 器件主要有熔融拉锥光纤耦合器和干涉滤波器。

(4) 光隔离器。

在输入端放置光隔离器是为了消除因放大的自发辐射发生反向传播而引起干扰;在输出端插入光隔离器是为了抑制光路的逆向反射,使系统稳定可靠、降低噪声。

(5) 光滤波器。

光滤波器用于滤除放大过程中产生的自发辐射光,降低放大器噪声,提高系统信噪比。一般采用多层介质薄膜型带通滤波器,要求其通带窄、插入损耗低,且滤波器的中心波长要与信号光波长一致。

2) EDFA 的增益特性

EDFA 中,当接入泵浦光功率后输入信号光将得到放大,同时产生部分 ASE 自发辐射

光,两种光都消耗上能级的铒粒子。当泵浦光功率足够大,而信号光与 ASE 很弱时,上下能级的粒子数反转程度很高,可认为沿 EDFA 长度方向上的上能级粒子数始终保持不变,放大器的增益可达到很高的值,而且输入信号光功率增加时,增益仍然维持恒定不变,这种增益称为小信号增益。

在给定输入泵浦光功率时,随着信号光和 ASE 光的增大,上能级粒子数的增加将因不足以补偿消耗而逐渐减少,增益也不可能维持初始值不变,而会逐渐下降。此时放大器进入饱和工作状态,增益产生饱和。饱和增益不是一个确定值,它随输入功率和饱和深度以及泵浦光功率的变化而变化。

(1) 小信号增益:指输出与输入信号光功率之比,增益的大小表示放大器的放大能力。由于 ASE 噪声会伴随信号光输出,因此在实际计算中要扣除 ASE 光功率,其表达式为

$$G = 10\lg \frac{P_{\text{out}} - P_{\text{ASE}}}{P_{\text{in}}} \text{ (dB)} \tag{6.19}$$

式中,P_{in} 和 P_{out} 为被放大的连续信号光的输入和输出功率;P_{ASE} 为放大的自发辐射噪声功率。

(2) 饱和输出功率:增益相对小信号增益减小 3 dB 时的输出功率称为饱和输出功率。饱和输出功率是表征 EDFA 饱和特性的重要参数,一般而言,饱和输出功率越大越好。

(3) 噪声系数(noise figure,NF):光放大器的噪声特性用噪声系数来衡量,它反映了在信号光传输过程中插入光放大器后,引起的信噪比劣化程度,用放大器输入信噪比和输出信噪比之比来定义,其表达式为

$$\text{NF} = 10\lg\left[\frac{1}{G}\left(\frac{P_{\text{ASE}}}{h\nu B_0} + 1\right)\right] \text{ (dB)} \tag{6.20}$$

式中,G 为放大器的增益;h 为普朗克常数;ν 为测量时输入信号的频率;B_0 是光谱仪的频率带宽。放大器产生的噪声会使信号的信噪比下降,会对传输距离产生一定限制。NF 值越大,噪声越大。

4. 实验内容及步骤

(1) 按图 6.13 所示将各元器件备好放置在实验台上。实验采用的工作方式为正向泵浦的 EDFA 组成整体测试系统。实验中所用光衰减器可调,用来调节信号光功率的大小。用光纤跳线连接好各装置,开启 EDFA 和光源,预热直至达到稳定状态。

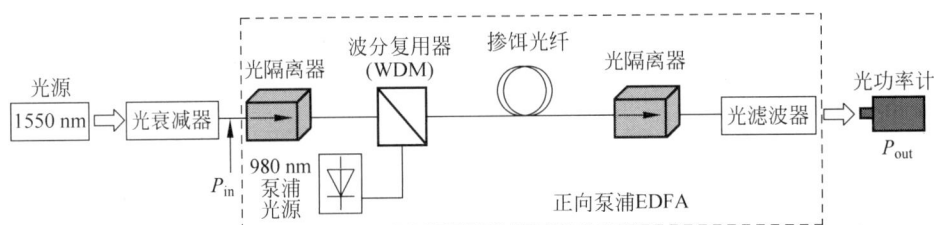

图 6.13　EDFA 实验装置示意图

(2) 在接通光源之前,使 EDFA 输入端悬空,输出端连接光功率计,测量 EDFA 的自发辐射噪声功率 P_{ASE}。

(3) 调节光衰减器,使衰减量达到最小,即 1550 nm 信号光输出功率最高,记为 P_{in}。

（4）调节衰减器衰减量，即改变入射信号光功率，分别记录不同的输入功率 P_{in} 和输出端记录相应的输出功率 P_{out}。将相关数据填入表 6.4 中，计算各输入功率下的增益值 G，绘制增益曲线。

（5）根据测得的增益曲线，确定饱和功率值。

（6）根据定义计算 EDFA 的噪声系数填入表 6.4 中，并绘制噪声系数曲线。

5. 实验数据及结果处理

（1）按照表 6.4 记录好实验测量数据，根据实验结果，计算增益值并用 OriginLab 软件绘制增益曲线。

（2）基于增益曲线，确定饱和功率值。

（3）根据实验结果，计算噪声系数并用 OriginLab 软件绘制噪声系数曲线。

表 6.4 EDFA 特性测试数据表

编号	输入功率 P_{in}/dBm	输出功率 P_{out}/dBm	噪声功率 P_{ASE}/dBm	增益 G/dB	噪声系数 NF/dB
1					
2					
3					
4					
5					
6					
7					
8					

6. 思考题

（1）EDFA 的泵浦方式有哪几种，不同的泵浦方式对结果有什么影响？

（2）查阅文献资料，分析不同的泵浦方式在光纤通信中的主要应用场合。

（3）实验中采用光衰减器调节光信号功率的目的是什么，可以采用别的方法调节信号强度吗？

6.7 光纤马赫-曾德尔干涉实验

光纤传感器是 20 世纪 70 年代发展起来的一种新型传感器，它是光纤和通信技术迅速发展的产物。光纤马赫-曾德尔（M-Z）干涉仪是一种功能型光纤传感器，它在光纤技术中常用作相位、频率等的调制解调器。通过本实验，对光纤干涉相位调制的物理过程有一个较为完整的了解。

1. 实验目的

（1）学习光纤 M-Z 干涉仪的基本原理。

（2）掌握调试光纤 M-Z 干涉仪的方法并对其性能进行测试。

2. 实验器材

He-Ne 激光器，光纤耦合架，光功率计一套（包括探测器、光功率显示仪），633 nm 单模光纤，观察屏，光纤支架，光纤微调架等。

3. 实验原理

1) 光纤 M-Z 干涉原理

以光纤取代传统 M-Z 干涉仪的空气隙,就构成了光纤 M-Z 干涉仪,其结构与原理如图 6.14 所示。光源发出的光经过分光棱镜后分成两束,这两束光分别经耦合透镜后共同经过耦合器 1,将光束一分为二,一臂作为参考臂,一臂作为信号臂经过光相位调制系统,两臂长度完全相同。此时两输出光具有固定的相位差 π。两束光经耦合器 2 发生干涉,干涉光照到探测器上。干涉场的光强分布(干涉条纹)与输出端两根光纤的夹角及光程差相关。当夹角固定时,由外界因素改变的光程差直接与干涉场的光强分布(干涉条纹)相对应,就构成了干涉仪。

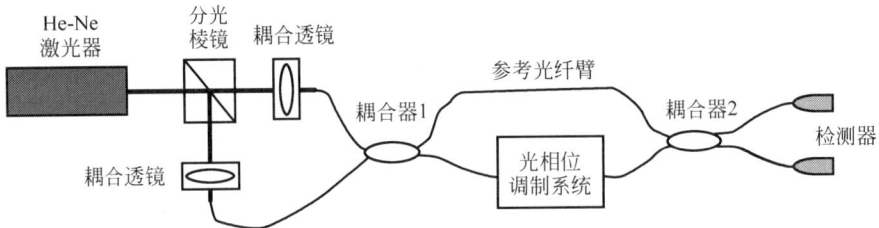

图 6.14 光纤 M-Z 干涉结构原理图

光纤 M-Z 干涉结构适用于超长传感距离的复杂信号光相位传感。首先,光纤 M-Z 干涉结构的参考光路可以补偿外部干扰对测量的影响。实际应用中,参考光路和传感光路可以放的很近,但是为了实现对外界扰动的补偿,参考光路必须屏蔽。其次,光纤 M-Z 干涉结构不存在光波回返到光源的问题。光波回返现象严重影响光源出射光场的质量,使出射光波振幅增加,谱线展宽,干涉仪的探测性能降低。光纤 M-Z 干涉结构正好避免了这一现象。因此,光纤 M-Z 干涉仪可用于制作光纤型光滤波器、光开关等多种光无源器件和传感器,在光通信、光传感领域应用广泛。

2) 光纤干涉仪中的相位调制

光波在光纤中传播时,相位角为

$$\varphi = \frac{2\pi L}{\lambda} = \frac{2\pi n_1 L}{\lambda_0} \tag{6.21}$$

式中,n_1 是纤芯折射率;λ_0 为真空中光源的波长;L 为调制的光纤长度。如图 6.15 所示,光纤长度变化与折射率变化将引起相位变化

$$\varphi + \Delta\varphi = \frac{2\pi}{\lambda_0}(n_1 L + n_1 \Delta L + \Delta n_1 L) \tag{6.22}$$

将式(6.22)右边各项展开,第一项代表光在光纤中传输距离 L 产生的相位延迟;第二项代表光纤长度变化引起的相位延迟;第三项代表光纤折射率变化引起的相位延迟。最终,相位变化量可表示为

$$\Delta\varphi = \frac{2\pi}{\lambda_0}(L\Delta n_1 + n_1 \Delta L) \tag{6.23}$$

4. 实验内容及步骤

(1) 按图 6.14 准备好相应器材和元器件,打开光源开关预热直至稳定。

(2) 仔细将光耦合进分束器的输入端,并固定好。

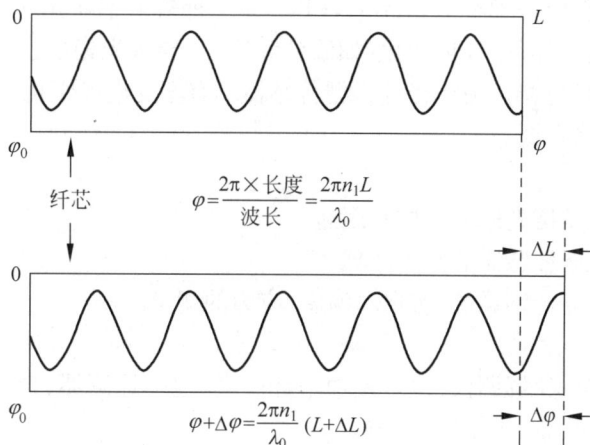

图 6.15 光纤干涉仪的相位调制原理图

（3）调试分束器输出端两根光纤的相对位置，使其在汇合处产生干涉条纹。

（4）固定好相对位置，用观察屏观察干涉条纹的状态。

（5）轻微改变输出端两根光纤端面间距，观察干涉条纹的变化情况，并将干涉条纹数目随光纤端面距离的变化情况记录于表 6.4 中。

5. 实验数据及结果处理

（1）观察并记录干涉条纹的状态，填写表 6.5。

表 6.5 光纤 M-Z 干涉条纹记录表

测 量 组 数	光纤端面距离变化量 ΔL/mm	干涉条纹数
1		
2		
3		
4		
5		
6		
7		

（2）记录干涉条纹数随光纤端面距离的变化情况。

6. 思考题

（1）耦合器在光纤 M-Z 干涉仪中起什么作用？

（2）耦合器的分束比如何影响光纤干涉仪的测量结果？

6.8 光纤布拉格光栅温度-压力传感原理实验

光纤传感器有两种，一种是通过传感头（调制器）感应并转换信息，光纤只作为传输线路；另一种则是光纤本身既是传感元件，又是传输介质。光纤传感器的工作原理是，被测量改变了光纤的传输参数或载波光波参数，这些参数随待测信号的变化而变化，光信号的变化反映了待测物理量的变化。

光纤布拉格光栅(fiber Bragg grating,FBG)是一种折射率在光纤长度方向呈周期变化的可反射入射光的光学器件,环境变化(如温度和应力)导致光栅的折射率和光栅周期发生变化,从而用作各种传感器。由于光纤光栅传感器具有不受电磁干扰、重量轻、体积小、不易腐蚀等优点,应用非常广泛。

1. 实验目的

(1) 了解光纤布拉格光栅的结构及用途。

(2) 掌握光纤光栅传感器的基本原理。

(3) 设计光纤光栅传感系统,实现对温度、应力的测量。

2. 实验器材

He-Ne 激光器,FBG 解调仪一套,光功率计一套(包括探测器、光功率显示仪),光纤跳线一根,恒温装置一套,应变装置一套等。

3. 实验原理

1) FBG 工作原理

光纤布拉格光栅是一种波长调制型光学无源器件,通过纤芯内锗离子和外界入射光子发生相互作用,制作而成的折射率沿光纤纤芯轴向周期分布的相位光栅,是近乎理想的反射型窄带光学滤波器。当光进入栅区时会发生模式耦合,光波分解为前向传播模式和后向传播模式,一部分特定光谱会被光纤布拉格光栅反射,沿相反方向传播,而其余的透射光谱则继续沿光纤传播,光纤布拉格光栅的物理结构与耦合过程如图 6.16 所示。

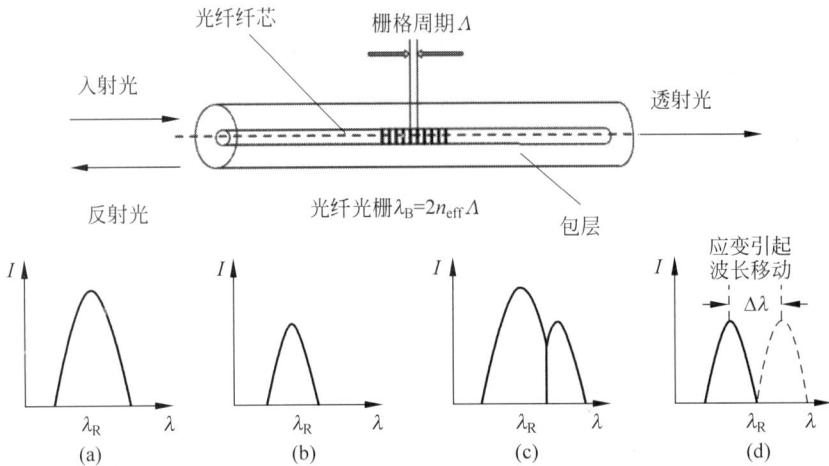

图 6.16 光纤布拉格光栅结构示意图

(a) 入射光谱;(b) 反射光谱;(c) 透射光谱;(d) 反射光谱波长移动

光栅反射谱的中心波长 λ_B 主要由栅格周期 Λ 和纤芯的有效折射率 n_{eff} 决定,依据耦合模理论进行推导,其对应方程为

$$\lambda_B = 2n_{eff}\Lambda \tag{6.24}$$

对应的微分形式为

$$\Delta\lambda_B = 2\Lambda\Delta n_{eff} + 2n_{eff}\Delta\Lambda \tag{6.25}$$

由式(6.25)可知,光栅纤芯材料的有效折射率和栅格周期的变化会引起光纤光栅反射波长发生改变。外界待测量(如温度和应变)的扰动会引起光纤光栅的折射率和光纤光栅周

期变化,进而使光纤光栅的布拉格反射波长发生漂移。通过测量波长的漂移量即可获知待测量的变化信息。通过对在光纤内部写入的光栅反射或透射布拉格波长光谱的检测,实现被测结构的应力应变和温度值的绝对测量,由检测光栅反射信号的变化,得知光栅受到拉伸、挤压及热变形的情况,这就是 FBG 的工作原理。

2) FBG 温度传感原理

外界温度的改变会引起光纤光栅布拉格波长的漂移。从物理本质上看,引起波长漂移的主要原因有:光纤热膨胀效应、光纤热光效应,以及光纤内部热应力引起的弹光效应。当光栅材料的温度受到外界影响发生变化时,由于热光效应和热膨胀效应,光纤布拉格光栅的栅格周期和纤芯的有效折射率会发生变化,由式(6.25)可知,光纤布拉格光栅的反射波长会发生漂移。当光纤布拉格光栅只受温度变化影响时,因热膨胀效应而产生的光栅周期改变量可表示成

$$\Delta \Lambda = \xi \cdot \Lambda \cdot \Delta T \tag{6.26}$$

式中,$\Delta \Lambda$ 为光栅栅格的变化量;ξ 为光栅的热膨胀系数。当所用光纤一定时,其热膨胀系数 ξ 是固定的,ΔT 为外界温度的变化量。

因光热效应而产生的光栅有效折射率的改变量可以表示为

$$\Delta n_{\text{eff}} = n_{\text{eff}} \cdot \xi' \cdot \Delta T \tag{6.27}$$

式中,Δn_{eff} 为光栅纤芯有效折射率变化量;ξ' 为光栅的光热效应引起的热膨胀系数。当所用光纤一定时,ξ' 也是一个固定值。

将式(6.24)、式(6.26)和式(6.27)代入式(6.25)中可得

$$\frac{\Delta \lambda_{\text{B}}}{\lambda_{\text{B}}} = (\alpha + \xi') \Delta T = K_T \Delta T \tag{6.28}$$

从式(6.28)可知,由于 ξ 和 ξ' 都是定值,因此光纤布拉格光栅的变化量与外部温度的变化呈线性关系。令 $\xi + \xi' = K_T$,即为温度灵敏度系数。这就是光纤布拉格光栅的温度传感特性。对于熔融石英光纤,其线性热膨胀系数 $\xi = 5.5 \cdot 10^{-7} / ℃$。

3) FBG 压力传感原理

与温度传感相类似,光纤光栅的布拉格波长取决于光栅周期 Λ 和有效折射率 n_{eff},任何使这两个参量发生改变的物理过程都会引起光栅布拉格波长的漂移。当轴向应力作用在光纤布拉格光栅上时,会引起光栅的栅格周期和纤芯的有效折射率发生变化。当光纤布拉格光栅只受外界轴向应力的影响时,则由轴向应变造成的纤芯折射率改变量为

$$\frac{\Delta n_{\text{eff}}}{n_{\text{eff}}} = - p_e \cdot \Delta \varepsilon \tag{6.29}$$

式中,p_e 为光栅的有效弹光系数;$\Delta \varepsilon$ 为光栅的轴向应变。由轴向应变引起的光栅栅格周期的改变量为

$$\Delta \Lambda = \Lambda \cdot \Delta \varepsilon \tag{6.30}$$

将式(6.30)与式(6.24)相结合,可得

$$\frac{\Delta \lambda_{\text{B}}}{\lambda_{\text{B}}} = (1 - p_e) \Delta \varepsilon = K_\varepsilon \Delta \varepsilon \tag{6.31}$$

当光栅材料确定后,p_e 为常数,因此,光纤布拉格光栅的变化量与轴向应变的变化呈线性关系。令 $1 - p_e = K_\varepsilon$,即轴向应变灵敏度系数。这就是光纤光栅应变传感特性。

4. 实验内容及步骤

1）FBG 温度传感实验

（1）按图 6.17 所示连接好光环形器 1 和环形器 2 的端口以及其他各元器件。

（2）将 FBG 置于恒温装置中。

（3）调节温度旋钮至最小，打开恒温控制器电源，温度显示为室温，记录此时的温度 t_0。

（4）开启 FBG 光纤解调仪，记录室温下光纤光栅的极大值波长 λ_0 作为实验的参考波长。

（5）调节恒温控制器上的温度控制调节旋钮，开始加热，每隔 5℃ 测一组数值，待温度显示稳定时，读取对应光纤光栅波长，将温度和波长数据记录于表 6.6 中，计算实际温度值和波长变化量并记录于表格中。

（6）用 OriginLab 软件处理数据，绘制波长变化量 $\Delta\lambda$ 与温度 T 的变化关系曲线，并根据实验数据计算得到光纤光栅温度灵敏度系数 K_T。

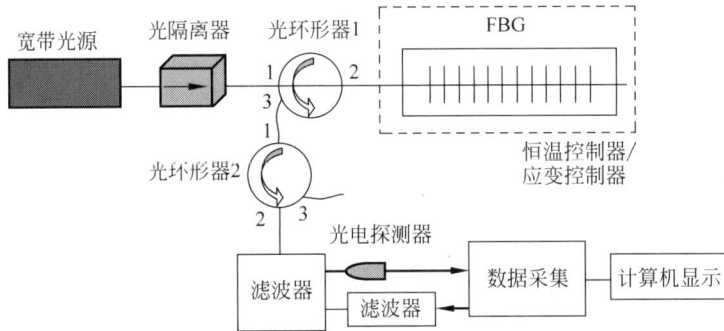

图 6.17　FBG 温度、应力传感实验装置示意图

2）FBG 应变传感实验

（1）按图 6.17 所示连接好光环形器 1 和环形器 2 的端口，以及其他各元器件。

（2）将 FBG 置于应变控制器中。

（3）调节应变控制传感器的应变调节旋钮，将其旋至零刻度，而后开启电源，此时的应变值为零。

（4）开启 FBG 光纤解调仪，记录无应力条件下光纤光栅的极大值波长 λ_0，作为实验的参考波长。

（5）调节应变控制传感器上的螺旋测微器，每隔 0.5 mm（即转动螺旋测微器一圈）测一组数值，读取对应光纤光栅的波长，将应变数据及波长数据记录于表 6.5 中，计算实际波长变化量并记录于表格中。

（6）用 OriginLab 软件处理数据，绘制波长变化量 $\Delta\lambda$ 与应变 ε 的变化关系曲线，并根据实验数据计算得到光纤光栅应力灵敏度系数 K_ε。

5. 实验数据及结果处理

（1）按照表 6.6 和表 6.7 记录好实验测量结果。

（2）用 OriginLab 软件处理数据，分别绘制波长变化量 $\Delta\lambda$ 与温度 T、波长变化量 $\Delta\lambda$ 与应变 ε 的变化关系曲线，并根据实验数据计算得到光纤光栅温度灵敏度系数 K_T 和应力灵敏度系数 K_ε。

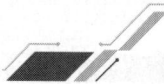

（3）分析实验结果，进行误差分析。

表 6.6　温度传感实验测量数据

实验数据	1	2	3	4	5	6	7	8	9
$T/℃$									
$λ/nm$									
$Δλ/nm$									
$Δt/℃$									

表 6.7　应力传感实验测量数据

实验数据	1	2	3	4	5	6	7	8	9
$ε/mm$									
$Δλ/nm$									

6. 思考题

（1）光纤布拉格光栅传感器的优点有哪些？

（2）查阅文献资料，分析光纤布拉格光栅解调方法有哪些，各有什么优缺点？

6.9　光纤通信系统性能测试

光纤通信是指利用光纤将信息以光信号的形式进行传输的通信方式。相比于电缆或微波通信，光纤通信具有频带宽、传输容量大、损耗小、中继距离长、抗电磁干扰性强、保密性好等优点，使光纤通信在不到 20 年的时间里迅速发展，并不断更新换代。本节实验从光纤通信系统的结构出发，介绍其基本原理及相关传输技术，为进一步深入学习光纤通信技术打下坚实的基础。

1. 实验目的

（1）了解数字光纤通信系统的组成。

（2）了解光发射机的组成，掌握其光源的 $P\text{-}I$ 特性、消光比及平均光功率的指标要求和测试方法。

（3）了解光接收机的组成，掌握其灵敏度的指标要求和测试方法。

（4）掌握模拟音频、模拟视频信号光纤传输系统的组成及信号传输系统的设计。

（5）掌握数字光纤通信系统的主要性能参数及测试方法。

2. 实验器材

光纤通信实验系统，双踪示波器，万用表，光纤跳线，激光功率计一套，摄像头，视频信号线，监视器，光纤活动连接器等。

3. 实验原理

1）光纤通信系统的基本组成

光纤通信系统主要由三部分组成：光发射机、光纤和光接收机。

（1）光发射机。

光发射机是电光转换的光端机。其功能是将电端机送来的电信号转化为光信号，并通过耦合器将光信号注入作为通信信道的光纤，这一转换过程中主要涉及光调制器、载波源和光耦合器。光发射机的核心部件是光源。光源的材料、结构、工作原理和特性不仅限制了传输系统的性能和质量,并在一定程度上决定了整个通信网络的性能和成本。

光调制器的主要作用有两个:一是将来自电端机的电信号转换成合适的传输形态,即调制格式;二是将这种形态的信号加载到由载波源产生的载波上。光耦合器的功能是把调制后的光信号耦合进光纤中,实现光信号在光纤中传输。

载波源可在光纤通信系统中产生能够携带信息并适合在光纤中传播的光波,这样的光波称为光载波或载波。光纤通信系统中常用的载波源为半导体激光器(LD)或发光二极管(LED)。由于发光二极管是通过自发辐射发光,半导体激光器是通过受激辐射发光,因此,半导体激光器的输出光功率高、发散角小,且与单模激光耦合效率高、辐射光谱线宽窄,更加适合用于长距离光纤通信系统光源。

光发射机的性能指标主要有半导体光源的 P-I 特性、消光比(EXT)和平均输出光功率。

光源 P-I 特性:P-I(平均输出光功率—注入电流)特性是半导体激光器最重要的特性。半导体激光器是一种阈值器件,当注入电流很小时,激光器处于自发辐射状态,激光器出射光功率很低,并且是非相干光。达到并超过阈值电流 I_{th} 时,激光器才处于受激辐射状态,此时输出光功率迅速增加,P-I 呈线性关系,并且产生的是相干光,如图 6.18 所示。半导体光源可以进行直接调制,通过注入调制电流实现光强度调制。

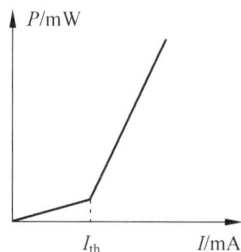

图 6.18　半导体激光器 P-I 特性曲线

P-I 特性是半导体激光器的重要特性,也是光纤通信系统中选择其作为光源的重要依据,需要根据其 P-I 特性选择阈值电流小且输出稳定(即特性曲线上没有其他扭折点)的半导体激光器。这样的激光器输出稳定、消光比大、工作电流小,且不易产生信号失真。此外,还要求 P-I 曲线的斜率适当。斜率太小,要求驱动信号太大,给驱动电路带来设计困难;斜率太大,会出现光反射噪声,使自动光功率控制环路调整困难。

光发射机的消光比特性:光发射机的消光比(EXT)定义为

$$\text{EXT} = 10\lg\frac{P_{11}}{P_{00}}\ (\text{dB}) \tag{6.32}$$

式中,P_{00} 为光发射机输入全"0"时的平均输出功率,即无输入信号时的输出光功率;P_{11} 为光发射机输入全"1"时的平均输出光功率。当输入信号为 0 时,光源的输出光功率为 P_{00},它由直流偏置电流 I_b 来确定。无信号输入时光源输出的光功率对接收机而言是一种噪声,会降低接收机的灵敏度。因此,从接收机的角度考虑则希望消光比越小越好。但是,当 I_b 减小时,光源的输出功率将降低,光源的谱线宽度增加,同时还会对光源的其他特性产生不良影响。因此必须全面考虑 I_b 的影响,通常取 $I_b = (0.7 \sim 0.9)I_{th}$。在此范围内,能比较好地处理消光比与其他指标之间的矛盾。综合考虑各种因素,一般要求光发射机的消光比不超过 0.1。若光源为 LED 光源,则不需要考虑消光比,因为它不加直流偏置电流,电信号能直接加到 LED 上,无输入信号时的输出功率自然为零。

平均输出功率:光发射机的平均输出功率定义为当光发射机传送伪随机序列时,发送端输出的光功率值。国际电信联盟(ITU)在规范标准光接口时,为使成本最佳,同时适应运行条件变化,并考虑了活动连接器的磨损、制造和测量容差以及老化因素的影响后,给出了光发射机平均输出光功率的允许范围,一般要求光发射机的发送功率要有 1～1.5 dB 的富余度。

(2) 光接收机。

光接收机是把光纤送来的光信号转变为电信号,并将电信号充分放大方便后续电路进行处理,主要由光检测器、放大器和信号处理电路三部分组成。

光检测器(光电探测器)是光接收机的核心器件,可将光信号转化为电信号。光检测器的性能要求是光电转换效率高、噪声小、频带宽,能使光信号高效无失真地转换为电信号。最简单的检测器就是 PN 结。光纤通信中常用光电二极管和雪崩光电二极管(APD)。光电二极管工作偏压低,使用方便,但没有内部增益,因此对接收机灵敏度要求高的系统,应选用雪崩光电二极管。

低噪声前置放大器是光接收机的关键器件之一,其作用是放大光电二极管产生的微弱电信号,以供主放大器进一步放大和处理,它直接影响了光接收机的灵敏度。

光接收机的灵敏度:数字光接收机的性能指标由比特误码率(BER)决定。BER 定义为码元在传输过程中出现差错的概率,工程中常用一段时间内出现误码的码元数与传输的总码元数之比来表示。光接收机灵敏度是指在给定误码率或信噪比条件下,光接收机要求的最小平均接收光功率。灵敏度是光接收端的重要特性指标之一,它表示光接收端接收微弱信号的能力,是系统设计的重要依据。

在测量灵敏度时需要注意以下几点:

一是在测量光接收机灵敏度时,首先要确定系统所要求的误码率指标。对不同长度和不同应用的光纤数字通信系统,其误码率指标不同。例如,在短距离光纤数字通信系统中,要求误码率一般为 10^{-9},而在 420 km 数字段中,则要求每个中继器的误码率为 10^{-11}。对同一接收机来说,当要求的误码率指标不同时,其接收机的灵敏度也就不同。要求误码率越小,则灵敏度越低,即要求接收的光功率就越大。因此对某一接收机来说,灵敏度不是一个固定值,而是与误码率的要求有关。测量时,首先要确定误码率,然后测量在该误码率条件下的光接收机灵敏度。

二是要注意光接收机灵敏度定义中的光功率是最小平均光功率,而不是指任何一个在达到系统要求的误码率时所对应的光功率。所谓"最小",就是指只要接收的光功率小于此值,误码率立即增加而达不到要求。

三是要注意光接收机灵敏度是指平均光功率,而不是光脉冲的峰值功率。因此,光接收机的灵敏度与传输信号的码型有关。码型不同,占空比不同,平均光功率也不同。在光纤数字传输系统中常见的两种码型 NRZ 码和 RZ 码的占空比分别为 100% 和 50%。当 1 码和 0 码的概率相等时,前者的平均光功率比后者大 3 dB。因此测试灵敏度时必须选用正确的码型。

灵敏度的单位一般用 dBm 表示,它表示以 1 mW 功率为基准的绝对功率电平。设最小平均功率为 $P_{\min}$,则灵敏度可表示为

$$P_{\mathrm{R}} = 10\lg\left(\frac{P_{\min}}{1\ \mathrm{mW}}\right) \ (\mathrm{dBm}) \tag{6.33}$$

光接收机动态范围：为了保证系统的正常工作，输入信号光功率的变化必须限制在一定的范围内，因为过高的信号功率将对接收机产生不良影响。光接收机的能适应输入信号在一定范围内变化的能力称为光接收机的动态范围，可以表示为

$$DR = 10\lg\frac{P_{max}}{P_{min}} \tag{6.34}$$

式中，P_{max} 是光接收机在保证误码率的条件下能接收的最大信号平均光功率；P_{min} 是光接收机的灵敏度，即最小可接收光功率。一般来说，光接收机的动态范围大一些更好，但过大会给设备生产带来困难。

2）模拟信号光纤传输实验

根据光纤传输信号的不同，可以将光纤通信系统分为模拟光纤通信系统和数字光纤通信系统。模拟信号光纤传输的典型应用是光纤有线电视、光纤测量、光纤传感等领域。随着光载无线技术的成熟，模拟光纤传输技术也应用于移动通信网络和室内覆盖等领域。本实验将通过完成不同模拟信号（如正弦波、三角波、方波、语音和视频）的光纤传输来了解模拟信号的调制过程及传输系统的组成。

（1）电话语音模拟信号。

电话语音信号的光纤传输分为模拟电话光纤传输和数字电话光纤传输两种方式。模拟电话光纤传输是把电话用户接口输出的模拟信号直接送入光纤模拟信号传输信道光纤中，从而实现两部电话的通话。

（2）视频模拟信号。

视频模拟信号的光纤传输系统主要由小摄像头、视频监视器和模拟光纤通信系统组成。小摄像头产生视频信号，经模拟调制送入光发射机，经光纤传输后，由光接收机检测到视频信号并输出到视频监视器中。由于视频信号的带宽相比语音信号要宽很多，对光发射机和光接收机的要求更加严格，在实验中需要仔细调整才能得到满意的图像传输效果。

3）数字信号光纤传输实验

数字光纤通信的基本原理是将数字通信中的数据传输信号首先经过光发送模块变换成光脉冲数字信号，然后通过光纤传输到数字通信的对方，最后再经过光电变换、放大、均衡及定时再生，还原成原始数字信号。在光纤通信系统中，数字信号是通过二进制数字代码来表示传输的信号，与模拟信号相比，数字信号可以更好地保持传输质量，降低噪声干扰和减少失真。同时，数字信号也能够通过编码和解码过程来实现数据的压缩和传输。数字信号的传输方式包括串行传输和并行传输两种。串行传输指的是按顺序将数字信号一位一位地传输，数据的传输速度较慢；而并行传输指的是将数字信号同时传输多个位数，数据的传输速度更快。

实验中由通信系统主控信号源模块提供输入信号 PN 序列，PN 序列经过光发送端完成电光转换，送入光纤信道中传输，最后通过光接收机完成光电转换及门判决，恢复出原始码元信号。

4. 实验内容及步骤

1）半导体光源 P-I 特性曲线测量

（1）用光纤跳线连接数字终端模块和光收发模块，连接光功率计。

（2）打开电源，设置主控模块菜单，选择光源的 P-I 特性测试。

（3）用万用表测量与光源相串联的电阻 R（50Ω）两端电压 U，观察光功率计读数 P，调节功率输出旋钮，将测得的参数填入表 6.8 中，根据 $I=U/R$ 计算得到相应的驱动电流值。

表 6.8　半导体光源 $P\text{-}I$ 特性曲线测量数据

实 验 数 据	1	2	3	4	5	6	7	8	9
P/mW									
U/V									
I/mA									

（4）根据数据绘制 $P\text{-}I$ 曲线。

2）光发射机消光比测量

（1）用光纤跳线连接数字终端模块和光收发模块，连接光功率计。

（2）打开电源，设置主控模块菜单，选择光发射机消光比测试。

（3）设置数字模块，分别测量光发模块输入全 1 数字信号和全 0 数字信号时对应的输出光功率 P_{11} 和 P_{00}，填入表 6.9 中，代入式（6.32）中计算得到消光比。

表 6.9　消光比测量数据

实 验 数 据	1	2	3	4	5	6	7	8	9
P_{00}/mW									
P_{11}/mW									
EXT/dB									

3）光发射机平均功率测量

（1）用光纤跳线连接数字终端模块和光收发模块，连接光功率计。

（2）打开电源，设置主控模块菜单，选择光发射机平均功率测试。

（3）设置数字模块，给数字发光模块输入伪随机序列信号，测量光发射机的输出光功率，即为平均光功率，记录于表 6.10 中。

表 6.10　平均输出功率测量数据

序 　 号	平均输出功率/mW
1	
2	
3	

4）光接收机灵敏度测量

（1）将误码仪的"发数据"端和光发送模块的数字输入端连接。

（2）将误码仪的"发时钟"端和"收时钟"端用信号连接线连接。

（3）用光纤跳线连接光反射模块和光接收模块，将小可变衰减器串联其中，并将衰减器衰减量调节至最小。

（4）打开电源，设置主控模块，选择误码仪功能，将误码仪输出信号码速设为 2M，调节光接收模块，使驱动电流小于额定值，并使数字光通信系统无误码。

（5）逐渐调节可变衰减器的衰减量，使光接收机功率逐渐减小，当误码仪读数出现误码,且达到预定值时,关闭电源。

(6) 将发送模块与光功率计相连,打开电源,记录此时的光功率 $P_{\min}$,即为光接收机的灵敏度,记录于表 6.11 中。

表 6.11　灵敏度测量数据

序号	误　码　率	接收机灵敏度/mW
1		
2		
3		

5) 模拟信号光纤传输实验测量正弦波、三角波和方波的光调制系统性能

(1) 关闭系统电源,将光发射机和光接收机用光纤连接。

(2) 将模拟信号源模块正弦波(三角波、方波)接入光发射机。

(3) 打开系统电源,用示波器观测模拟信号源模块的输出,调节模拟信号源模块峰峰值为 2 V。

(4) 用双踪示波器观测模拟信号的输出和光接收模块的模拟输出,调节光发送模块的输入信号幅度,调节光旋钮使光接收模块模拟输出波形和信号源的输出相同,在表 6.12 中记录不同幅度时的光调制功率的变化。

表 6.12　正弦波模拟信号光纤传输

信号幅度 $V_{\text{p-p}}$	0.5	1	1.5	2	2.5	3
光调制输出功率						

(5) 改变输入模拟信号波形(三角波、方波),重复上述实验步骤,并记录相应波形和调制功率数据。

6) 电话语音信号光纤传输实验

(1) 参考模拟信号实验步骤,将光发射模块与光接收模块调为无失真传输状态,关闭系统电源,保留光纤跳线,拆除其他连线。

(2) 将电话 A 的输出模拟信号注入 1310 nm 光发送模块的模拟信号输入端,1310 nm 光接收模块输出的模拟信号送入电话 B 的输入端;将电话 B 输出的模拟信号注入 1550 nm 光发送模块的模拟信号输入端,1550 nm 光接收模块输出的模拟信号送入电话 A 的输入端。

(3) 打开系统电源,测试两部电话的通信情况。

7) 视频信号光纤传输实验

(1) 参考模拟信号实验步骤,将光发射模块与光接收模块调为无失真传输状态,关闭系统电源,保留光纤跳线,拆除其他连线。

(2) 用视频连接线连接摄像头和光发送模块的模拟信号输入端,再用视频连接线将光接收模块模拟信号的输出端与视频检测器连接。

(3) 打开系统电源,观察视频监视器中的视频信号传输情况。

(4) 调节光接收模块的接收灵敏度调节旋钮和模拟信号失真度调节旋钮,观察视频图像的变化。

8) 数字信号光纤传输实验

(1) 关闭系统电源,连接 PN 序列信号输出端和光发送模块数字信号输入端。

(2) 用光纤跳线将光发送端和光接收端进行连接。

(3) 打开系统和各实验模块电源,设置主控信号源模块为伪随机序列光纤传输系统。

(4) 调节光发射机的输出光功率旋钮,改变输出光功率强度,调节光接收机的接收灵敏度和判决门限旋钮,改变光接收效果。

(5) 用示波器对比观测信号源伪随机序列和光收发模块的数字输出端,直至二者码型一致。

5. 实验数据及结果处理

(1) 光源 P-I 特性曲线测量:按照表 6.8 记录好实验测量数据,并绘制 P-I 特性曲线。

(2) 光发射机消光比测量。

(3) 光发射机平均输出功率测量。

(4) 光接收机灵敏度测量。

(5) 模拟信号光纤传输数据记录。

三角波、方波模拟信号光纤传输数据记录表自行设计。

6. 思考题

(1) 绘制实验框图,阐述模拟信号光调制的基本原理。

(2) 设计在视频信号光纤传输实验中同时加入语音信号的光纤传输系统,实现声、画同步传输功能。

(3) 能否用一根光纤传输两路模拟信号? 如果可以,如何实现? 如果不行,请说明理由。

参考文献

[1] 王丽,江竹青,刘国庆,等. 光电子与光通信试验[M]. 北京:北京工业大学出版社,2008.

[2] 丁春颖,李德昌,武颖丽. 现代光学实验教程[M]. 西安:西安电子科技大学出版社,2015.

[3] 吕且妮,谢洪波,等. 工程光学实验教程[M]. 机械工业出版社,2018.

[4] 胡昌奎,黎敏,刘冬生,等. 光纤技术实践教程[M]. 北京:清华大学出版社,2015.

[5] 石顺祥,孙艳玲,马琳,等. 光纤技术及应用[M]. 2 版. 北京:科学出版社,2016.

[6] 张维光,段存丽,陈阳,等. 光电信息科学与工程专业实践教程[M]. 西安:西北工业大学出版社,2021.

[7] 陈笑,张颖,吕敏,等. 光电信息专业实验教程[M]. 北京:科学出版社,2022.

[8] 顾婉仪. 光纤通信系统[M]. 3 版. 北京:北京邮电大学出版社,2013.

[9] 胡先志. 光纤通信有/无源器件工作原理及其工程应用[M]. 北京:人民邮电出版社,2011.

[10] 黎敏,廖延彪. 光纤传感器及其应用技术[M]. 武汉:武汉大学出版社,2008.

[11] 廖延彪,等. 光纤传感技术与应用[M]. 北京:清华大学出版社,2009.

[12] 郑卜祥,等. 光纤 Bragg 光栅温度和应变传感特性的试验研究[J]. 仪表技术与传感器,2008,11:12-15.

[13] 周骏. 光电子技术基础试验[M]. 北京:化学工业出版社,2012.

[14] 苑立波. 光纤实验技术[M]. 哈尔滨:哈尔滨工程大学出版社,2005.

第7章 显示与照明技术

人们从外界获得的信息有 60% 以上是通过视觉获得的,这就使得显示产业在信息产业中的地位至关重要,对信息显示的要求也越来越高。随着光电子技术的发展,显示技术发展迅速,已渗透到工业生产、社会生活和军事领域。光电显示器件作为人机交换的窗口,在信息技术高度发展的时期取得了长足进步,孕育出一代又一代新产品。随着经济的不断发展,人们对照明和显示屏技术的需求日益增强,使得该市场空间进一步拓宽,同时该行业也受益于全球航空、智慧城市、智能家居以及安防系统等市场的发展,使照明与显示的相关应用范围不断扩大。此外,国家出台相关支持政策,利用其提供的资源和社会环境优势,极大地促进显示与照明市场的发展。通过本章的学习,有利于提高学生对光电显示器件的工作原理及特性的掌握程度,提升学生对光电显示器件的应用和设计水平。

本章共安排 8 个实验,内容涉及光电二极管、有机光电二极管、液晶显示器及等离子显示器等光电显示器件的结构原理,以及它们的特性参数测量等相关实验、光谱应用实验。采用综合性和设计性实验同时开展的方式,运用所学知识对光电显示与照明相关技术的基本概念、基本原理,对常用显示方法进行设计并尝试改进,有助于培养学生的学科交叉融合能力和创新思维能力。

7.1 光源光照度测量实验

LED 作为新兴节能光源具有较大的应用前景,广泛应用于各类照明。无论是采用发光阵列法还是采用二次配光法,一方面需要保证光照度的大小满足规范要求,另一方面需要满足照明的均匀性。为达到以上两方面的要求,在照明过程中对其光照度的测量是必不可少的。

1. 实验目的

(1) 了解光电池在光照度计上的工作原理。

(2) 掌握光源光照度的测量方法。

(3) 了解和掌握光照度计电路设计原理及优化方案。

2. 实验器材

光电创新实验仪,光照度计,光功率计,光照度计探头,连接线,万用表,通光筒等。

3. 实验原理

1) 光度学相关概念

(1) 光通量 Φ：光通量表示辐射通量对人眼所引起的视觉强度，表达式为

$$\Phi = K_m \int \Phi_{e,\lambda} K V(\lambda) \mathrm{d}\lambda \tag{7.1}$$

式中，K_m 为最大光谱光视效能，其值为 683 lm/W；$\Phi_{e,\lambda}$ 为辐射通量的光谱密集度（W/m²）；$V(\lambda)$ 为国际照明委员会（CIE）规定的标准光谱光视效率函数，光通量的单位为流明（lm）。

(2) 发光强度 I：发光强度简称光强，是指光源在给定方向上的立体角元内所发射出去的光通量 $\mathrm{d}\Phi$ 与立体角元 $\mathrm{d}\Omega$ 之比即 $I = \dfrac{\mathrm{d}\Phi}{\mathrm{d}\Omega}$。光强的单位为坎德拉（cd），对于空间的任意方向，有 $\mathrm{d}\Omega = \sin\theta \mathrm{d}\varphi \mathrm{d}\theta$，因此

$$\mathrm{d}\Phi(\varphi,\theta) = I(\varphi,\theta)\sin\theta \mathrm{d}\varphi \mathrm{d}\theta \tag{7.2}$$

积分可得光源向整个空间发射的全部光通量为

$$\Phi = \int_0^{2\pi} \mathrm{d}\varphi \int_0^{\pi} I(\varphi,\theta)\sin\theta \mathrm{d}\theta \tag{7.3}$$

如果光源是各向同性的，即光源在各个方向的光强均相等，则 $I(\varphi,\theta)$ 为常数，则式（7.3）可变为

$$\Phi = 4\pi I \tag{7.4}$$

(3) 光照度 E：光照度简称照度，是投影到单位面积 $\mathrm{d}S$ 上的光通量 $\mathrm{d}\Phi$，即单位面积接收的光通量，光照度的单位是勒克斯（lx），其表达式为

$$E = \mathrm{d}\Phi/\mathrm{d}S \tag{7.5}$$

鉴于光照度是单位面积上接收的光通量，由此导出由一个发光强度 I 的点光源，在相距 D 处的平面上产生的光照度与该光源的发光强度呈正比，与距离的平方呈反比，即

$$E = I/D^2 \tag{7.6}$$

光照度测量的基本原理是将光学量转换成电学量进行间接测量。光电传感器在光照下，PN 结产生光电流 I_p，它的方向与 PN 结的饱和电流方向 I_0 相同，在短路的情况下有

$$I_p = S(\lambda)E \tag{7.7}$$

式中，$S(\lambda)$ 为探测器光照灵敏度。如果能将电流线性地转换成电压，测量电压，便可以间接测量光照度值 E。

(4) 光出射度 M：是指光源上每单位面积向半个空间（2π 球面度）内发出的光通量，称为面光源在该点处的光出射度，光出射度的单位为流明每平方米（lm/m²）。

(5) 亮度 L：是给定方向单位立体角内辐射到某一物体表面单位投影面积上的光通量。对于面光源，其表面一点处的面元在给定方向上的发光强度与该面光源在垂直于给定方向的平面上的正投影面积之比，称为面光源在此方向上的亮度，其表达式为

$$L = \mathrm{d}I/\mathrm{d}S \cdot \cos\theta \tag{7.8}$$

式中，θ 为给定方向与面元法线之间的夹角；亮度的单位为坎德拉每平方米（cd/m²）。

2) 探测器的 $V(\lambda)$ 匹配

物理光度测量法是用各种物理探测器代替人眼来测量各种光度量的方法。光探测器的灵敏度 $S(\lambda)$ 与人眼的光谱光视效率 $V(\lambda)$ 不一样，这就使得物理光度测量法的测量结果产生偏差，由此带来的影响不允许忽视。因此在物理测量中，为了使光探测器的光谱灵敏度与

人眼光谱光视效率尽可能的相一致,需要对光探测器进行匹配,在探测器表面加一层滤光片即可实现,这也是设计光照度计时应注意的一个重要方面。为了正确测量出光照度值,传感器的"光谱响应度"或"视见函数"必须与国际照明委员会明视觉光谱效率函数相匹配,其峰值波长应在 555 nm 或 507 nm。

3) 光照度的测量方法

(1) 光照度测量的方法设计。

在光度测量中,根据光接收方式的不同,测试方法分为两大类:基于人眼的生理视觉(标准光度观察者)的测试方法称为目视光度测量法;基于光探测器的物理过程(如光电器件、热敏元件等)的测试方法称为物理光度测试法。但随着科学技术的发展,在近代光度测量中物理光度测量法能迅速、正确、定量地给出测量值,因此物理光度测量法的应用在光度测量中占据了主导地位。在实际测量中,理论上各方向发光强度相等的"点光源"实际是光源的尺寸和到光源表面距离相比很小,可以采用光度测量的基本定律中的点光源的距离平方反比定律,即式(7.6)的情况。但是,此式针对的是垂直方向入射时受光面接收到的光照度。当入射光不是沿着垂直方向时,光照度的距离平方反比定律应改为

$$E = I\cos\alpha / D^2 \tag{7.9}$$

式中,α 为受光面的法线与照射光线的夹角。

(2) 测量系统的标定。

无论是新设计的光照度测量系统还是使用一段时间后的光照度测量系统,都需要标定。最佳的光电转换关系是线性关系,如果测量系统是非线性的,就需要标定。系统标定需要使用标准光源与光度测量装置共同构成光照度工作标准环境。系统标定时,先测量传感器的输出电压,然后用光照度计测量对应的光照度值,如果输入光照度与输出电压之间的关系非线性,则可采用硬件补偿法或者软件补偿法对系统进行标定。硬件补偿法是采用硬件电路的方式来补偿,软件补偿法则是根据不同的输入光照度和传感器的输出电压值的关系用最小二乘法确定多项式系数,对系统进行标定。

(3) 光电探测器的选择。

由于电信号的测量技术比较完善,具有较高的测量准确度,因此在光度测量中需要把被测光信号通过光电转换器转换成电信号,才能准确定量测量,因而光电探测器的合理选择非常重要。

在光度测量系统中常用的光电探测器有光电池、光电二极管、光电倍增管等。光电检测器必须满足以下三个条件:一是光电转换过程必须满足一定的函数关系;二是有足够宽的波长响应范围;三是灵敏度高,对光的响应速度要尽可能快,由光产生的电信号便于被探测器检测和放大,同时噪声低。

在实际应用中,光电池具有性能稳定、光谱响应时间短、光电转换效率高、光电线性关系良好且线性范围宽、长时间工作不需要外接电源,在连续稳定的光照下噪声很低,可以低阻输入到放大器,降低产生感应噪声的同时光电转换装置简单、使用方便。光电池中应用最广的是硒光电池和硅光电池,两者工作原理相同。硒光电池的光谱灵敏区约在 300~750 nm 的波长范围内,峰值波长在 575 nm 附近。硒光电池的光谱响应与人眼的光谱光视效率比较接近,较容易进行 $V(\lambda)$ 修正。因此很适合在光度测量中用作光电转换器件。但是硒光电池的线性范围不宽,当光照度大于 2000 lx 时,其非线性剧增。若它长

期使用,容易引起疲劳和漂移现象,灵敏度会逐渐下降,这使硒光电池在光度测量应用中受到了限制。

相比硒光电池,其使用寿命较长,且疲劳现象不显著,光电转换效率高、光电线性好、光电流温度系数小,响应速度为 $10^{-6}\sim10^{-5}$ s,光谱响应范围为 200~1100 nm、峰值波长约为 850 nm。基于上述优点,硅光电池已被广泛应用于光电转换器件中。由于硅光电池的光谱响应范围宽,其光谱灵敏度曲线与 $V(\lambda)$ 曲线相差甚远,但这一缺点可通过使用较为复杂的 $V(\lambda)$ 滤光器来匹配。硅光电池的工作原理为,当光照射 PN 结时,原子受激产生电子-空穴对。由于电子和空穴分别向两极移动而产生电动势,两极接入电路就能产生电流。

(4) 结构设计。

光照度计是测量光照度的器材,其结构原理如图 7.1 所示。在光照度测量中,被测面上的光不可能都来自垂直方向,因此光照度计必须进行余弦修正,使光探测器接收到不同角度上的光度响应满足余弦关系。余弦校正器使用的是一种漫透射材料,使入射光以任意角度入射在漫透射材料上,光探测器接收到的光始终是漫射光。余弦校正器的透性性好。在光照测量中,要求相对光谱响应符合视觉函数 $V(\lambda)$,因此需要进行 $V(\lambda)$ 匹配。一般通过给光探测器加适当的滤光片($V(\lambda)$ 滤光片)来实现。满足条件的滤光片往往需要不同型号和厚度的几片颜色玻璃组合来实现匹配。当光电探测器接收到通过余弦校正器和 $V(\lambda)$ 校正器的光辐射时,所产生的光电信号经过光电转换后经运算放大器放大,最后在显示器上显示相应的信号经标定后就是光照度值。

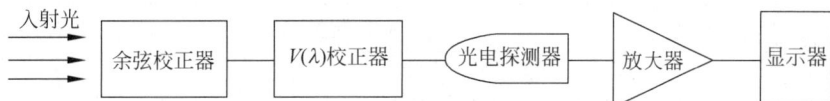

图 7.1 光照度计结构原理图

(5) 误差因素。

测量光照度的误差来源于以下几个方面:

① 光照度计相对光谱响应度与 $V(\lambda)$ 的偏离引起的误差。

② 接收器的线性程度,即接收器的响应度在整个指定输出范围内是否为常数。

③ 疲劳特性,即光照度计在特定工作条件下,由辐射光照度引起的响应度可逆地暂时变化。

④ 光照度计相应的方向性。

⑤ 温度依赖性,即环境温度对光照度探测头绝对响应度和相对光谱响应度的影响。

4. 实验内容与步骤

1) 光照度-电流对应值的测量

(1) 连接主机箱中电流表、恒流源调节器及发光二极管。

(2) 连接主机箱中的光照度表与光照度计探头,连接时注意正负极关系。

(3) 检查接线线路,确认无误后打开电源。

(4) 调节主机箱中的恒流源调节旋钮,改变发光二极管(LED)的工作电流,记录对应的光照度值的变化情况,将电流表与光照度值读数记录于表 7.1 中,得到光照度-电流对应关系。

2）光照度-电压对应值的测量

（1）连接主机箱中电压表、可调电压及发光二极管。

（2）连接主机箱中的光照度表与光照度计探头，连接时注意正负极关系。

（3）检查接线线路，确认无误后打开电源。

（4）调节主机箱中的可调电压调节旋钮，改变发光二极管（LED）的工作电压，记录对应的光照度值的变化情况，将电压表与光照度值读数记录于表 7.2 中，得到光照度-电压对应关系。

5. 实验数据及处理

（1）将光照度-电流对应值测量记录于表 7.1 中。

表 7.1　光照度-电流对应值测量记录表

测 量 参 数	测量次数 i						
	1	2	3	4	5	6	7
电流 I/mA							
光照度值 E/lx							

（2）用 OriginLab 软件绘制光照度-电流对应关系曲线。

（3）将光照度-电压对应值测量记录于表 7.2 中。

表 7.2　光照度-电压对应值测量记录表

测 量 参 数	测量次数 i						
	1	2	3	4	5	6	7
电压 U/V							
光照度值 E/lx							

（4）用 OriginLab 绘制光照度-电压对应关系曲线。

6. 思考题

（1）查阅文献，分析影响光照度测量还有哪些因素？

（2）查阅资料，分析光照度计中放大器放大电路芯片的选择条件。

7.2　光源电光转换效率测量实验

发光二极管（LED）具有占有空间小、稳定性好、节能和环保等优点。LED 是新一代的光源，具有低能耗、高效率、高稳定性等特点，被广泛应用于光照明、光通信等领域。

1. 实验目的

（1）了解 LED 光源的电光特性。

（2）掌握测量 LED 光源电光转换效率的方法。

（3）比较不同光源的电光转换效率。

（4）设计 LED 电光转换效率的温度特性测量装置。

2. 实验器材

直流稳压电源，LED 光源（绿光、蓝光、红光），积分球，光照度计，光功率计，恒温控制器等。

3. 实验原理

1）电光转换效率测量方法

电光转换效率分为光功率效率和光流明效率，光功率效率是指光源发出的光功率的总和与加在 LED 两端的总电功率（即 $I_F \cdot V_F$）之比，光流明效率是指光源发出的总光通量与加在 LED 两端的总电功率比。根据电光转换效率的定义可知，要测电光转换效率，则需测量 LED 的光通量（或光功率）与电功率。

目前常用的光通量测量方法有两种：一是分布光度计法，二是积分球法。分布光度计法主要是通过测量待测 LED 在空间的发光强度或光照度分布，然后进行全空间积分，从而得到待测 LED 的总光通量。该方法精度高，但是测量复杂。和分布光度计法相比，积分球法测量相对简单，在测量精度要求不高的场合应用广泛。通常，测试光源时采用积分球法；测试灯具时使用分布光度计。本实验采用的是积分球法测量待测 LED 的总光通量。

积分球法是一种相对测量方法，对系统进行标定时，必须使用光通量标准灯。为了使积分球能达到比较精准的测量数据，应使用同类型的标准 LED 标准灯来标定积分球系统，可以大大提高测量精度。使用积分球法测 LED 光通量时有比较严格的条件要求，首先，当测量对象是单一 LED 时，要求积分球的最小直径不能小于 20 cm，球越大，空间一致性误差越小，对自吸收的敏感性更小，信号也就更弱；其次，标准灯的尺寸和结构往往与被测灯不同，因此会对积分球内漫射光的吸收情况产生不同影响，为消除因光源形状和尺寸不同而造成的测量误差，通常用辅助灯法来减小由于光源的尺寸、封装不同所引起的测量误差。

2）积分球测试原理

光线由入光孔入射后，在球体的内部均匀地反射和漫反射，因此输出孔所得到的光线相当于均匀的漫反射光束。如图 7.2 所示，在理想条件下，球的内壁各点漫反射是均匀反射的，设球的半径为 r，设在 B 点区域 dS 上产生的直接照明数值为 E_1，M 处的总光照度为

$$E_M = E_1 + \frac{\rho}{1-\rho} \cdot \frac{\Phi}{4\pi r^2} \tag{7.10}$$

式中，Φ 为光源的总光通量；E_1 为光源 S 直接照射在 M 点上的光照度，E_1 的大小不仅与 M 点的位置有关，也与待测 LED 在球内表面的位置有关，如果在光源 S 和 M 点之间放置一块挡板，挡住光源 S 直接射向 M 处的光源，则 $E_1 = 0$。因此 M 点的光照度为

$$E_M = \frac{\rho}{1-\rho} \cdot \frac{\Phi}{4\pi r^2} \tag{7.11}$$

式中，r 为积分球半径，ρ 为积分球内壁反射率。由此可见，球壁内表面上任意位置的光照度 E_M 与光源 S 的总光通量 Φ 呈正比，通过测量球壁上的出光孔的光照度 E_M 来计算光源的总光通量 Φ。

由于积分球内壁反射率不易获得，本实验采用比较法算出光通量。比较法的优点是减少了由球壁材料、入射孔大小等不确定因素带来的影响。将已知光通量 Φ 的标准 LED 放入积分球的入射孔内，灯亮后在输出孔测量其光照度值为

$$E_S = \frac{\rho}{1-\rho} \cdot \frac{\Phi_S}{4\pi r^2} \tag{7.12}$$

再将待测 LED 放入积分球内点亮，测得的光照度为

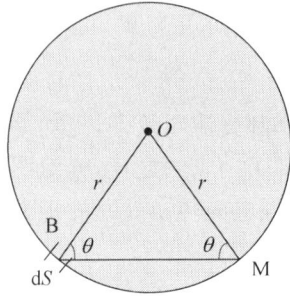

图 7.2　积分球光通量原理示意图

$$E_C = \frac{\rho}{1-\rho} \cdot \frac{\Phi_C}{4\pi r^2} \tag{7.13}$$

由上述二式可得,待测光源的光通量为

$$\Phi_C = \frac{E_C}{E_S} \cdot \Phi_S \tag{7.14}$$

式中,Φ_S 为标准 LED 的光通量;Φ_C 为待测 LED 的光通量。测出相应的 I_F 与 V_F,算出电功率即可求出 LED 的电光转换效率。

3) 影响电光转换效率的因素

(1) 辐射过程的能量损失。

电光转换效率对 LED 的产品性能有很大的影响,在 LED 发光过程中伴随的能量损失,同样影响 LED 的发光效果。将加在 LED 的 PN 结上的 $I_F \cdot V_F$ 电能转变成光功率并辐射出来,在此过程中产生能量损失的原因有以下几种:

① 正向电压 V_F 作用下,部分载流子(电子-空穴对)在 PN 结中复合发射出光子,造成能量损失;

② 由于 PN 结中存在杂质、缺陷等,并不是每个电子渡越 PN 结与空穴复合时,都能激发产生出一个光子,即内量子效率不可能达到 100%;

③ 每个电子渡越 PN 结耗能一定大于发射出的光子所具有的能量。

以上几种原因使 PN 结发射出的光子的总能量小于加在 PN 结上的电能($I_F \cdot V_F$),减少部分的能量变成 PN 结处的热能而产生温升。

(2) 封装时的能量损失。

封装 LED 时,由于 LED 芯片的折射率(一般为 2.5~3)与封装胶的折射率(一般为 1.4 或 1.5)不同,而封装胶的折射率与空气折射率也不同,所以不可能把所有的光子都辐射到空气中,即外量子效率不可能达到 100%。

LED 芯片发出的光遇到其他介质的交界面时会发生反射,并被 LED 芯片吸收,这部分被吸收的光子能量转化为芯片的热量并产生温升。当光线入射角大于全反射角时,光线被 100% 反射。

(3) 激发过程的能量损失。

对于白光 LED,需用蓝光激发黄色 YAG 荧光粉,其激发过程中也存在能量损失。蓝光对黄色 YAG 荧光粉并非 100% 激发,这与黄色 YAG 荧光粉的颗粒大小和均匀度有关系。蓝色光子的能量大于激发出黄色光子能量,蓝色光子转换成黄色光子辐射出来,同样也造成

了能量损失。

4. 实验内容及步骤

（1）按图 7.3 准备好相应实验器材。

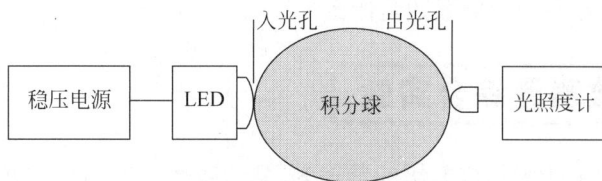

入光孔　出光孔

稳压电源 — LED — 积分球 — 光照度计

图 7.3　LED 灯光通量测量实验装置示意图

（2）调节直流稳压电源的驱动电流,点亮标准白光 LED 后,将标准灯的灯头完全放入积分球的入光孔,确保 LED 发出的光全部射入积分球,同时将光照度计的光度探头放置在靠近积分球出光孔处。

（3）固定好积分球与光照度计光度探头,使之相对位置不变,选择适当量程,读取光照度计显示数值 E_S,记录数据。

（4）换上待测蓝光 LED,将待测 LED 装入转接头(LED 的长脚为正,短脚为负,分别插入转接头的红色、绿色孔),点亮 LED,待光照度计显示数值稳定后,读取光照度计显示数值 E_1,并记录电源电压 U_1 数值。

（5）根据积分球比较法式(7.14)求出待测 LED 的光通量(Φ_S 为标准光通量 LED 的光通量)。

（6）根据电光转换效率 $\eta =$ LED 光通量/电功率 $I_F \cdot V_F$,计算 LED 光源的电光转换效率。

（7）改变 LED 光源(红光、绿光),重复步骤(4)～步骤(6),分别计算不同光源电光转换效率,并进行分析和比较。

（8）将光源装置放置于恒温控制箱中,设计光源电光转换效率与温度的变化关系测量实验。

5. 实验数据及处理

（1）记录标准 LED 光照度值 E_S。

（2）记录待测蓝光 LED 光照度值和对应的电压值,将数据记录于表 7.3 中。

表 7.3　蓝光 LED 电光转换效率测量记录表

测 量 参 数	测量组数 i						
	1	2	3	4	5	6	7
电压 U/V							
光照度 E/lx							

（3）计算得出蓝光 LED 电光转换效率。

（4）参考表 7.3,设计绿光和红光 LED 光照度和电压记录表,记录相应光照度值和电压值。

（5）设计温度对电光转换效率变化实验数据记录表格,并绘制电光转换效率随温度变化的关系曲线。

6. 思考题

(1) 查阅文献,分析提高 LED 电光转换效率的方法有哪些?

(2) 积分球法测光通量的局限性是什么?

7.3 LED 参数测量综合实验

在全球能源短缺的忧虑再度升级的背景下,节约能源是我们目前乃至未来很长时间都要面临的重要问题。在照明领域,半导体照明由于其节能、环保等特点备受关注。LED 是新一代发光器件,因其低功耗、高效率、高稳定性等特性而在照明、光通信等领域逐步替代传统光源。通过本实验,可以了解 LED 的基本光电参数及其测量方法,并掌握相关物性检测技术的设计方法,为后续专业实验的开展奠定基础。

1. 实验目的

(1) 熟悉 LED 工作原理。

(2) 掌握 LED 正向伏安特性的测试方法并测量 LED 正向压降。

(3) 掌握 LED 反向伏安特性的测试方法。

(4) 掌握 LED 的光照度随电流的变化规律。

(5) 掌握 LED 角度特性测试方法。

(6) 掌握常见色度参数的概念及其计算方法。

2. 实验器材

恒流源,电压表,电流表,(红、绿、蓝)LED 光源,光照度计,光谱仪,光纤,积分球,夹具,连接线等。

3. 实验原理

1) LED 工作原理

发光二极管是一种特殊的半导体二极管,可以把电能转化成光能。发光二极管与普通二极管一样,由一个 PN 结组成,也具有单向导电性。当发光二极管加上正向电压后,从 P 区注入 N 区的空穴和由 N 区注入 P 区的电子,在 PN 结附近数微米范围内分别与 N 区的电子和 P 区的空穴复合,产生自发辐射的光子。此时,进入对方区域的少数载流子(少子)一部分与多数载流子(多子)复合而发光。假设发光是在 P 区中发生的,那么注入的电子与价带空穴直接复合而发光,或者先被发光中心捕获后,再与空穴复合发光。发光的复合量相对于非发光复合量的比例越大,光量子效率越高。由于复合是在少子扩散区内发光的,所以光仅在靠近 PN 结面数微米以内产生。不同的半导体材料中,电子和空穴所处的能量状态不同,使得电子和空穴复合时释放出的能量多少不同,释放出的能量越多,则发出的光的波长越短。常用的是发红光、绿光或黄光的二极管。理论和实践证明,光的峰值波长 λ 与发光区域的半导体材料禁带宽度 E_g 有关,即

$$\lambda = \frac{1240}{E_g} \tag{7.15}$$

式中,E_g 的单位为电子伏特(eV),λ 的单位为 nm。图 7.4 所示为发光二极管结构示意图。若产生可见光,半导体材料的带隙宽度应在 3.26~1.63 eV。

2）LED 的伏安特性

LED 的伏安特性具有非线性和单向导电性，在外加正偏压时表现为低接触电阻，反之，为高接触电阻。LED 的伏安曲线如图 7.5 所示，图中两条曲线分别表示不同材料的 LED 的 I-V 特征。

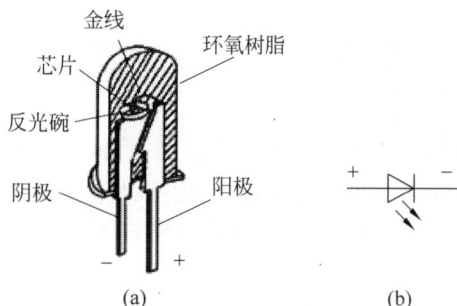

图 7.4　发光二极管结构示意图

(a) 结构图；(b) 符号

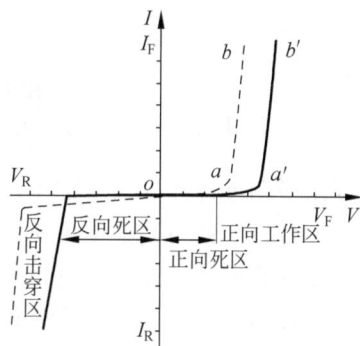

图 7.5　发光二极管 I-V 曲线

（1）正向死区：（图 7.5 中的 oa 或 oa' 段）a 点对于 V_a（a' 点对于 $V_{a'}$）为开启电压，当 $V < V_a$，外加电场未能克服因载流子扩散而形成势垒电场，此时 R 很大；开启电压对于不同 LED，其值不同，GaAs 为 1 V，红色 GaAsP 为 1.2 V，GaP 为 1.8 V，GaN 为 2.5 V。

（2）正向工作区：在此区间（图 7.5 中的 ab 或 $a'b'$ 段）电流 I_F 与外加电压呈指数关系：$I_F = I_S[\exp(qV_F/kT) - 1]$，$I_S$ 为反向饱和电流。$V > 0$ 时，$V > V_F$ 的正向工作区 I_F 随 V_F 指数上升：$I_F = I_S \exp(qV_F/kT)$。

（3）反向死区：$V < 0$ 时为 PN 结加反偏压。$V = -V_R$ 时，反向漏电流 $I_R = I_S \cdot \exp\left(\dfrac{r}{V_t}\right)$，$V_t$ 为维尔特常数，在反向死区，电流几乎为零。当 $V = -5$ V 时，GaP 的反向死区电压约为 0 V，而 GaN 的反向漏电流约为 10 μA。

（4）反向击穿区：$V < -V_R$ 的区域，V_R 称为反向击穿电压；V_R 电压对应 I_R 为反向漏电流。当反向偏压一直增加到 $V < -V_R$ 时，则会因 I_R 突然增加而出现击穿现象。由于所用化合物材料种类不同，各种 LED 的反向击穿电压 V_R 也不同。

反向特性测试方法与正向特性测试方法类似，区别在于开启电压对于不同 LED，GaAs 为 1 V，红色 GaAsP 为 1.2 V，GaP 为 1.8 V，GaN 为 2.5 V，其电压值均较小；而对于反向特性，一般 LED 的反向电压均较大，约为几十伏，使用普通的电流源无法进行测试，因此需采用稳压源进行测试。在测试过程中，稳压电源采用 0～200 V 电压源，同时为防止 LED 过流，需连接限流电阻进行保护。

图 7.6 分别为正向特性和反向特性测试电路，其中 VD 为待测 LED，G 为稳压源，A 为电流表，V 为电压表。

3）发光强度的角分布

LED 有红外与可见光两个系列，分别可用辐射度和光度学来量度其光学特性。不同的 LED 有不同的角度特性，特别是不同封装的 LED，其角度特性更是千差万别。根据不同的

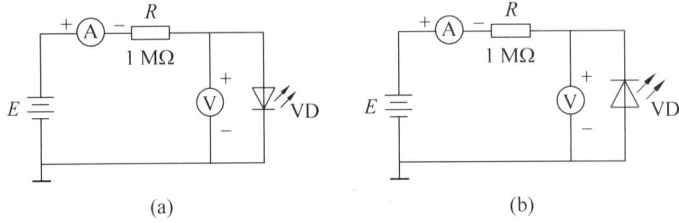

图 7.6 LED 的 *I-V* 特性测试图

(a) 正向 *I-V* 特性测试图；(b) 反向 *I-V* 特性测试图

应用要求及角度特性,可将 LED 分为普通型、指向型、发散性等。发光强度(法向光强)是表征发光器件发光强弱的重要性能。LED 大量应用要求圆柱、圆球封装,由于凸透镜的作用,都具有很强指向性:法向方向光强最大,其与水平面交角为 90°。偏离正法向不同 θ 角度,光强也随之变化。发光强度随着不同封装形状而依赖各自角方向。

发光强度的角分布 I_θ 是描述 LED 所发光在空间各个方向上光强分布。它主要取决于封装的工艺(包括支架、模粒头、环氧树脂中添加散射剂与否)。发光强度降为峰值的一半时,对应的角度称为方向半值角。

为获得高指向性的角分布可采取如下封装方案:①LED 管芯位置离模粒头远些;②使用圆锥状(子弹头)的模粒头;③封装的环氧树脂中勿加散射剂。采取上述措施可使 LED 的散射角 $2\theta_{1/2}\approx6°$,大大提高了指向性。目前圆形 LED 几种常用封装的散射角($2\theta_{1/2}$ 角)为:5°、10°、30°、45°。

角度特性测试方案如图 7.7 所示,其中 VD 为待测 LED 器件,G 为电流源,PD 为包含面积为 A 的光阑 D_1(D_2、D_3)的光度探测器,d 为待测 LED 与光阑之间的距离,θ 为 Z 轴和探测器轴之间的夹角。

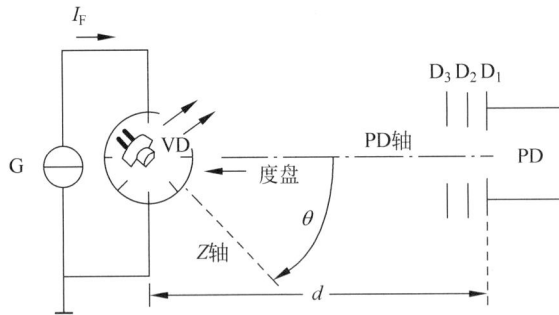

图 7.7 角度特性测试图

4) LED 的色度学测试

在色度研究中,常使用分光光谱测量法。在分光光谱测量系统中,使用光谱分辨率高的光栅光谱仪等进行色度测量。将可调恒流源与 LED 连接,用电流调节旋钮调节输出电流使 LED 正常工作。把光栅光谱仪的光纤探头插入积分球光纤连接口,收集光谱信号。再连接光纤光栅光谱仪与计算机,使测得的光源光谱功率由计算机进行数据处理,并计算得到色度坐标,从而计算出色温、显色指数等色度学参数。

4. 实验内容与步骤

1）LED 的 V-I-E 曲线测量

（1）按图 7.6(a)连接 LED 参数的测试电路和光路,将待测 LED 的灯头完全放入积分球的入光孔,确保 LED 发出的光全部照进积分球,同时将光照度计的光度探头放置在靠近积分球出光孔处,注意 LED 正负极的安装。

（2）将电流表和电压表调整到合适量程,缓慢调节电流,将对应的电压变化数值以及光照度计数据,记录于实验数据记录表 7.4 中。

（3）根据表 7.4 的数据绘制 LED 正向伏安特性曲线和光照度与电流关系 E-I 曲线,并分析其特征。

（4）根据图 7.6(b)连接 LED 参数的测试电路,后续光路不变。

（5）将电流表和电压表调整到合适量程,缓慢调节电流,将对应的电压变化数值,记录于实验数据记录表 7.4 中。

表 7.4　红、绿、蓝、白光 LED 的 V-I-E 测量记录表

电流 I/mA	0	20	40	60	80	100	120	140	160	180	200
电压 U/V											
光照度 E/lx											

（6）根据表 7.4 的数据绘制 LED 反向伏安特性曲线,并分析其特征。

（7）分别测量红光、蓝光、绿光及白光 LED 的伏安特性和 E-I 曲线值,自设相应表格,并分别绘制不同型号 LED 的伏安特性、E-I 变化曲线。

（8）根据 LED 的正向伏安特性数据曲线计算得出 LED 的正向压降值。

2）LED 的强度空间分布

（1）连接方式参考图 7.7,调整探测器套筒,使其中心轴与精密旋转台的中心轴共轴,同时将精密旋转台侧面的紧固旋钮松开(微调角度时紧固旋钮拧紧),用手直接调整精密旋转台上层面,使 LED 机械轴与探测器套筒共轴。

（2）顺时针缓慢调节"电流调节"旋钮,使电流大小为 10 mA,记录光照度表读数于表 7.5。

表 7.5　红、绿、蓝、白光 LED 的强度空间分布测量记录表

角度/(°)	0	5	10	15	20	25	30	35	40	45	…
光照度 E/lx											

（3）根据表 7.5 绘制 LED 强度空间分布曲线。

（4）分别测量红光、蓝光、绿光及白光 LED 的强度空间分布,自设相应表格,记录数据并分别绘制不同 LED 型号的强度空间分布曲线。

3）LED 的半最大强度角及偏差角

（1）连接方式参考图 7.7,调整探测器套筒,使其中心轴与精密旋转台的中心轴共轴,同时将精密旋转台侧面的紧固旋钮松开,用手直接调整精密旋转台上层面,使 LED 机械轴与探测器套筒共轴。记录此时精密旋转台对应的角度示数 θ_1。

（2）缓慢调节精密旋转台,观察光照度表读数变化,记录光照度为最大 I 时精密旋转台对应的角度示数 θ_2,求偏差角 $\Delta\theta_2=|\theta_2-\theta_1|$。

（3）继续缓慢调节精密旋转台,观察光照度表读数变化,记录光照度为 $I/2$ 时对应的角度示数 θ_3,求出 $\theta_{1/2}=|\theta_3-\theta_1|$。

4）LED 的色度特性测量

（1）设计色度参数测量光路。

（2）首先用光谱仪测量标准光源的实际光谱能量分布,并对光谱仪进行校准。

（3）将待测 LED 正确插装在光源夹具上,并连接恒流源,调节恒流源使 LED 正常工作,将光源夹具插装到积分球光源入口处,采集光谱数据,得到 LED 的光谱分布以及色度学参数,记录于表 7.6 中。

表 7.6　红、绿、蓝、白光 LED 的色度坐标测量记录表

参　数	白光 LED	红光 LED	绿光 LED	蓝光 LED
CIEx				
CIEy				
CIEz				

（4）分别测量蓝光、绿光、红光和白光 LED 的光谱分布及色度学参数。

5. 实验数据及处理

1）LED 的 V-I-E 曲线测量

2）LED 的强度空间分布测量

3）计算得到 LED 偏差角及半最大强度角

4）LED 色度参数测量

（1）记录不同 LED 型号色度坐标参数于表 7.6 中。

（2）导出不同 LED 光谱参数,绘制光谱特性曲线。

6. 思考题

（1）请说明影响 LED 的 V-I-E 特性的因素有哪些?

（2）温度对 LED 的发光特性有什么影响?请设计 LED 的热学特性测量装置。

7.4 液晶显示器特性参数测量实验

液晶是一种有机化合物。在一定温度范围内,它的分子有序排列,状态处于晶体和液体之间的中介状态(称为介晶态)。这种介晶态既有液体的流动性,又有晶体的光学特性和电学特性。液晶显示主要利用电光效应,电光效应种类很多,如动态散射、扭曲效应、相变效应和电控双折射等。液晶电光效应除作显示外,还可用于光通信、无损探伤、电子录像和核磁共振等。

1. 实验目的

（1）熟悉掌握 LCD 的工作原理。

（2）掌握 LCD 阈值电压和关断电压的测试方法。

（3）掌握 LCD 电压-透过率特性测量方法。

（4）掌握 LCD 对不同波长光线透过率的测量方法。

（5）掌握 LCD 视角测量方法。

2. 实验器材

信息显示与光电技术综合实验平台，LCD 特性测试及应用模块，接收端硅光电池，LED 照明光源，万用表，连接导线等。

3. 实验原理

LCD 即液晶显示器，又称液晶显示，是 liquid crystal display 的缩写。LCD 的构造是在两片平行的玻璃基板当中放置液晶盒，通过控制上下基板的光电信号实现液晶显示。LCD 的主要技术参数包括阈值电压、对比度、亮度、信号响应时间、可视角度等。

液晶的种类很多，仅以常用的 TN（扭曲向列）型液晶为例，说明其工作原理。

TN 型光开关的结构如图 7.8 所示。在两块玻璃板之间夹有正性向列相液晶，液晶分子的形状如同火柴一样为棍状。"棍"的长度为十几埃（$1\ \text{Å}=10^{-10}\ \text{m}$），直径为 $4\sim6\ \text{Å}$，液晶层厚度一般为 $5\sim8\ \mu\text{m}$。玻璃板的内表面涂有透明电极，电极的表面预先作了定向处理（可用软绒布朝一个方向摩擦，这样，液晶分子在透明电极表面就会躺倒在摩擦所形成的微沟槽里；也可在电极表面涂取向剂），使电极表面的液晶分子按一定方向排列，且上下电极的定向方向相互垂直。上下电极之间的液晶分子因范德瓦尔斯力的作用，趋向于平行排列。然而，由于上下电极的液晶的定向方向相互垂直，所以从俯视方向看，液晶分子的排列从上电极的沿 $-45°$ 方向排列逐步地、均匀地扭曲到下电极的沿 $+45°$ 方向排列，整体扭曲了 $90°$。

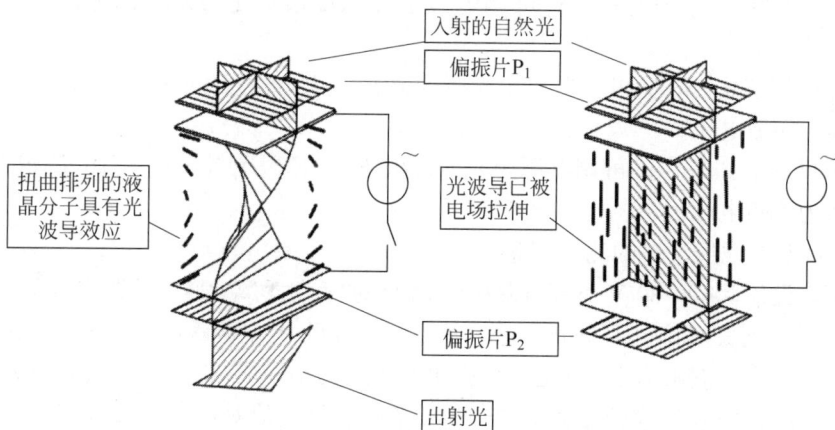

图 7.8 液晶的工作原理示意图

理论和实验都表明，上述均匀扭曲排列起来的结构具有光波导的性质，即偏振光从上电极表面透过扭曲排列起来的液晶传播到下电极表面时，偏振方向会旋转 $90°$。取两张偏振片贴在玻璃的两面，P_1 的透光轴与上电极的定向方向相同，P_2 的透光轴与下电极的定向方向相同，于是 P_1 和 P_2 的透光轴相互正交。

在未加驱动电压的情况下，来自光源的自然光经过偏振片 P_1 后只剩下平行于透光轴的线偏振光，该线偏振光到达输出面时，其偏振面旋转了 $90°$。这时光的偏振面与 P_2 的透光轴平行，因而有光通过，相当于"开"状态。

在施加足够电压情况下(一般为 1～2 V),在静电场的吸引下,除基片附近的液晶分子被基片"锚定"以外,其他液晶分子趋于平行于电场方向排列。于是原来的扭曲结构被破坏,成了均匀结构,如图 7.8 右图所示。从偏振片 P_1 透射出来的偏振光的偏振方向在液晶中传播时不再旋转,保持原来的偏振方向到达下电极。这时光的偏振方向与偏振片 P_2 正交,因而光被关断,相当于"关"状态。

对 LCD 加压,LCD 透过率将发生变化。LCD 的阈值电压是指透过率为 90% 时的供电电压,关断电压是透过率为 10% 时的供电电压。可视角度是指从不同方向能够清晰地观察液晶显示屏幕上内容的角度。通常液晶显示器的可视角度左右对称,而上下则不一定对称,表现出的现象是从不同角度看到液晶显示器亮度、色彩等不一致。可视角度决定了用户可视范围的大小以及最佳观赏角度。通过测量不同方向角度液晶显示器的可视角,可以衡量液晶显示屏幕的可视角度水平。

4. 实验内容与步骤

1)LCD 的阈值电压和关断电压测量

(1)调整设备,将 0～30 V 可调电源接至 LCD 的"+""-"端,通电前要将电源上的电压调节旋钮逆时针拧到头,确保电压输出最小。注意调节过程中,电源输出电压不要超过 5 V。

(2)光照度计调零后,将发射端的 LED 光源套筒接至对应输出调节单元,将 +5 V 直流电源接至电源接口,将接收端的硅光电池套筒接全光照度计。

(3)打开电源,将输出调节单元三个旋钮调至最大,0～30 V 可调电源调至 0 V,记录光照度 E_1。

(4)顺时针缓慢调节 0～30 V 可调电源至光照度值稳定(或变化微小),记录光照度值 E_2。

(5)缓慢调节 0～30 V 可调电源至光照度值 $E_3 = E_2 + 9(E_1 - E_2)/10$,测量 LCD 两端电压 U_1 即为阈值电压。

(6)缓慢调节 0～30 V 可调电源至光照度值 $E_4 = E_2 + (E_1 - E_2)/10$,测量 LCD 两端电压 U_2 即为关断电压。

2)LCD 对光线透过率的测量实验

(1)调整设备,将 0～30 V 可调电源接至 LCD 的"+""-"端,通电前要将电源上的电压调节旋钮逆时针拧到头,确保电压输出最小。注意调节过程中,电源输出电压不要超过 5 V。

(2)打开电源,将输出调节单元三个旋钮调至最大,0～30 V 可调电源调至表 7.7 对应数据,将对应的光照度计读数填入表 7.7 中,光照度趋向值对应的电压 U 即为 LCD 饱和电压。

表 7.7　LCD 对光线透过率测量记录表

LCD 电压 U/V	0.0	0.2	0.4	0.6	0.8	1.0	1.2	1.4	1.6	1.8	⋯
光照度 E/lx											

(3)透过率 $T_n = \dfrac{E_n - E_b}{E_0 - E_b} \times 100\%$,其中 T_n 为透过率,E_n 为光照度,E_0 为透过率为 100% 即 LCD 电压 $U_0 = 0(n=0)$ 时光照度计的读数,E_b 为 LCD 接饱和电压即 $U_n = U_b(U_b$ 为饱和电压)时光照度计的读数,依据实验数据绘制 LCD 电压-透过率特性曲线。

(4) 改变光源波长(红、绿、蓝),用同样的方法,绘制 LCD 对不同波长光线(红、绿、蓝)的电压-透过率特性曲线。

3) LCD 水平、垂直视角测量实验

(1) 调整设备,将 0~30 V 可调电源接至 LCD 的"＋""－"端,通电前要将电源上的电压调节旋钮逆时针拧到头,确保电压输出最小。注意调节过程中,电源输出电压不要超过 5 V。

(2) 将输出调节单元的三个旋钮顺时针调节到最大,使得 LED 套筒亮度最大。

(3) 调节 LCD(副 PCB 即电路板上)角度,并将水平和垂直两个方向上的视角光照度值分别填入表 7.8 和表 7.9 中。

表 7.8 LCD 水平视角测量记录表

水平视角/(°)	−80	−40	−20	0	20	40	60	80
光照度 E/lx								

表 7.9 LCD 垂直视角测量记录表

垂直视角/(°)	−80	−40	−20	0	20	40	60	80
光照度 E/lx								

5. 实验数据及处理

1) LCD 光透过率测量

根据表 7.7 数据,绘制 LCD 电压-透过率特性曲线,并进行分析。

2) LCD 视角测量

根据表 7.8、表 7.9,分别绘制 LCD 光照度随水平、垂直视角变化曲线。

6. 思考题

(1) 在选用液晶显示器时,需要考虑哪些参数?

(2) 请分析提高液晶显示器的响应速度,可采取哪些措施?

7.5 OLED 显示特性参数测量

OLED(organic light-emitting diode)即有机发光二极管,是一种新型的平板显示器件和二维光源,属于一种电流型的有机发光器件,是通过载流子的注入和复合而致发光的现象,发光强度与注入的电流呈正比。

OLED 也被称为第三代显示技术。OLED 不仅更轻薄、能耗低、亮度高、发光率好,可以显示纯黑色,并且还可以弯曲,用作曲屏电视和手机等。当今国际各大厂商都争先恐后的加强了对 OLED 技术的研发投入,使 OLED 技术在电视、计算机显示器、手机、平板等领域里的应用愈加广泛。

1. 实验目的

(1) 熟悉 OLED 的工作原理。

(2) 掌握 OLED 的电流-电压特性的测试方法。

(3) 掌握 OLED 的电流-光照度特性的测试方法。

（4）掌握 OLED 角度辐射特性的测量方法。

2. 实验器材

OLED 特性测试仪（内含稳压源、电压表、电流表、光照度计、OLED 显示模块），连接导线等。

3. 实验原理

1）OLED 工作原理

OLED 的发光原理及显示器驱动方式等都与 LED 十分相似，都是半导体材料和发光材料在电场驱动下，通过载流子注入和复合而致发光的现象。OLED 分别用铟锡氧化物（ITO）透明电极和金属电极作为器件的阳极和阴极，在一定电压驱动下，电子和空穴分别从阴极和阳极注入电子和空穴传输层，电子和空穴分别经过电子和空穴传输层迁移到发光层，并在发光层中相遇，形成激子致使发光分子激发。后者经过辐射弛豫发出可见光。辐射光可从 ITO 一侧观察到，金属电极膜同时也起到了反射层的作用。

OLED 结构原理图如图 7.9 所示。当电源供应适当电压时，OLED 的正极空穴与阴极电荷就会在发光层中结合，并依其配方不同产生红、绿、蓝 RGB 三原色，构成基本色彩。

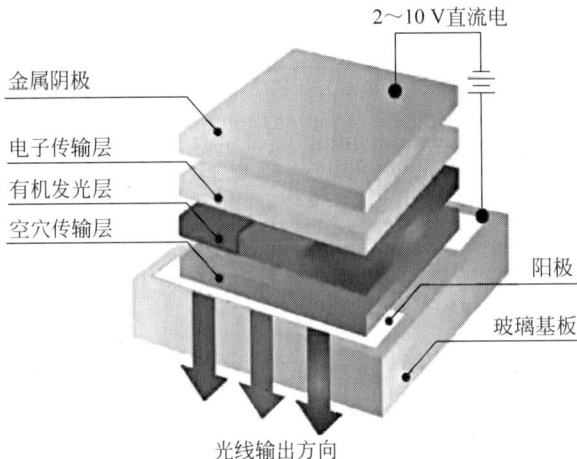

图 7.9 OLED 结构原理图

2）OLED 特性测试仪结构

OLED 特性测试及应用试验仪模块如图 7.10 所示，由电源模块、仪表模块、OLED 显示模块和照明模块组成。电源模块提供 0～30 V 和 0～200 V 可调直流稳压电源以及 0～20 mA 可调直流电源。

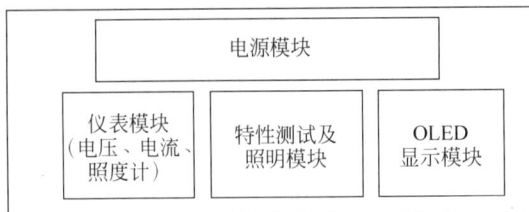

图 7.10 OLED 特性测试仪模块结构图

4. 实验内容与步骤

1) OLED 的伏安特性测量

(1) 搭建伏安特性测量参数的测试电路。

(2) 逐渐调节稳压源电压,每隔 0.1 V 读取一次电流值,将结果记录于表 7.10 中,绘制 OLED 的伏安特性曲线。

表 7.10   OLED 的伏安特性测量记录表

电压 U/V	0	0.1	0.2	0.3	0.4	0.5	0.6	...
电流 I/mA								

2) OLED 的电流与光照度关系(I-E)特性测试

(1) 搭建 I-E 特性测量参数的测试电路。

(2) 逐渐调节恒流源旋钮,每隔 10 mA 读取一次电流值,将结果记录于表 7.11 中,绘制 OLED 的 I-E 特性曲线。

表 7.11   OLED 的 I-E 特性测量记录表

电流 I/mA	0	10	20	30	40	50	60	...
光照度 E/lx								

3) OLED 的角度辐射特性测试

(1) 搭建角度特性测量参数的测试电路。

(2) 转动 OLED 结构底座,使其处于不同角度,将 OLED 处于不同角度时的光照度值记录于表 7.12 中,并绘制其角度特性曲线。

表 7.12   OLED 的角度特性测量记录表

角度/(°)	−60	−40	−20	0	20	40	60
光照度 E/lx							

5. 实验数据及处理

1) OLED 的伏安特性测量

绘制 OLED 的 I-V 特性曲线,并进行分析。

2) OLED 的 I-E 特性测试

绘制 OLED 光照度随电流变化曲线,并进行分析。

3) OLED 的角度辐射特性测试

绘制其角度特性曲线,并进行分析。

6. 思考题

(1) 对比分析 OLED 与 LCD 的视角特性。

(2) 查阅文献资料,设计 OLED 温度-电流特性测试方法。

7.6 利用反射光谱测定印刷品颜色

光谱学是测量紫外、可见、近红外和红外波段光强度的技术。光谱测量被广泛应用于多种领域,如颜色测量、化学成分的浓度测量、膜厚测量、辐射度学分析、气体成分分析等领域。

光谱仪是光谱检测最常用的设备。将光纤与CCD(电荷耦合器件)技术应用于微型光谱仪,可以大大提高其稳定性和分辨率。微型光纤光谱仪的便携性和高性价比,使得光谱检测从实验室走向检测现场,拓展了光谱仪的应用范围。

1. 实验目的

(1) 了解CIE衡量物体色的知识。

(2) 掌握利用反射式光纤测量光谱的方法。

(3) 掌握根据反射光谱计算物体色的算法。

2. 实验器材

光纤光谱仪,反射式光纤,积分球,卤素灯,支架,滑轨等。

3. 实验原理

1) 光纤光谱仪原理

光纤光谱仪结构紧凑,一般由入射狭缝、准直镜、色散元件(光栅或棱镜)、聚焦光学系统和探测器构成。由单色仪和探测器搭建的光谱仪中通常还包括出射狭缝,其作用是仅使整个光谱中波长范围内很窄的一部分光照射到单像元探测器上。CCD阵列探测器可以对整个光谱进行快速扫描,不需要转动光栅。单色仪中的入射和出射狭缝位置固定、宽度可调。

光纤光谱仪的优势在于测量系统的模块化和灵活性。本实验使用的微小型光纤光谱仪的测量速度非常快,可以用于在线分析。由于光纤光谱仪使用了光纤传导光信号,屏蔽了工作环境的杂散光,提高了光学系统的稳定性,可以用于较恶劣环境的现场测试。光由光线接头耦合进入光谱仪内部,再经过一个球面准直镜后由一块平面光栅色散,然后经由第二块球面镜聚焦至线阵探测CCD上,形成光谱谱面。光谱谱面是单色光的序列排布(有次光谱影响),让整个光谱中任一个微小谱带照射到相对应探测器的像元上,在此将光信号转换成电信号,经模拟数字转换(A/D)和放大,最后由电器系统控制终端显示输出,从而完成各种光谱信号测量分析。其光路结构如图7.11所示。

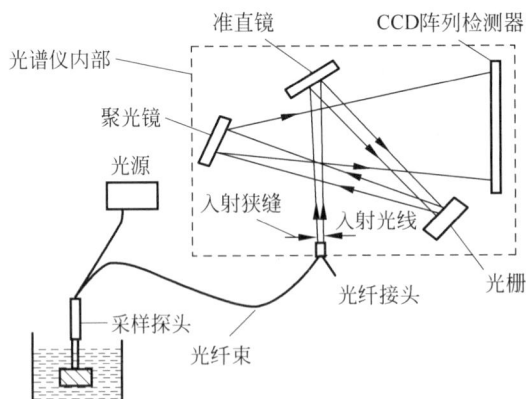

图7.11 光纤光谱仪结构示意图

2) 色彩描述方法

目前的色彩描述方法分为定性描述的显色系统表示法和定量描述的混色系统表示法两种。

（1）显色系统表示法。

显色系统是根据色彩的心理属性即色相、明度和饱和度或彩度进行系统分类排列的。显色系统以某种顺序对色彩要素进行分类，首先定义色相，这是颜色的基本特征，用以判断物体颜色是"红、绿、蓝……"等不同颜色，物体的色相取决于光源的光谱组成和物体表面选择性吸收后所反射（透射）的各波长辐射的比例对人眼所产生的感觉；其次定义明度，对于某一色调按相对明亮感觉排列，就是人眼所感受到的色彩明暗程度；最后定义饱和度，它表示离开相同明度中性灰色的程度。常用的显色系统有孟塞尔表色系统、瑞典的自然色系统（NCS）、德国 DIN 表色系统等。目前，在世界各国的印刷业中采用最多的是色谱、油墨色样卡。

孟塞尔表色系统是最具有代表性的显色系统，它按目视色彩感觉等间隔的排列方式，把色彩的色相、明度、彩度三种属性用色卡表示出来。色卡采用圆柱坐标进行配置，纵轴表示明度 V，圆周方向表示色相 H，半径方向表示彩度 C。

（2）混色系统。

由于显色系统存在的不足，人们迫切需要一种精度更高、对人依赖性低的色彩定量描述系统，因此提出了混色系统。用光的混色实验求出的为了与某一颜色相匹配所必要的色光混合量作为基础并对色彩进行定量描述。混色系统又称为三色表色系统，用三个值表示色刺激。色刺激的光谱分布称作色刺激函数。三刺激值是由色刺激函数这种物理量和人眼心理上的光谱响应之组合而求出的，因此它是一种心理物理量。我们把表示色刺激特性的三刺激值的三个数值称为色度值，把用色度值表示的色刺激称为心理物色。因此作为混色系统的表色值可用色度值。常用的混色系统有 CEI 1931 RGB 表色系统、CEI 1931 XYZ 系统。

3）色度测量基本原理

色度测量是将人眼对颜色的定性颜色感觉转变成定量的描述，这个描述基于表色系统。色度测量的依然是从印刷品表面反射或透射出来的光谱，基本原理是依据颜色的三刺激值 XYZ 色度计算公式

$$x = k \int \Phi(\lambda) \cdot \bar{x}(\lambda) \mathrm{d}\lambda \tag{7.16}$$

$$y = k \int \Phi(\lambda) \cdot \bar{y}(\lambda) \mathrm{d}\lambda \tag{7.17}$$

$$z = k \int \Phi(\lambda) \cdot \bar{z}(\lambda) \mathrm{d}\lambda \tag{7.18}$$

式中，$\Phi(\lambda)$ 为待测材料的光谱分布函数；$\bar{x}(\lambda)$、$\bar{y}(\lambda)$、$\bar{z}(\lambda)$ 分别为对应波长的光谱三刺激值。对于反射物体有 $\Phi(\lambda) = S(\lambda) \cdot \beta(\lambda)$，透射物体为 $\Phi(\lambda) = S(\lambda) \cdot \tau(\lambda)$，其中，$S(\lambda)$、$\beta(\lambda)$、$\tau(\lambda)$ 分别为照明光谱分布、反射物体光谱反射率及透射物体光谱透过率。k 为常数，定义为

$$k = \frac{100}{\int S(\lambda) \cdot \bar{y}(\lambda) \mathrm{d}\lambda} \tag{7.19}$$

4. 实验内容及步骤

（1）根据图 7.11 所示连接各个器件，实验采用反射式光纤探测物体表面颜色，反射式

光纤中六芯端面连接光源,另一端连接光谱仪接口。

(2) 将反射式光纤的探头用 V 型夹持器夹紧,然后探头朝下夹持在 360°支杆架上,完成搭建光路后,连接光谱仪并打开光谱仪软件。

(3) 将白参考片放置在样品位置,完成光谱明环境标定,随后关闭照明光源,进行暗环境标定。

(4) 放入待测样品,将反射探头对准待测物体距离约 20 mm,即可开始测量。若光谱不太理想则需调节"平均次数""平滑度""去除噪声"等参数,来设置光谱曲线的相关参量,直到得到需要的理想光谱分布。

5. 实验数据及处理

分别导出明环境、暗环境和待测样品光谱数据,绘制光谱曲线,并对数据和曲线进行分析,判定待测样品表面色度信息。

6. 思考题

(1) 如果样品为无腐蚀的有色液体,设计实验方案测定液体颜色。

(2) 样品尺寸不同对探测器有哪些要求? 若样品尺寸较大,反射式光纤探头还适用吗?

7.7 利用等离子光谱测定气体成分

随着温度的升高,一般物质依次表现为固体、液体和气体,它们统称物质的三态。当气体温度进一步升高时,其中许多甚至全部分子或原子将由于激烈的相互碰撞而离解为电子和正离子。这时物质将进入一种主要由电子和正离子(或是带正电的原子核)组成的状态,即等离子,它被称为物质的第四态。目前,直接测量等离子的器材分为两大类:一大类是测量等离子的密度和温度,方法又分两种:一种是根据落到传感器上的带电粒子产生的电流来推算,如法拉第筒、减速场分析器和离子捕集器;另一种是探针,通过在探针上加不同电压引起的电源变化推算。另一大类是测量等离子的特征谱线(光谱法),使用光纤探测等离子信号,通过光谱仪进行数据采集和分析。本实验将通过光谱法分析惰性气体的成分。

1. 实验目的

(1) 了解电致电离的基本原理。

(2) 掌握利用光纤光谱仪测量等离子光谱的方法。

(3) 掌握根据光谱信息获得气体成分信息的方法。

2. 实验器材

光纤光谱仪,辉光球,积分球,光纤,支架,滑轨等。

3. 实验原理

辉光球发光是低压气体(或叫稀疏气体)在高频强电场中显示辉光的放电现象。辉光球的密闭球壳用高强度的透明玻璃制成,玻璃球中央有一个黑色球状电极,电极内由金属丝弯绕后填充。球的底部有一块振荡电路板,通电后,振荡电路产生高频电压提供电场,球内稀薄气体受到高频电场的电离作用而光芒四射产生等离子。

向辉光球中输入低压直流电(一般在 5~12 V)时,由于振荡电路板的作用会在辉光球内部产生高压脉冲直流电,球体中心的电极中具有极高的电压,此时的电极与外球之间会存在极高的电势差,由 $E=U/d$ 可得,球体中存在着很强的电场。外围的电子会在强电场的作用下被电离,而处于游离态的电子则会在强电场中受到电场力($F=qE$)而迅速加速。当积累了足够多的能量后,若与其余的受原子束缚的电子发生碰撞,就会使原子处于激发态,并且会自发地向较低能级跃迁,同时发出光子,因此能观察到耀眼的光芒。实验中观察到的明亮的条纹形状则是代表着电子受电场力作用时的加速路径,因为不同原子的发光频率不同,所以选用不同气体的辉光球进行实验,就会观察到不同颜色的辉光。

辉光球工作时,在球中央的电极周围形成一个类似于点电荷的场。当用手指(人站在大地上)触及球时,球周围的电场、电势分布不再均匀对称,使得辉光在手指的周围变得更为明亮。

4. 实验内容与步骤

(1) 参照图 7.12 连接电路,打开光谱仪电源。

(2) 开启辉光球,将光纤使用光纤卡具贴近积分球。注意:不能让光纤端面与积分球接触,否则将导致光纤端面污损。

(3) 将光谱仪积分时间调整为 10 ms 左右,使得最大光强在 3000 a.u. 左右。

(4) 使用软件自带的测量功能测量各条特征谱线的波长值。查阅资料,对比各种惰性气体特征谱线,并查表判断其他成分。

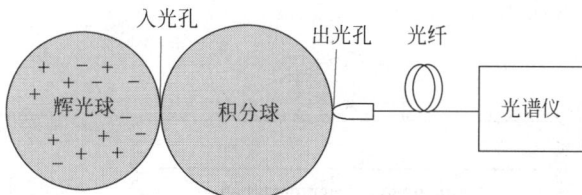

图 7.12　等离子检测实验装置示意图

5. 实验数据及处理

(1) 观察辉光球中产生等离子的实验现象。

(2) 测量完成后,在光谱仪系统中拟合出惰性气体的特征谱线。

(3) 通过观察惰性气体的强度峰值所对应的波长值,查阅惰性气体特征谱线表,判定辉光球中包含哪些惰性气体。

6. 思考题

(1) 如何得知大气中可能含有的成分,及各种杂质成分的含量? 请给出成分分析方案。

(2) 本实验系统中是否可以判定气体浓度? 如果可以,请说明判定方法,如果不可以,请说明理由。

7.8 等离子显示器特性参数测量

等离子显示器是采用了近几年来高速发展的等离子平面屏幕技术的新一代显示设备。它具有高亮度、高对比度,可视角优于 LCD,纯平面图像无扭曲,可实现超薄设计、超宽视角,可采用电子寻址方式,具备良好的防电磁干扰能力,且环保无辐射、散热性能好、无噪声困扰等优点,在家庭电视和大屏幕显示领域有显著优势。

1. 实验目的

（1）了解等离子显示器的工作原理及寻址方法。

（2）掌握彩色等离子显示模块的 4% 窗口亮度的测量方法。

（3）掌握亮度均匀性的测量方法。

2. 实验器材

等离子平板显示器，驱动电路，光亮度计，光照度计，卷尺，驱动信号源等。

3. 实验原理

等离子显示器(plasma display panel,PDP)是一种自发光平面显示装置。其核心原理与日光灯的发光原理相似，它是在真空玻璃内（即放电空间）注入惰性气体，然后施加电压，使管内的气体放电，利用等离子效应释放出紫外线，照射涂敷在玻璃管壁上的荧光粉，荧光粉就会激发出可见光，R、G、B 三基色荧光粉发出不同的可见光，就可以合成一幅彩色图像。

PDP 按工作方式的不同，可分为电极与气体直接接触的直流型(DC-PDP)和电极被介质覆盖与气体相隔离的交流型(AC-PDP)两大类。而 AC-PDP 又根据电极结构的不同，可分为对向放电型和表面放电型两类。目前 AC-PDP 中的表面放电型应用最广泛，图 7.13 为 AC-PDP 结构示意图。从图中可以看出：前后玻璃基板位于放电空间的上下层，前基板制作透明的 X 电极和 Y 电极，后基板制作寻址电极，并涂敷荧光粉，中间是放电空间，可见光通过前玻璃基板到达观众。

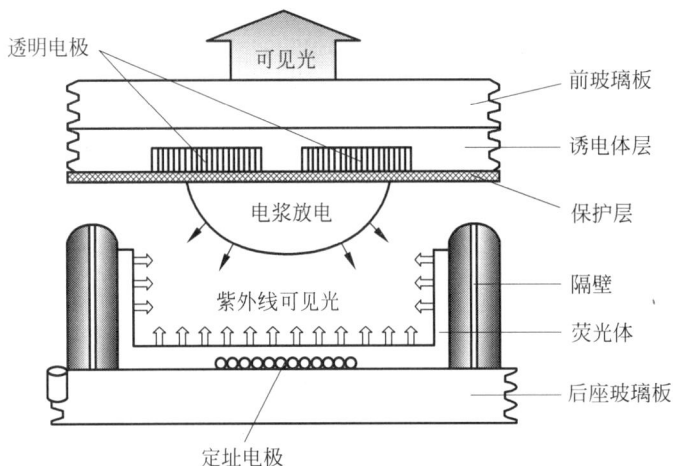

图 7.13 AC-PDP 结构示意图

PDP 采用一种子帧（场）驱动技术，它将一帧（场）图像的周期分成若干子帧，子帧的数目决定于标志视频信号量化的比特数。图 7.14 所示的视频信号量化级数为 8 bit，共有 8 个子帧，每个子帧分为两个阶段，分别称为寻址期和维持期（又称放电期或点亮期）。每个子帧寻址期的时间都相等，寻址期间全屏均不发光。寻址的主要任务是：正确点亮那些应该发光的像素，使它们在本子帧的点亮期持续发光。不同子帧的发光持续时间各不相同，并依次加倍(1、2、4、8、…、128)。

点亮期被激活的像素发光，而未被点亮的像素则不发光。对 8 bit 量化级数的视频信号而言，某帧中某像素的灰度为零，则该像素各子帧均不发光；若某像素的灰度为255，则各子帧像素都点亮。例如：灰度为 178，则对应 128、32、16、2 共 4 个子帧点亮，其他子帧不点亮，

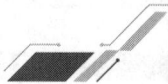

于是实现了不同灰度的重显。这样一来,其发光亮度就与点亮时间呈正比。

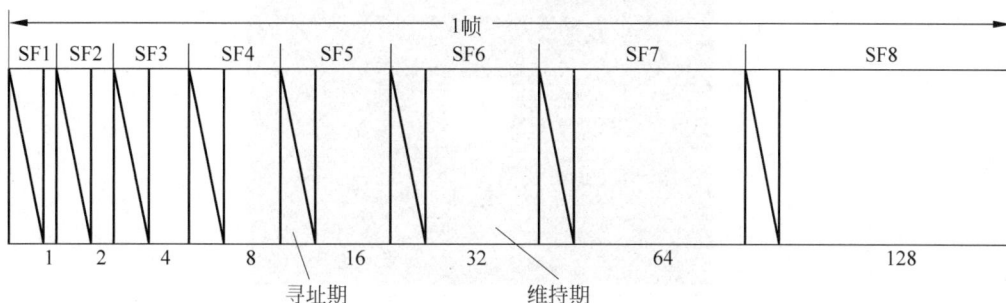

图 7.14 子帧驱动技术示意图

PDP 技术把脉冲宽度调制(PWM)和位分离技术(子帧驱动)结合,会使重显图像产生"真实模拟"的感觉,与模拟投影电视系统相比有很高的精度和稳定性。如果一个帧频为 50 Hz 的视频图像,采用 8 bit 量化的子帧驱动技术,则其图像刷新频率高达 400 Hz,因此图像行间闪烁和大面积闪烁都很小。

4. 实验内容与步骤

1) 等离子显示模块特性参数测量

(1) 按图 7.15 设置测量装置,将光测量装置与等离子显示屏的距离控制在 1.6～2.8 倍的等离子显示屏高度,用卷尺测量等离子显示屏高度和两者之间的距离。

(2) 设置光亮度计的孔径角小于 2°,调整光亮度计高度,使得亮度计测量的区域至少包含 500 个像素点,且其高度小于显示屏高度的 10%。

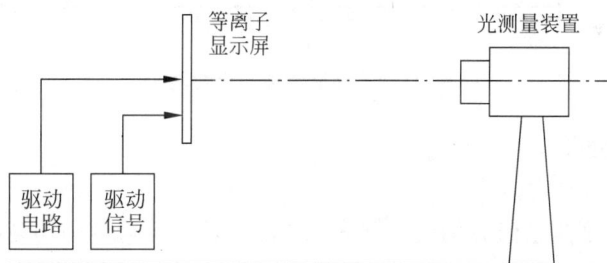

图 7.15 等离子显示模块光学参数测量装置示意图

2) 等离子显示模块 4% 窗口亮度测量

将环境光照度调整到最小(暗室条件),在等离子显示模块的中央区域 $(H/5)*(V/5)$ 加 100% 电平白色信号,如图 7.16 所示,测量中央图形黑色区域的亮度 L。

3) 等离子显示模块亮度均匀性测量

(1) 按照上述步骤(1)和步骤(2)调整测量装置和环境,将光照度调整到暗室条件。

(2) 施加 100% 电平白信号到显示器,并测量显示屏上特定点 P_i 的亮度 L_i,如图 7.17 所示,i 从 0～8 共 9 个点,并记录于表 7.13 中。

(3) 测量点 P_i 的亮度非均匀性表达式为 $L_N = (\Delta L_i/L_{AV})*100\%$,其中 ΔL_i 为亮度差,其表达式为 $\Delta L_i = |L_i - L_{AV}|$,$L_{AV}$ 为平均亮度,是 9 个点的亮度平均值。

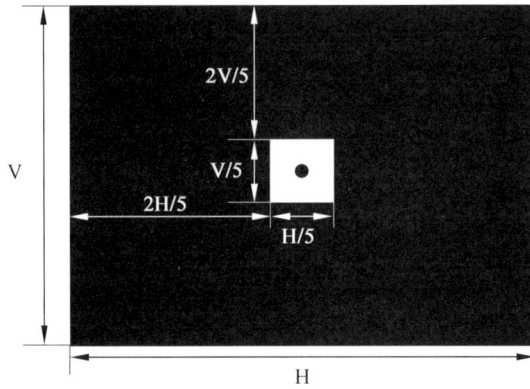

图 7.16　4%窗口亮度测量区域示意图

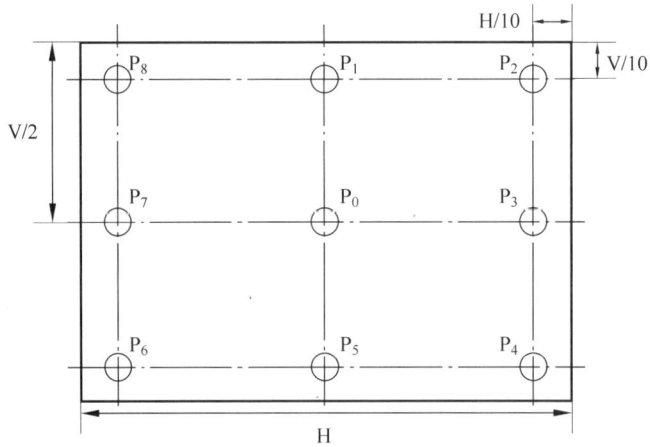

图 7.17　亮度测量点示意图

5. 实验数据及处理

（1）记录 4%窗口亮度值。

（2）将 9 个点亮度测量值分别记录于表 7.13 中，并计算得到平均亮度值 L_{AV} 和亮度非均匀性 L_N。

表 7.13　亮度均匀性测量数据

测　量　点	亮度 L_i/(cd/m^2)	亮度非均匀性 L_N
P_0		
P_1		
P_2		
P_3		
P_4		
P_5		
P_6		
P_7		
P_8		
平均亮度，L_{AV}：		

6. 思考题

(1) 在等离子显示器光电参数测量过程中,为何要将光亮度参数测量装置与等离子显示屏的距离控制在某一范围内? 若低于或超出该范围会对测量结果产生什么影响?

(2) 请设计测量装置和步骤,实现等离子显示模块的暗示对比度测量。

参考文献

[1] 杨应平,胡昌奎,胡靖华,等. 光电技术[M]. 北京:机械工业出版社,2014.

[2] 韩兵. 光电控制系统技术与应用[M]. 北京:电子工业出版社,2009.

[3] 杨应平,嘉信庭,陈梦苇. 光电技术实验[M]. 北京:北京邮电大学出版社,2012.

[4] 江月松. 光电技术与实验[M]. 北京:北京理工大学出版社,2007.

[5] 陈笑,张颖,吕敏,等. 光电信息专业实验教程[M]. 北京:科学出版社,2022.

[6] 陈克香. 光电器件技术与应用[M]. 北京:电子工业出版社,2016.

[7] 张维光,段存丽,陈阳,等. 光电信息科学与工程专业实践教程[M]. 西安:西北工业大学出版社,2021.

[8] 常大定,增延安,张南洋生,等. 光电信息技术基础实验[M]. 武汉:华中科技大学出版社,2008.

[9] 杨应平,陈梦苇. 光电信息技术实践教程[M]. 北京:清华大学出版社,2016.

[10] 曾丽娜,景海彬,李林,等. LED 光源电光效率测量实验研究[J]. 电力与能源进展,2020,8(4):71-76.

[11] 李爱侠,张子云,戴鹏,等. 等离子体光谱测定惰性气体成分实验研究[J]. 大学物理实验,2022,35(3):64-67.

[12] 任广起. 光照度测量系统设计[D]. 西安:西安工业大学,2012.

第8章 光电创新实训

8.1 光学器材搭建与液体浓度测量

物质的量浓度简称量浓度或浓度。液体浓度是指单位体积溶液中所含溶质的多少,是描述液体性质的一个重要物理量。测量液体浓度的方法较多,常见的物理测量法有折射率法、旋光率法、光谱分析法、超声光栅法等。本实训主题是自行搭建光学系统进行液体浓度的测量,共安排了5种不同方法,对比测量结果并引导学生进一步分析研究。

实训项目1 几何光学法测量液体浓度

在液体浓度测量方法中,折射率法是应用最为广泛的一类,人们通过反复探索,总结出了浓度与折射率关系的经验公式,通过经验公式可标定出未知液体的浓度。由此就将测量浓度转化为测量液体折射率。折射率的测量方法很多,项目1是基于几何光学的原理,采用多边形容器的两面折射法进行测量。

1. 实训目标

(1) 设计一种基于几何折射法测量液体浓度的装置。

(2) 研究液体浓度与折射率的关系,验证常规溶液浓度与折射率的经验公式。

(3) 利用标定结果测量未知溶液的浓度。

2. 器材设备

氦氖激光器(或半导体激光笔),玻璃容器(可用玻璃片黏合而成),平面镜,标尺,升降台,计算机,电子天平,烧杯,玻璃棒,量筒,药匙,滴管,注射器,样品瓶,废液池等。

3. 测量原理

1) 两面折射法测液体折射率的原理

当水平光线斜入射至盛有透明液体的多边体玻璃容器时,会发生偏折现象。设待测溶液的折射率为 n_x,容器玻璃的折射率为 n_G,空气折射率为 $n_A = 1$,光线的入射角为 φ_1,光入射到容器某面上的折射情况如图 8.1 所示。由折射定律可

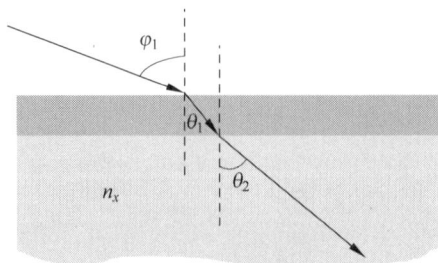

图 8.1 入射面的折射

知：$n_A\sin\varphi_1=n_G\sin\theta_1=n_x\sin\theta_2$，可见，光线经平板玻璃上下界面折射后会发生平移，但不会改变在液体中的折射角，本实训项目所用玻璃厚度较薄，平移的距离非常小。因此光线的折射等同于空气与液体界面上的折射，容器并不影响折射方向。测量时，只需关注入射角和折射角，玻璃对测量结果无影响，故可将玻璃内部的折射简化。

若光经容器的两个面后出射，设两面的夹角为 α，出射角为 φ_2。由于 φ_1，α 和 n_x 的取值不同，所以可能出现 $\theta_2+\theta_3=\alpha$ 和 $\theta_2-\theta_3=\alpha$ 两种情况，分别如图 8.2(a) 和 (b) 所示。对应的液体折射率表达式分别为

$$n_x=\sqrt{\frac{\sin^2\varphi_1+\sin^2\varphi_2+2\cos\alpha\cdot\sin\varphi_1\cdot\sin\varphi_2}{\sin^2\alpha}},\quad \sin\varphi_1<n_x\sin\alpha \tag{8.1}$$

$$n_x=\sqrt{\frac{\sin^2\varphi_1+\sin^2\varphi_2-2\cos\alpha\cdot\sin\varphi_1\cdot\sin\varphi_2}{\sin^2\alpha}},\quad \sin\varphi_1>n_x\sin\alpha \tag{8.2}$$

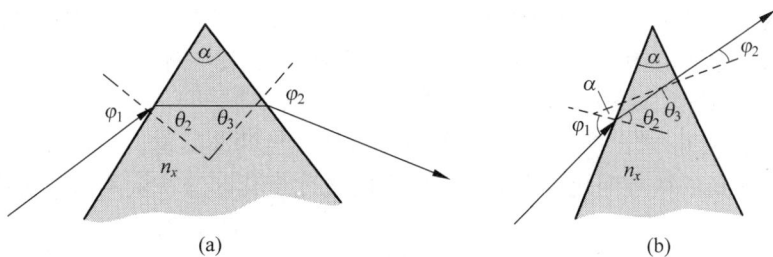

图 8.2　两相邻面的折射情况

(a) $\theta_2+\theta_3=\alpha$；(b) $\theta_2-\theta_3=\alpha$

由式(8.1)和式(8.2)可知，要测出液体折射率 n_x，只需测出 φ_1，φ_2 和 α 即可。

对于常见透明液体，其折射率范围为 1.33～1.45，当 $\alpha=90°$ 时，$1.33<n_x\sin\alpha<1.45$；当 $\alpha=60°$ 时，$1.15<n_x\sin\alpha<1.24$。因此，对于常见液体，若出入射面夹角在 $60°～90°$，则任意入射角 φ_1 都符合 $\sin\varphi_1<n_x\sin\alpha$，即适用于式(8.1)。

2) 全反射限制及入射角的选择

全反射是光由光密介质到光疏介质时全部被反射回光密介质的现象。在本测量中，光在入射面玻璃到液体和出射面玻璃至空气时都有可能发生全发射，因此需要选择合适的入射角以避免发生全反射，保证所有浓度液体都可测量。

在入射面上不出现全反射的条件为：$n_A\sin\varphi_1<n_x\sin90°$，即 $\sin\varphi_1<n_x$，对于常规液体而言，任意入射角都满足。而在出射面上不出现全反射的条件与 α 相关，下面分别以方形和等边三角形容器为例进行分析，它们的光路图如图 8.3 所示：当容器为方形容器（$\alpha=90°$）时，经计算不出现全反射的条件为 $\sin\varphi_1>\sqrt{n_x-1}$，从这个条件可知入射角应尽量大，入射角的下限是最低折射率液体对应的入射角，代入液体折射率最小值，得到方形容器不出现全反射的入射角范围为 $60.9°～90°$；当容器为等边三角形容器（$\alpha=60°$）时，不出现全反射的条件为 $\sin\varphi_1>\dfrac{\sqrt{3(n_x^2-1)}-1}{2}$，即等边三角形容器入射角 φ_1 的范围为 $14.88°～90°$。

3) 出射角的测量方法

若不使用专用测角仪测量出射角，可利用光杠杆法通过几何关系将角度的测量转化为

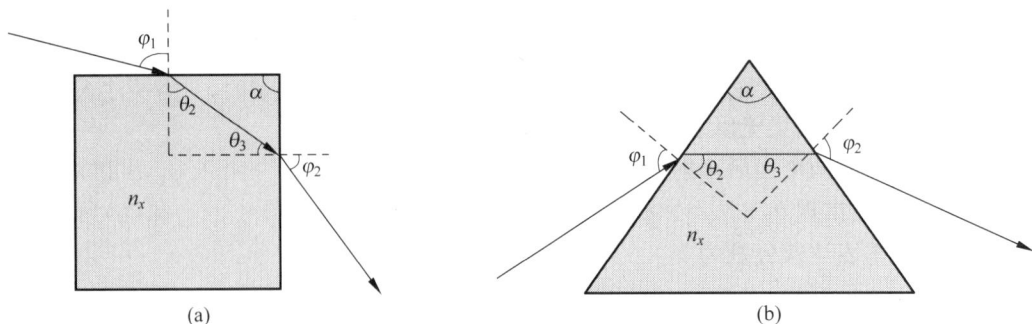

图 8.3　方形和等边三角形容器的光路图

(a) 方形；(b) 等边三角形

线度的测量。例如,准备两块平面反射镜:反射镜 1 置于光线出射位置,保持与容器出射面平行;反射镜 2 放置在反射光的位置上,保持与容器出射面共面,图 8.4 所示是以三角形容器为例的实验装置示意图,光线经器皿的两个面折射后出射到右侧标尺上,留下光点 A;在光点 A 处插入反射镜 1,该光点经反射后到左侧反射镜 2 上,再反射回到标尺上并留下光点 B,记录下两光点位置,求出两光点的间距 Δx。这样光经两次反射后,就可以将浓度的微小变化引起的出射角的微小变化放大成一个较大的线度变化。进一步测出两镜面间的距离,记为 d,则

$$\sin\varphi_2 = \frac{\Delta x}{\sqrt{4d^2 + (\Delta x)^2}} \tag{8.3}$$

代入式(8.3),表达式(8.1)可写为

$$n = \sqrt{\frac{\sin^2\varphi_1}{\sin^2\alpha} + \frac{(\Delta x)^2}{(4d^2 + (\Delta x)^2)\sin^2\alpha} + \frac{2\Delta x \cdot \sin\varphi_1}{\sqrt{4d^2 + (\Delta x)^2}\sin\alpha \cdot \tan\alpha}} \tag{8.4}$$

可见,该方案除了利用几何关系把角度的测量转变成了距离的测量,还利用了光杠杆原理,将由液体浓度变化引起的出射角的微小变化量转变成容易观察的距离变化,提高了测量精度。

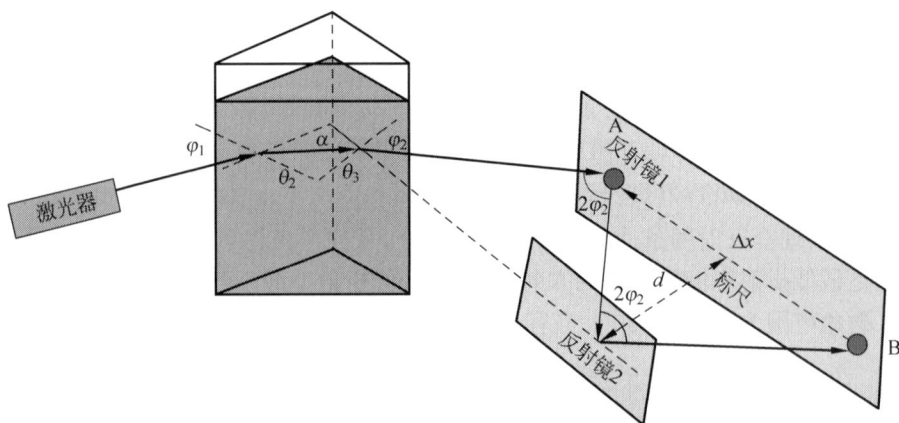

图 8.4　三角形容器液体折射率测量装置示意图

4. 实训内容与实验步骤

1）实验溶液配制

分别用食盐、蔗糖、酒精等被测溶质与纯净水混合，配制多种浓度的食盐、蔗糖、酒精等溶液。

2）装置搭建

按照图 8.5 所示的装置示意图，用激光器、玻璃容器、平面镜、标尺、量角器、载物台等元器件组建液体浓度测量装置。图 8.5(a)、(b)分别为方形容器和三角形容器液体折射率测量示意图。

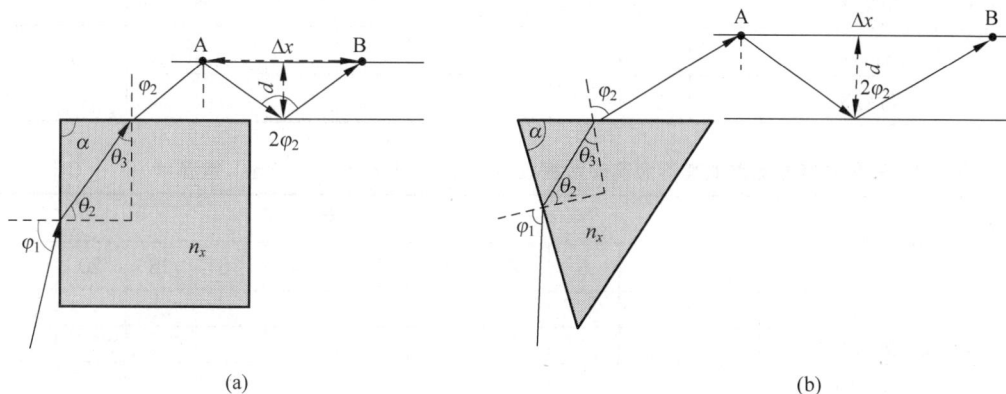

(a)   (b)

图 8.5　液体折射率装置图

(a) 方形容器；(b) 三角形容器

3）液体浓度测量

(1) 调整激光器使出射的激光保持水平，容器、镜面均竖直。激光以 75° 入射至容器的入射面，观察出射光的位置，将光屏平行于出射面放置，使出射光斑照在光屏上，固定光屏。

(2) 在光屏前光斑处竖直放置一小平面镜 1，观察经平面镜反射后光线的方位。

(3) 在反射光线的方位上竖直再放置另一平面镜 2，保持镜面 2 与出射面共面，使经平面镜 2 反射后在光屏面内能接收到第二次反射回来的光点（距离大需要两个光屏，要注意两光屏要共面。可用一条形板贴上白纸作为光屏）。

(4) 打开激光器，记下第一个光斑位置 x_1；再记下第二个光斑位置 x_2，求出两光点间距 Δx，多次测量后取 Δx 平均值。

(5) 测出两镜面间距 d，求出待测溶液的折射率。

(6) 保持入射角不变，更换不同浓度的溶液，得到若干组数据，进行拟合，得到该溶液浓度与折射率的关系表达式。

(7) 改用其他入射角重复上述实验，拟合得出关系式。

用上述方法分别对未知浓度的食盐、蔗糖和酒精等溶液进行测量，每组测 5 次，代入公式(8.4)计算该溶液的折射率，再根据拟合的关系式得到溶液浓度，并进行不确定度计算。

5. 数据及处理要求

(1) 浓度与折射率经验公式的验证，进行浓度与折射率关系定标。

记录分别用方形容器和三角形容器在 75° 和 80° 两个不同入射角的测量结果，记录测量装置的两镜面间的间距 d，将不同浓度时两次反射两光点的间距 Δx 填入表格，代入公式(8.4)算出对应液体的折射率，并进行直线拟合验证折射率与浓度关系的经验公式。比较方形与三角形容器的测量结果，判断哪种容器的测量精度更高。填写表 8.1 和表 8.2。

表 8.1　方形容器测得的某溶液实验数据（$\alpha = $ ___ ［°］，$d = $ ___ ［cm］，室温 = ___ ［℃］）

入射角 φ_1		浓　度									
		2	4	6	8	10	12	14	16	18	20	⋯
75°	$\overline{\Delta x}$/cm										
	折射率										
80°	$\overline{\Delta x}$/cm										
	折射率										

表 8.2　三角形容器测得的某溶液实验数据（$\alpha = $ ___ ［°］，$d = $ ___ ［cm］，室温 = ___ ［℃］）

入射角 φ_1		浓　度									
		2	4	6	8	10	12	14	16	18	20	⋯
75°	$\overline{\Delta x}$/cm										
	折射率										
80°	$\overline{\Delta x}$/cm										
	折射率										

（2）未知浓度的某溶质溶液的浓度测量。

填写表 8.3。

表 8.3　待测溶液浓度测量表

待测液	Δx/cm	$\overline{\Delta x}$/cm	折射率	浓度平均值/%	配置浓度值/%	浓度的不确定度/%	相对不确定度/%	相对误差/%
液体 1								
液体 2								
液体 3								

根据不确定度传递原则求出折射率的不确定度。计算公式如下：

$$U_n = \frac{U_{\Delta x}}{2\sqrt{n}} \left(\frac{2}{\sin^2\alpha} \{ (\Delta x)[4d^2 + (\Delta x)^2]^{-1} - (\Delta x)^3[4d^2 + (\Delta x)^2]^{-2} \} + \right.$$

$$\left. \frac{2 \cdot \sin\varphi_1}{\sin\alpha\tan\alpha} \{ [4d^2 + (\Delta x)^2]^{-\frac{1}{2}} - (\Delta x)^2[4d^2 + (\Delta x)^2]^{-\frac{3}{2}} \} \right)$$

再求出浓度不确定度。

6. 注意事项

(1) 实验中使用激光要谨防直射眼睛。

(2) 每次测量都要注意容器尤其是表面的清洁。

7. 思考与讨论

(1) 本方案的测量精度与哪些因素有关？

(2) 使用光杠杆法和不使用光杠杆法,测量精度有多大程度的提高？

(3) 折射率法还可以通过什么方法进行测量？

实训项目 2 液膜干涉法测液体浓度

1. 实训目标

(1) 设计一种基于梯形膜等厚干涉机理的测量液体浓度装置。

(2) 研究液体浓度与折射率的关系。

(3) 测量未知溶液的浓度。

2. 器材设备

氦氖激光器,透镜,扩束镜,自制玻璃梯形器皿,待测溶液,工业相机,计算机,烧杯,量筒,滴管,薄纸片,毛玻璃,酒精棉,样品瓶,升降台,容器支架等。

3. 测量原理

1) 干涉法测液体折射率的原理

如图 8.6 所示,将两块光学玻璃重叠在一起,一端插入一厚度为 h_1 的薄片,另一端插入厚度为 h_2 的薄片,则两玻璃板间形成一空气梯形膜。当玻璃板间充满液体时即为液体梯形膜。当光源照到透明介质薄膜上,经薄膜透射的两光束在薄膜的下表面发生交叠,形成干涉条纹。

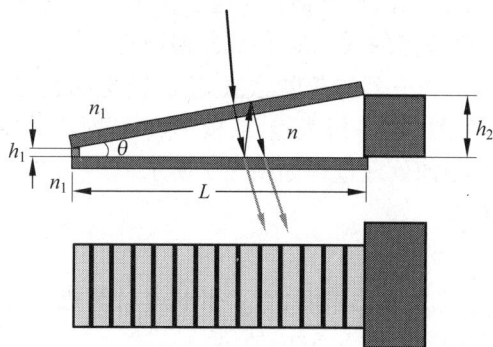

图 8.6 等厚干涉的原理

两光束的光程差为

$$\delta = 2ne + \lambda \tag{8.5}$$

式中,δ 为光程差;n 为液体的折射率;$2e$ 为折射光相比反射光多走的路程,λ 是光两次从光疏介质到光密介质界面反射而产生的两个半波损失。

薄膜厚度相同处的两束反射光有相同的光程差,具有相同的干涉光强度,产生同一级干涉条纹,不同厚度处产生不同级的干涉条纹,因此这种现象称为等厚干涉。当一束平行单色光垂直入射时,由液体层透射光和经上下表面反复反射后的透射光将在液膜的下表面发生干涉,形成一组明暗相间、等间距的平行直条纹,根据式(8.5)分别得出明条纹和暗条纹的光程差:

$$\delta = 2ne + \lambda \begin{cases} = k\lambda, & k = 1, 2, 3, \cdots (明条纹) \\ = (2k+1)\dfrac{\lambda}{2}, & k = 1, 2, 3, \cdots (暗条纹) \end{cases} \tag{8.6}$$

根据式(8.6)又可得出相邻明条纹(或暗条纹)对应的厚度差 Δe 为

$$\Delta e = \frac{\lambda}{2n} \tag{8.7}$$

若玻璃板长度为 L,两个垫片厚度差为 Δd,相邻条纹间距 Δx,液体折射率为 n,则总暗条纹数 N 为

$$N = \frac{L}{\Delta x} = \frac{\Delta d}{\Delta e} = \frac{2n\Delta d}{\lambda} \tag{8.8}$$

可见,两玻璃片间介质折射率与干涉条纹疏密度呈正比、与条纹间距呈反比,随着浓度的增大,干涉条纹间距减小,条纹变得越来越密集。即

$$n_{液} = \frac{\Delta x_{空气}}{\Delta x_{液}} \tag{8.9}$$

由式(8.9)得知,只需在相同条件下测出同一梯形容器里的空气膜条纹间距和待测液体膜条纹间距,即可计算出待测液体的折射率,进而计算出待测液体的浓度。

2) 自动识别干涉条纹间距的方法

条纹间距还可采用自动识别测量方案。要实现自动测量,首先要解决条纹间距自动识别问题,通过 Python 语言程序将干涉图进行图像处理即可实现条纹识别,具体方法如下:①先将所拍摄的原始图像导入程序,选择合适的阈值,处理成一张较为理想的黑白二值图;②通过三维图展示各对应坐标点的灰度值;③通过程序计算每列像素点的灰度值之和:先设定最亮点的灰度值为0,最暗点的灰度值为255,遍历每一列,对该列的所有像素点的灰度值求和,即可得到横坐标上的每一列的灰度总值,输出横坐标上每一列的灰度总值,得到一个近似正弦曲线的统计分布图;④各极大点(或极小点)即对应着原图的暗条纹(明条纹)中央,据此可得出条纹间距。图像处理过程如图8.7所示。

4. 实训内容与实验步骤

1) 装置搭建与调试

(1) 用激光器、透镜、薄纸片和毛玻璃、CCD 相机和计算机等器材按图 8.8(a)所示的实验装置示意图组建系统,实物图如图 8.8(b)所示。

(2) 调整激光使其出射光水平,加入透镜对激光进行扩束,加入薄纸片和毛玻璃,使散射光变得柔和、均匀。

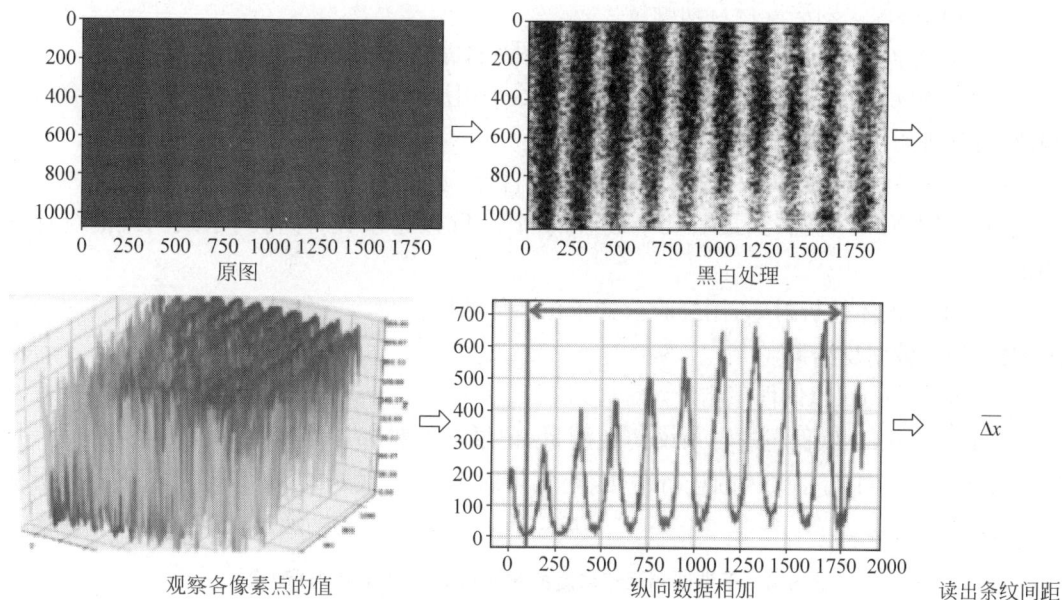

图 8.7　自动测量的数据处理示意图

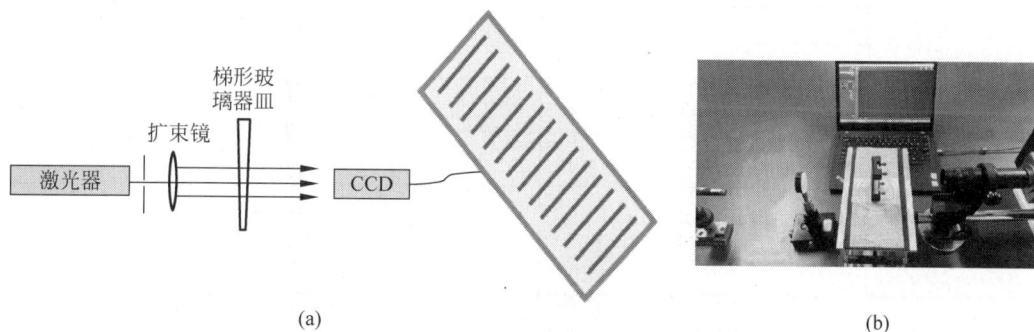

(a) (b)

图 8.8　正式实验的示意图和实物装置图

（a）实验装置示意图；（b）实物图

（3）调节器材的高度，使光轴在同一水平线上，并在实验过程中保持不变。

（4）调节氦氖激光器、扩束镜、透镜与梯形容器的距离，使扩束后的光斑正好照射在容器上，并在实验过程中保持不变。

（5）将工业相机连接至计算机，启动相机程序，观察空气梯形膜，对相机进行调焦，直到在计算机上可以观察到清晰的干涉条纹。

2）图像拍摄及基于 Auto-CAD 的液体折射率测量

（1）在计算机上拍摄空气膜的干涉图。

（2）将待测液体注入梯形容器中，待液体稳定后观察干涉条纹，拍摄干涉图。然后倒出来，重新注入待测液再次进行拍摄，重复几次。

（3）运行 Auto-CAD 程序进行条纹间距测量，求出液膜与空气膜条纹间距的比值，算出液体的折射率，用经验公式求出液体浓度。

3）运用图像识别法进行自动测量

（1）先将实验拍摄的原始图像导入程序，图片像素大小为 1980×1080。

（2）通过 OpenCV 库将其处理为黑白图像，采用局部阈值二值化处理方法，选择合适的阈值，得到理想黑白二值图。

（3）通过程序计算每列像素点灰度值之和，得到近似正弦曲线的统计分布图。

（4）测出第一个波谷到最后一个波谷的间距，除以条纹数，即得到条纹间距的统计平均值。

（5）求出液体的折射率，用经验公式求出液体浓度。

5. 测量数据及结果

1）运用 Auto-CAD 程序测量

通过 Auto-CAD 程序进行条纹间距测量，记录空气膜和各浓度液体膜的条纹间距，将各液膜的条纹间距与空气膜的进行对比，空气折射率取 1，代入式（8.9）即可求出液体折射率。填写表 8.4。

表 8.4　干涉法测酒精浓度的测量数值表（Auto-CAD 测量）

待测酒精溶液	条纹间隔 Δx	$\overline{\Delta x}$	折射率	浓度测量值/%	相对误差/%
空气			1		
90%酒精					
75%酒精					
70%酒精					
…					

2）图像识别法测量

填写表 8.5。

表 8.5　干涉法图像处理后测酒精浓度的测量数值表

待测酒精溶液	$\overline{\Delta x}$	折射率	浓度测量值/%	相对误差/%
空气		默认为 1		
90%酒精				
75%酒精				
70%酒精				

续表

待测酒精溶液	$\overline{\Delta x}$	折 射 率	浓度测量值/%	相对误差/%
60%酒精				
50%酒精				
37.5%酒精				

3) 酒精浓度与折射率线性关系的验证

对测量结果进行直线拟合,得到液体折射率与浓度的关系式,并进行误差分析。

6. 注意事项

(1) 注入液体后应静置 1~2 min 再行测量,液体外溢时,可用酒精棉吸附、擦拭外表面液体。

(2) 实验结果需与空气膜条纹进行对比,所以测液体时要保持与测空气时器材状态一致,即保持光源、玻璃器皿和相机机身及其镜头位置都不变的状态下拍摄。

7. 思考与讨论

(1) 本实验方法的基本原理是等厚干涉,能否用牛顿环测量液体浓度? 如果能,请推导测量公式。

(2) 你还有什么方法进行干涉条纹间距自动识别? 请说明识别的主要原理。

(3) 如果要将本方案改进成实时动态检测装置,你有什么好的建议?

实训项目 3 迈克耳孙干涉仪搭建和透明液体浓度测量

1. 实训目标

(1) 设计一种基于迈克耳孙干涉仪测量透明液体浓度的装置。

(2) 研究液体浓度与折射率的关系。

2. 器材设备

氦氖激光器,迈克耳孙干涉仪组件,比色皿,旋转载物台等。

3. 测量原理

测量装置的原理图如图 8.9(a)所示,以迈克耳孙干涉仪的原理来进行测量。自光源发出的光通过镀有半透半反膜的分光板后被分成振幅相等的两束光,它们分别经过可移动的平面反射镜 M_2 和固定平面反射镜 M_1 的反射,最后在观察系统处相遇而产生干涉。在可移动反射镜和分光板之间安装一个带有螺旋测微装置的旋转盘,旋转盘上放置装有液体的比色皿,光通过比色皿后到达可移动反射镜时,可在观察屏上看到清晰的干涉条纹,此时调节旋转盘的螺旋测微旋钮可带动比色皿随旋转盘一起转动。

当比色皿转过一定角度后光程发生改变,干涉条纹会随之发生变化,因此干涉条纹数的变化反映的是光程差的变化。当比色皿是空的,即内部是空气时,在转动的过程中因玻璃壁倾斜会引入光程增加而引起干涉条纹变化。设比色皿内部宽度为 d,如图 8.10 所示。当空比色皿旋转动引起的干涉条纹变化数为 N_1,装有待测液体的比色皿在转动相同角度时引起的条纹变化数为 N_2,装液体前后条纹变化数的差值为 $\Delta N = N_2 - N_1$,则液体的折射率计算公式为

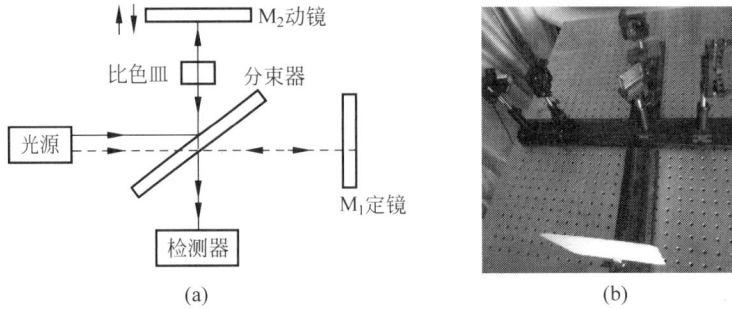

图8.9　搭建迈克耳孙干涉仪测量液体浓度的实验光路图和实物图

(a) 光路图；(b) 实物图

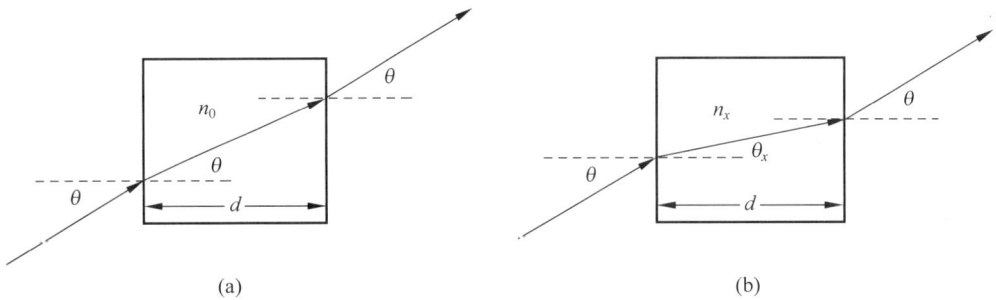

图8.10　空的和装有液体的比色皿旋转后的光路

(a) 空的比色皿；(b) 装有液体的比色皿

$$n_x = \frac{d\sin^2\theta}{2d(1-\cos\theta) - \Delta N\lambda} \tag{8.10}$$

式中，λ 为激光波长；θ 为光线入射角，即比色皿旋转过的角度，即可求出液体折射率。

干涉条纹吞吐数一般直接用眼计数，但是眼睛容易疲劳，计数可能不准确。自动计数法可利用单片机连接光敏电阻传感器，并将光敏电阻传感器的感应片安装在光屏上，即可实时检测光强的变化，用单片机控制和计数，实现干涉条纹吞吐数目的自动计数，以减轻眼睛计数的负担，减少误差，使结果更加精确。

4. 实训内容

1) 装置搭建

(1) 按图 8.9(a)搭建好迈克耳孙干涉仪，打开氦氖激光器，调整激光器使激光束基本平行于实验台面，并使光斑位于 M_1 和 M_2 镜面中心。

(2) 在靠近激光器处放一小孔光阑，让激光束穿过小孔，调整 M_1 和 M_2，使它们的反射光斑都返回到激光输出窗口的小孔光阑处。

(3) 在 M_2 前用纸片挡住激光束，微微调节固定激光管的圆环上的固定螺钉，使三个光点中的最亮点与小孔重合。

(4) 再用纸片挡住 M_1，调节 M_2 后的三个螺钉，直至 M_2 反射亮点与小孔重合。

(5) 此时在毛玻璃上能看到 M_1 和 M_2 反射形成的两套光斑，调整 M_1 和 M_2，使这两套光斑中最亮的一对重合，再微调 M_1 和 M_2，使两光斑严格重合，此时 M_1 和 M_2 垂直。在小孔光阑后面加入扩束镜，在屏幕上应该可见干涉圆环。

（6）将光敏电阻传感器的感应片安装在光屏上，实现用单片机进行光圈吞吐数计数。

2）光圈吞吐数测量与液体折射率计算

（1）将比色皿支架固定在旋转载物台上，将比色皿放入支架，调整旋转载物台的位置使光通过比色皿的中心，固定载物台。

（2）调整屏幕，使干涉圆纹中心对准屏幕上的光传感器的感应片，使其能自动识别光圈数目的吞吐变化。

（3）将旋转盘旋转一固定角度 θ（大约 $4°$），可用一固定障碍物来固定旋转角度，当转盘旋转到某规定角度时即会因受到障碍物的阻挡而停止，这样可以确保每次转动的角度相同。记录空比色皿旋转引起的条纹吞吐数目 N_1。

（4）依次将不同浓度的液体注入比色皿中，重复（3）的操作，记录条纹吞吐数目 N_2。

（5）代入公式（8.10），计算出液体折射率，通过拟合得到浓度和折射率的关系式。

（6）将待测溶液注入比色皿，重复步骤（3）和步骤（4），记录条纹吞吐数目 N_3，N_4 等，代入拟合得到的关系式，求出未知浓度透明溶液的浓度。

5. 测量数据及结果处理

1）液体浓度与折射率关系定标（以酒精为例）

测量空比色皿和注入各浓度液体比色皿后旋转相同角度引起的吞吐干涉条纹圈数，求出 ΔN，代入式（8.10）求出液体折射率，通过拟合得出浓度和折射率的关系式。填写表 8.6 和表 8.7。

表8.6　空比色皿吞吐干涉条纹圈数（比色皿内部宽度为 $d=$＿＿［cm］，旋转角度 $\theta=$＿＿［°］）

次　　数	1	2	3	4	5	6
吞吐圈数						

表8.7　室温下酒精的吞吐干涉条纹圈数和折射率（比色皿内部宽度为 $d=$＿＿［cm］，旋转角度 $\theta=$＿＿［°］）

酒精标准溶液	30%酒精	40%酒精	50%酒精	60%酒精	70%酒精	80%酒精	90%酒精
吞吐圈数							
ΔN							
折射率							

2）未知液体浓度测量

测量未知浓度液体引起的吞吐干涉条纹圈数，求出 ΔN，代入式（8.10）求出未知液体折射率，再根据上面定标的图和表达式求出液体浓度。填写表 8.8。

表8.8　室温下未知液体的吞吐条纹圈数和折射率（比色皿内部宽度为 $d=$＿＿［cm］，旋转角度 $\theta=$＿＿［°］）

未知酒精溶液	样品 1	样品 2	样品 3	样品 4	样品 5
吞吐圈数					
ΔN					
折射率					
浓度					

6. 注意事项

（1）为减小误差，实验过程中应使用同一个比色皿。每次测量后需进行清洗，擦干水后再进行下一次测量。

（2）旋转载物台尽量固定在光具座或平台上，比色皿应该用支架固定在载物台上，以减少旋转操作对器材的振动、移位带来的误差。

（3）配制溶液时，应用蒸馏水与各个待测溶液严格按照比例进行配比，使质量分数或体积分数尽可能精确。

7. 思考与讨论

（1）基于迈克耳孙干涉仪还能通过什么方案进行液体浓度测量？如果能，请画出光路图，并给出设计方案。

（2）你还有什么方法进行干涉条纹吞吐数目自动测量？请说明测量的主要原理。

（3）如果要将本方案改进成实时动态检测装置，你有什么好的建议？

实训项目 4 基于遮光法的液体溶液浓度测量

1. 实训目标

（1）基于遮光效应进行液体浓度测量。

（2）学习图像处理，识别遮光光斑直径，求液体折射率，进行浓度标定。

（3）测量未知液体的浓度。

2. 器材设备

工业相机，激光器，孔径光阑，可调衰减片，反射镜，K9 厚玻璃片，K9 薄玻璃片，玻璃支架等。

3. 测量原理

遮光效应是基于光的全反射原理形成的光学现象，当散射光从光密介质入射到光疏介质时，根据折射定律，散射光中大于或等于临界角的光在光密—光疏介质的界面上发生全反射，投射在散射层上形成以入射光点为中心的圆形暗斑图像。

如图 8.11 所示，在厚度为 d 玻璃面上充满一层待测液体，液层厚度为 h，折射率为 n_1；液体上方为空气，折射率为 n_0；玻璃下表面涂有散射层，折射率为 n_2，其中 $n_2 > n_1 > n_0$。当光束透过散射层将形成"光锥"状散射，称为透射散射光。若光束由 O 处入射，并以球面波传播，部分光在液体-玻璃 B 界面处发生全反射而不能入射到液体中；而另一部分光则发生折射进入液体薄层，当光到达液体-空气 A 界面处将再次发生全反射，从而在液体表面形成暗斑，这种现象称为遮光效应。

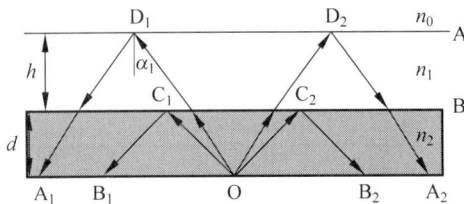

图 8.11 玻璃-液体-空气界面遮光效应的光路图

以液体-空气界面为例,光线 OD_1 与 OD_2 的入射角为全反射的临界角 α_1,则

$$\sin\alpha_1 = \frac{n_0}{n_1} \tag{8.11}$$

D_1D_2 区域外的光因入射角大于 α_1 不能从液体-空气 A 界面出射,对应的反射区 A_1A_2 外为亮区;D_1D_2 区域内的光入射角小于临界角,部分发生折射进入空气,部分反射回到液体下表面 B,继续反射与折射导致光强较弱,最终在 A_1A_2 区域内形成暗区。OA_1 或 OA_2 为遮光半径 r_2。

由几何光学得

$$\sin\alpha_1 = \frac{r_2}{\sqrt{r_2^2 + 4h^2}} \tag{8.12}$$

联立式(8.11)和式(8.12)得

$$n_1 = \sqrt{n_0^2(1 + 4h^2/r_2^2)} \tag{8.13}$$

然而,液体薄层很难保证每次测量时液体厚度一致,测量方案可改进为由两层玻璃夹住一层液体薄层。如图 8.12 所示,由两片折射率为 n_2 玻璃夹住一层均匀的待测液体薄膜,上层玻璃较厚,约 10 mm;下层玻璃厚度为 d,且涂有散射层。

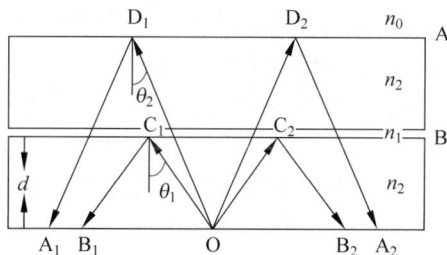

图 8.12　玻璃-液体-玻璃界面遮光效应的光路图

当光束从 O 点入射,照射在 C_1C_2 区域外的光因入射角大于临界角 θ_1 而无法进入液体,将发生全反射直接照射到 B_1B_2 区域外,因此 B_1B_2 区域以外为亮区;照射在 C_1C_2 区域内的光因入射角小于临界角,部分光将进入液体薄膜后经上层玻璃进入空气层,反射到磨砂面的光较弱,因此在 B_1B_2 区域以内形成暗区。B_1B_2 对应的圆环为亮暗分界线,OB_1 或 OB_2 为遮光半径 r_1。因上面还有一层玻璃,C_1C_2 区域以内的光还要再次经历玻璃-空气界面的临界反射,其中 D_1D_2 区域内的光因入射角小于临界角,将有部分光经折射进入空气,只有部分光反射到磨砂面,因此在 A_1A_2 环内形成暗区;D_1D_2 区域外的光因入射角大于临界角而全反射,因此在 A_1A_2 环外形成亮区。此时,在 B_1B_2 环外还有一个对应于玻璃-空气界面临界反射的亮暗分界线 A_1A_2,当然这个环与液体折射率无关,故不作考虑。

同样可推导得

$$n_1 = \frac{n_2 r_1}{\sqrt{4d^2 + r_1^2}} \tag{8.14}$$

由式(8.14)看出待测液体的折射率 n_1 与遮光半径 r_1、玻璃折射率 n_2 及玻璃厚度 d 有关,而与液体厚度无关。由此,若已知玻璃厚度 d 及折射率 n_2,则可通过测量遮光半径 r_1,得出待测液体的折射率 n_1。

4. 实训内容

1) 装置搭建

(1) 按图 8.13(a)搭建好遮光法液体浓度测量装置,打开激光器,调整激光器使激光束基本平行于实验台面,并使光经反射镜反射竖直向上反射照射到玻璃叠片中央。

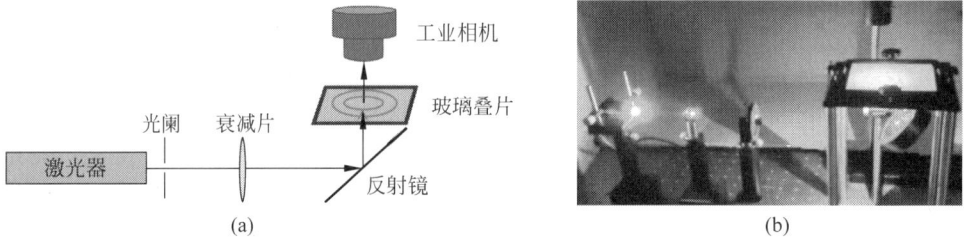

图 8.13　遮光法液体浓度测量的实验光路图和实物图

(a) 光路图；(b) 实物图

(2) 在靠近激光器处放一小孔光阑,让激光束穿过小孔,加入衰减片,观察玻璃片上的遮光光环。

2) 遮光光环直径测量及液体折射率计算

(1) 判断遮光光斑位置,用传统方法对遮光光环直径进行测量。

(2) 架上工业相机对光斑进行拍摄,保存光斑图样。

(3) 打开上玻璃片,用酒精棉擦拭掉液体,待挥发干后再将待测溶液滴到玻璃上,盖上上层玻璃,重复步骤(2)的操作。

(4) 将拍摄的光斑图样导入 MATLAB 进行图像处理,得到不同浓度光斑图样的光强分布图。

(5) 对像素点进行标尺标定,分析各遮光光斑过圆心直线上的光强分布,测出各自的内环直径。

(6) 代入公式(8.14),计算出液体折射率,通过拟合得到浓度和折射率的关系式。

(7) 依次将不同浓度的溶液滴到玻璃上,重复以上步骤,代入拟合得到的关系式,求出未知浓度透明溶液的浓度。

5. 测量数据及结果

1) 液体浓度与折射率关系定标(以酒精为例)

测量各标准液的遮光半径圈数,代入式(8.14)求出液体折射率,通过拟合得出浓度和折射率的关系式。填写表 8.9。

表 8.9　不同酒精溶液的遮光直径和折射率

酒精标准溶液	30%酒精	40%酒精	50%酒精	60%酒精	70%酒精	80%酒精	90%酒精
遮光直径							
折射率							

2) 未知液体浓度测量

测量未知浓度液体的遮光直径,代入式(8.14)求出未知液体折射率,再根据上面标定的图和表达式求出液体浓度。填写表 8.10。

表 8.10　未知液体的遮光直径和折射率

未知酒精溶液	样品 1	样品 2	样品 3	样品 4	样品 5
遮光直径					
折射率					
浓度					

6. 注意事项

(1) 每次测量后需用酒精棉进行清洗,擦干水后再进行下一次测量。

(2) 工业相机要固定,减少相机移位带来的误差。

(3) 注意激光使用安全,实验中要加衰减片对光强进行衰减,避免光强过大损坏工业相机。

7. 思考与讨论

(1) 本实验方案与利用分光计采用临界法测折射率有什么异同?

(2) 有什么方法可以对遮光半径进行自动识别与测量? 请说明测量的主要原理。

实训项目 5　基于红外吸收理论对酒精浓度的非接触测量

1. 实训目标

(1) 搭建基于比尔-朗伯红外吸收理论,用光电探测法实现酒精浓度的非接触测量的实验装置。

(2) 从原理出发推导酒精浓度和吸收比的关系式并进行实验验证。

(3) 对酒精浓度和光强进行定标,对未知液体的浓度进行快速测量。

2. 器材设备

半导体激光器 2 个(波长分别为 1310 nm 和 1550 nm),器材盒,比色皿,滤波片 2 个(1310 nm、1550 nm),光电管 2 个,单片机,OLED 显示屏等。

3. 工作原理

1) 比尔-朗伯红外吸收原理

当红外光照射到液体中时,会引起液体中大量分子的化学键或官能团发生振动(或转动),从而引起红外吸收。一般地,分子红外吸收遵循比尔-朗伯理论:

$$\frac{I}{I_0} = e^{-KCL} \tag{8.15}$$

式中,I_0 为输入光强;I 为输出光强;K 为摩尔吸收系数;C 为液体浓度;L 为吸收层厚度。对于单一化学键或官能团吸收情况,测出输入输出光强比,即可通过式(8.15)算出液体浓度。

然而,酒精溶液中同时存在水分子与酒精分子,酒精分子中 C-H 基团、O-H 基团和水分子中的 O-H 基团均能引起红外光吸收,最终测得的是多重吸收叠加的结果,单纯考虑其中一种吸收因素则误差较大。

当多种吸收共存时,将酒精的吸收和水的吸收分开考虑,式(8.15)可以写成

$$\frac{I}{I_0} = e^{-(K_e C_e + K_w C_w)L} \tag{8.16}$$

式中,C_e 和 C_w 分别为酒精和水的浓度占比;K_e 和 K_w 分别为酒精和水的吸收系数。令

$$A = e^{K_w L}, \quad M = e^{-K_e L} \tag{8.17}$$

忽略酒精与水混合后体积的微量下降,酒精和水的浓度占比关系可近似写成 $C_w = 1 - C_e$,将其与式(8.17)代入式(8.16)中,可得

$$\frac{I_{(C_e)}}{I_0} = e^{-K_e C_e L} e^{-K_w C_w L} = M^{C_e} A^{C_w} = A\left(\frac{M}{A}\right)^{C_e} \tag{8.18}$$

令 $B = \dfrac{M}{A}$,则输出光强与酒精浓度之间的关系可表示为

$$\frac{I_{(C_e)}}{I_0} = A * B^{C_e} \tag{8.19}$$

可见,输出光强 I 与酒精浓度 C_e 呈指数幂关系。

2) 测量波长的选择

在 1250~1400 nm 波段,酒精浓度与透过率强相关,原因是该波段存在 O-H 一级倍频和 C-H 二级倍频的双重吸收。但由于水与酒精中都含有一级倍频吸收的 O-H 基团,不利于酒精浓度的准确测量。其中 1393 nm 为 O-H 基团的极敏感波长,为降低 O-H 基团的影响,应该避开这个波长。结合市场的供给情况,本方案选择 1310 nm 和 1550 nm 波长两种激光光源作为实验光源,其中,1310 nm 为敏感波长,用于测量,可避开与水相关的 O-H 基团的极敏波长;而 1550 nm 对 O-H 和 C-H 均不敏感,作为校准波长,用于对系统的背景散射、光电探测器的电子噪声的校准。

4. 实训内容

1) 装置搭建与调试

(1) 光路设计。

测量装置如图 8.14 所示,采用敏感波长 1310 nm 用于测量,采用不敏波长 1550 nm 用于校准。两束红外激光平行入射到盛有酒精溶液的 10 mm 规格的比色皿中,比色皿的另一端设有两个装有对应波长滤光片的光电管,用来接收穿过比色皿后的激光,光电管连接到单片机上,由单片机进行数据采集和处理,单片机再连接显示屏,将采集的数据和处理的结果输出到显示屏上。

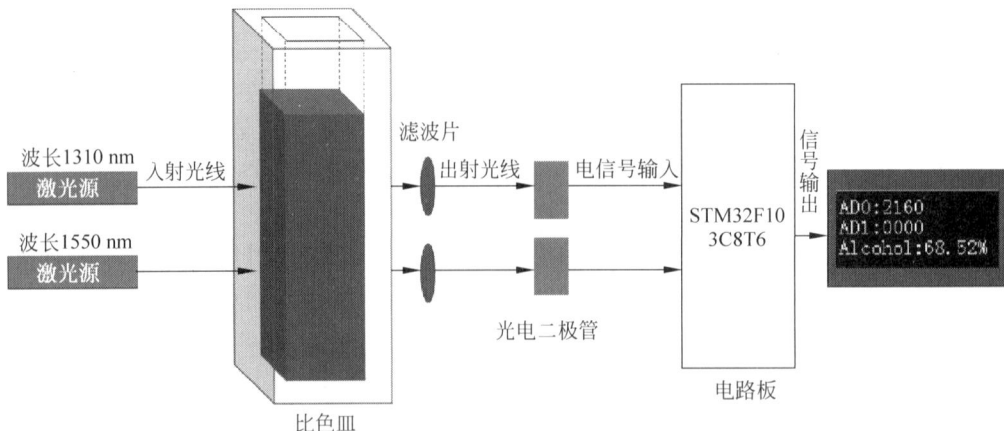

图 8.14 红外吸收法酒精浓度测量的实验装置图

（2）电路设计、软件控制和结果显示。

电路设计分为数据采集、数据计算和结果显示三个模块，如图 8.15 所示。采用光电二极管实现光电转换，得到的电压与光强呈正比；为使装置能实时显示测量浓度值，采用单片机进行数据采样，通过程序进行数据计算；结果显示模块是 OLED 四针屏幕，三行数据显示分别表示 1310 nm、1550 nm 的 ADC 采样值和酒精浓度值。

图 8.15　实验装置电路控制框图

若用 Q 表示 ADC 采样值，则式（8.19）可表示为以下 $Q\text{-}C_e$ 关系式

$$\frac{Q_{(C_e)}}{Q_0} = \frac{U_{(C_e)}}{U_0} = \frac{I_{(C_e)}}{I_0} = A * B^{C_e} \qquad (8.20)$$

测出不同浓度酒精溶液的 ADC 值，根据上式拟合结果，可求出 A、B 值，得到最终的 $Q\text{-}C_e$ 拟合式。再将拟合式输入单片机，即可实现对酒精浓度的实时检测。

2）器材标定和液体浓度测量

（1）反复调试实验装置的光路部分和电路部分，使数据采集、数据计算和结果显示正常。

（2）将空比色皿放入光路，打开敏感波长（1310 nm）激光器，检验光电管对波长 1310 nm 的光的响应情况，关闭该激光器；再打开校准波长（1550 nm）激光器，检查光电管的响应情况，关闭该激光器。这时光电管的采样值应该都比较大。

（3）将配置好的酒精溶液注入比色皿，放入光路，观察 1310 nm、1550 nm 对应的 ADC 采样值，这时 1310 nm 的采样值应该比空比色皿时的采样结果小，而 1550 nm 的采样值应该为 0，说明电路部分校准完成，器材处于正常工作状态。

（4）再将空比色皿放入光路，打开 1310 nm 激光器，记录此时的采样值 Q_0。

（5）分别对 0～100% 不同浓度 C_e 的酒精溶液进行测量，记录 1310 nm 的采样值 Q，利用式（8.20）数据拟合，得到具体的 $Q\text{-}C_e$ 关系式。

（6）将拟合式输入到单片机，即完成器材定标。

（7）对未知浓度的液体进行测量，器材将通过标定的 $Q\text{-}C_e$ 关系式计算出酒精浓度值，并直接显示在屏幕上。

5. 测量数据及结果

1）采样值测量与 $Q\text{-}C_e$ 关系式拟合

对 0～100% 不同浓度的酒精溶液进行测量，填入表 8.11 中。将测量结果根据式（8.20）进行曲线拟合，得出 $Q\text{-}C_e$ 表达式。

2）未知浓度的酒精溶液测量

测量未知浓度的酒精溶液，每组测量多次求平均值，并计算不确定度和相对误差。填写表 8.12。

表 8.11　不同浓度酒精溶液 1310 nm 波长的采样值 Q（空比色皿时器材的初始值 $Q_0 = $　）

$C/\%$	0	5	10	15	20	25	30	35	40	45
Q										
$C/\%$	50	55	60	65	70	75	80	85	90	95
Q										

表 8.12　未知浓度酒精溶液测量表

待测酒精溶液	Q	$\bar{Q}/\%$	浓度测量值/%	浓度测量不确定度/%	配置浓度值/%	相对误差/%
样品 1						
样品 2						
样品 3						

6. 注意事项

（1）测量光路要保持不变，比色皿要用支架固定，确保每次装倒液体后比色皿要恢复原位，减少因光路变化带来的误差。

（2）每次测量后需用酒精棉进行清洗并风干，如果急可用待测酒精溶液冲洗后再进行测量。

（3）尽量让实验在暗环境进行，可以在搭建系统时将整个测量装置装入一个黑实验盒中。

7. 思考与讨论

（1）为什么测量波长要避开 O-H 基团的敏感波长？

（2）在实验中使用了一个不敏波长作为光电噪声的校准，校准完后这个光源可以移除，若要进行器材简化也可不使用该校准光源。请分析在不使用校准光源时可能会遇到什么问题，可以采用什么方法解决？

8.2　光电传感与迷宫智能车系统构建

基于光电传感技术可实现智能车系统在迷宫中进行智能化操作，包括智能寻迹、避障以及寻宝等。其中使用的光电传感技术包括了图像识别、光纤陀螺仪定位以及超声波测距等。本实训主题是通过采用不同光电传感模块实现迷宫智能车系统的搭建，实现智能车在迷宫行进过程中会自动避障、选择线路、寻宝、识别真伪宝藏并最终走出迷宫等功能。

实训项目 1　迷宫图像识别

1. 实训目标

(1) 了解图像识别的方法和原理。

(2) 掌握基于 OpenMV 机器视觉模块实现迷宫图像识别。

2. 器材设备

智能小车(外接锂电池供电)，TC264 单片机，90°彩色摄像头，2.0 寸并口 IPS，1024 线编码器，彩色液晶屏等。

3. 工作原理

1) 图像识别原理

图像识别技术是信息时代的一门重要技术，是人工智能的一个重要领域。图像识别并不仅限于用人眼识别，也包括借助计算机技术进行识别。图像识别是对图像进行处理与分析，进而得到要研究和获取的目标的过程。图像识别的关键是获取图像特征，比如图像的颜色、形状突变点等。结合这些特征信息，进行识别信息捕捉和图像识别，并客观判断图像的性质和内涵。为了更好地模仿人眼识别图像的原理，减少和人眼识别效果的差异，就需要应用计算机程序，模拟人眼识别图像的方式，得到相应的图像识别模型。

利用人工智能完成图像识别的过程主要有以下几个环节：

(1) 数据信息获取。

数据信息获取是进行图像识别的基础，即把声音、光等信号利用各种传感器转化为相应的电信号，从而得到相应的信息数据，实施不同图像特征区分，同时利用计算机分析并存储到数据库中，方便进行后续图像识别程序和步骤。

(2) 数据预处理。

数据预处理是对图像实施去噪、平滑处理，使图像的重要信息数据及特征更加突出。

(3) 特征选择和抽取。

特征选择和抽取是图像识别技术的重点和核心，它直接决定了图像识别的效果，即在不同图像当中进行特征图像的选择，以使计算机对这些特殊图形形成相应的记忆。

2) 基于 OpenMV 的迷宫图像识别

人工智能技术实现图像识别的方法有很多，例如基于 OpenMV 的图像识别和基于 OpenCV 的图像识别。这两种机器视觉模块都可以实现图像识别，区别在于 OpenCV 是一个开源视觉库，不包括硬件，而 OpenMV 则是一个硬件和软件组合而成的摄像头小型模块。因此初学者更适合选用 OpenMV 进行迷宫图像识别。

OpenMV(open machine vision)是一个开源、低成本、功能强大、基于 MicroPython 的开源机器视觉模块，如图 8.16 所示。它以 STM32F427 MCU 为核心，集成了 OV7725 摄像头芯片，在小巧的硬件模块上实现了核心机器视觉算法，并提供 Python 编程接口。它可用于开发各种机器视觉应用，包括图像识别、目标检测、颜色追踪等，通过 OpenMV 可以识别图中的宝藏位置、真假宝藏信息、迷宫矩阵、循迹等。

OpenMV 可以使用畸变校正和透视变换算法对摄像头捕获的图像进行处理。畸变校正可以校正由摄像头镜头特性引起的图像畸变，以获取更为准确的图像信息。透视变换可以将图像从摄像头的视角转换为鸟瞰视角，消除远近物体的大小变化。OpenMV 可以使用计算机视觉算法来进行色块检测,色块检测是一种常见的图像处理任务,用于识别和定位图像中具有特定颜色的区域。OpenMV 图像识别流程如图 8.17 所示。

图 8.16　机器视觉模块 OpenMV

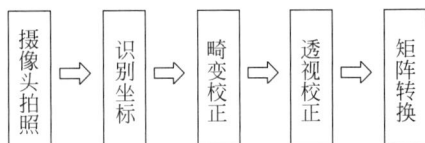

图 8.17　OpenMV 图像识别流程图

迷宫地形图如图 8.18 所示,迷宫大小约为 4 m×4 m 的正方形,总体上呈中心对称。迷宫地面颜色为白色,迷宫由厚 1 cm,高约 25 cm 的白色隔板构成。隔板只在横向或纵向放置。隔板之间为车道,车道宽度约为 40 cm,同时车道的中心线贴有约 2 cm 宽的黑色胶布作为循迹引导线,小车可综合循迹和避障技术进行自动驾驶。迷宫左下角开口地面涂作蓝色,为蓝队的入口,同时也是红队的出口。迷宫右上角开口地面涂作红色,是红队的入口,同时也是蓝队的出口。

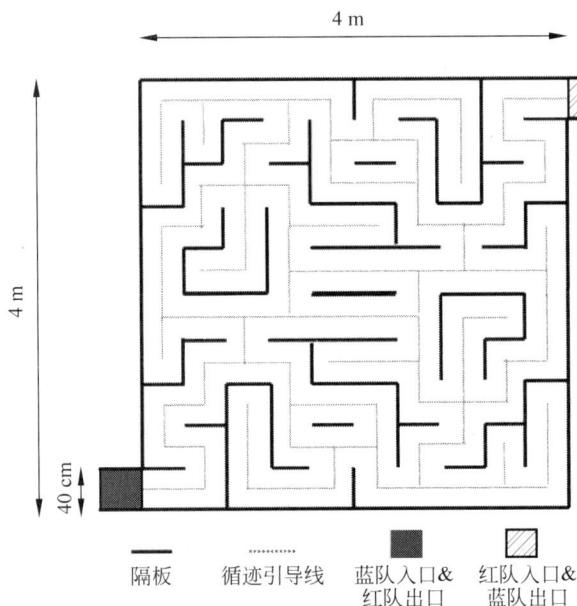

图 8.18　迷宫地形示意图

在进行图像识别过程中,首先要对摄像头进行畸变矫正,实现藏宝图起点和终点的色块检测和识别,从中找到迷宫的起点和终点。定位好坐标轴后,需要对对应的坐标轴进行透视旋转变换,变换后的 X 轴和 Z 轴角度分别为

$$A_X = \left\{ \arccos \left[\frac{\text{abs}(e_y - s_y)}{\text{abs}(e_x - s_x)} \right] \right\} * 180° / \pi \quad (8.21)$$

式(8.21)中,(s_x, s_y)是迷宫起点的坐标,(e_x, e_y)是迷宫终点的坐标。

$$A_Z \left\{ \arctan \left[2x \left(\frac{\text{abs}(\text{be}_y - \text{be}_x)}{\text{abs}(\text{bs}_y - \text{bs}_x)} \right) \right] \right\} * 180° / \pi \quad (8.22)$$

式(8.22)中,$(\text{bs}_x, \text{bs}_y)$是经过 X 轴变换后的迷宫起点的坐标,$(\text{be}_x, \text{be}_y)$是经过 X 轴变换后的迷宫终点的坐标。

在定位好起点和终点坐标后,根据目标识别和形状检测找到宝藏,并进行平移变换和比例变换,变换后的 X 坐标 TF_x 如式(8.23)所示,变换后的 Y 坐标 TF_y 如式(8.24)所示。最后,将变换得到的坐标进行校正,即将地图分成十个区间,每个区间长度为 40,处于此区间的任意坐标为区间中点值,据此可在理想状态下确定其准确的坐标位置。

$$\text{TF}_x = k_1 * \text{abs}(x + \text{d}x) = \left[\frac{400}{\text{abs}(\text{be}_x - \text{bs}_x)} \right] * (x + t_x - \text{be}_x) \quad (8.23)$$

式(8.23)中,k_1 为 X 轴比例变换系数,目的是转换成实际为 4 m * 4 m 的迷宫里坐标,不同的区间长度划分将对应不同的比例变换系数。t_x 是将起点转换成目标值的 X 轴坐标,即 0。

$$\text{TF}_y = k_2 * \text{abs}(y + \text{d}y) = \left[\frac{400}{\text{abs}(\text{be}_y - \text{bs}_y)} \right] * (y + t_y - s_y) \quad (8.24)$$

同理,式(8.24)中,k_2 为 Y 轴比例变换系数,t_y 是将起点转换成目标值的 Y 轴坐标,即 0。$\text{d}x, \text{d}y$ 为偏差,TF_x, TF_y 为变换后的坐标。

4. 实训内容

(1) 摄像头拍照获取迷宫地图信息,如图 8.18 所示。

(2) 使用 OpenMV 对藏宝图进行畸变矫正。

(3) 查找色块定位起点和终点,根据迷宫四个顶点的坐标对 X 轴进行透视旋转变换。

(4) 根据变换后的迷宫顶点坐标对 Z 轴进行透视旋转变换。

5. 实测数据及结果

通过上述图像识别和坐标转换,可将原藏宝图坐标转变为迷宫坐标。转变后的图像如图 8.19 所示。

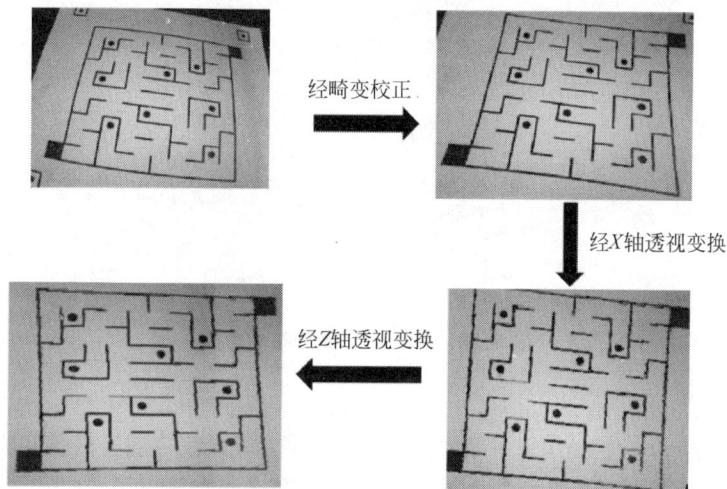

图 8.19 畸变校正和旋转校正后的迷宫地图

6. 思考与讨论

(1) 本实训案例中采用的坐标转换是将原迷宫地图转变为尺寸为 400×400 的坐标,并按十等分将地图分成十个区间。可否设置成其他尺寸,选择不同区间分度? 区间分度的大小对图像识别的精度有何影响?

(2) 查阅资料思考采用 OpenCV 进行迷宫图像识别的实现方法。

实训项目2 迷宫中真伪宝藏识别

1. 实训目标

(1) 了解图像识别的方法和原理。

(2) 掌握基于 OpenMV 机器视觉模块实现图像识别。

(3) 掌握真伪宝藏识别的程序设计。

2. 器材设备

智能小车(外接锂电池供电),TC264 单片机,90° 彩色摄像头,2.0 英寸并口液晶屏(IPS),1024 线编码器,彩色液晶屏等。

3. 工作原理

利用机器视觉模块 OpenMV,根据宝藏颜色和宝藏表面标识贴纸的形状,对这两个图像特征进行识别和区分。

1) 宝藏分布

本实验中的宝藏分布规则为:红蓝双方各有 3 个与队色(蓝、红)相近的多米诺骨牌为己方宝藏,另有红、蓝各 1 个骨牌牌面有贴纸的伪宝藏。宝藏及伪宝藏的位置按藏宝图随机摆放、双色交错对称,如图 8.20 所示,即迷宫的上下左右四个象限区域内各放 1 个红色和 1 个蓝色宝藏。小车入口/出口处(即红色和蓝色色块标记点处)不放置宝藏,保障小车顺利通行。

图 8.20 彩图

图 8.20 迷宫内宝藏分布示意图

2) 真伪宝藏

宝藏为长宽高为 $7.2\ \mathrm{cm} \times 3.6\ \mathrm{cm} \times 1.2\ \mathrm{cm}$ 的骨牌,颜色分别为蓝色和红色,如图 8.21 所示。标识贴纸有两种,等腰三角形(底 3 cm,高度 3 cm,颜色为绿色)和圆形(直径为 3 cm,颜色为黄色)。标识贴纸分别粘贴于骨牌正面和背面。红方宝藏为配有绿色等腰三角形贴纸的红色骨牌,蓝方宝藏为配有黄色圆形贴纸的蓝色骨牌,伪宝藏为配有黄色圆形贴纸的红色骨牌和配有绿色三角形贴纸的蓝色骨牌。双方宝藏和伪宝藏在藏宝图内各自呈对称分布。实验要求通过设计程序算法识别己方真宝藏后使智能车撞击,并且成功判别己方伪宝藏后避让。

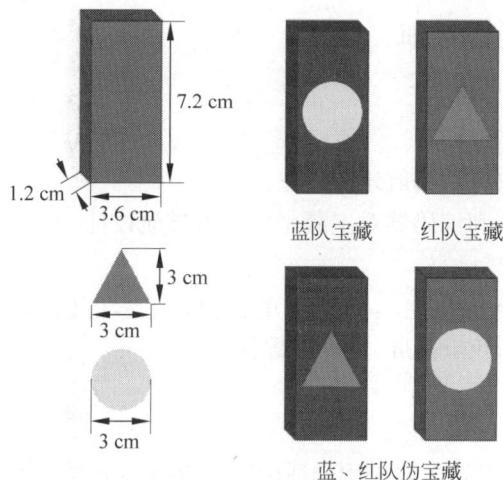

图 8.21 彩图

图 8.21 真伪宝藏示意图

4. 实训内容

(1)根据给定的多米诺骨牌颜色判别宝藏是我方宝藏还是对方宝藏,根据红色和蓝色的阈值寻找色块,其中需要注意选择合适的阈值分割方法。

(2)根据宝藏贴纸形状和颜色判别宝藏真伪。

(3)智能车遇到真宝藏时撞击,遇到伪宝藏时返回。

5. 实测数据及结果

通过上述颜色和形状的特征提取,获取我方真伪宝藏或者对方真伪宝藏的信息,并将结果返回给单片机,识别结果如图 8.22 所示。

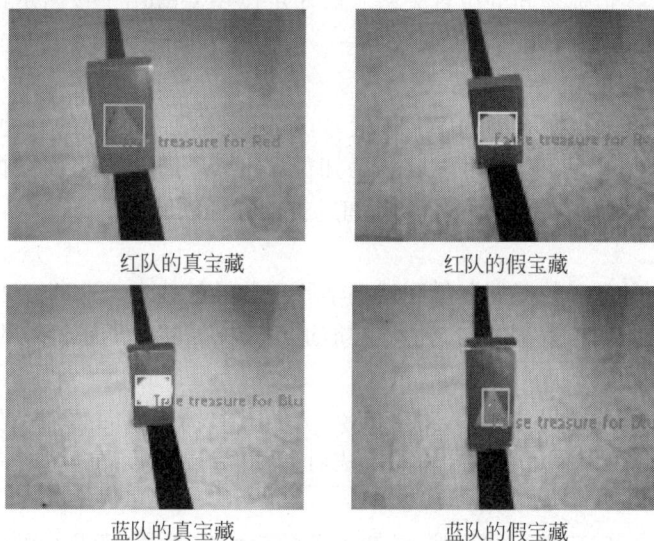

图 8.22 彩图

图 8.22 OpenMV 识别真伪宝藏结果

6. 思考与讨论

(1) 请列举说明其他可精确地识别物体颜色的方法。

(2) 摄像头的角度是否会对识图结果产生影响？

(3) 如何增设外接光源以确保识别物体颜色的准确性？

实训项目 3 宝藏坐标导航

1. 实训目标

(1) 了解陀螺仪的工作原理。

(2) 掌握利用陀螺仪检测偏航角的方法。

(3) 掌握利用陀螺仪和编码器对宝藏坐标进行导航设计。

2. 器材设备

智能小车(外接锂电池供电)，TC264 单片机，90°彩色摄像头，2.0 英寸并口液晶屏(IPS)，1024 线编码器，彩色液晶屏，光纤陀螺仪等。

3. 工作原理

1) 定位导航方法

在确定了宝藏坐标以后，需要采用合适的方法进行导航。常用的定位导航方法有：

(1) 全球定位系统(GPS)。

GPS 是一种基于卫星定位的导航系统，可以准确计算地球上任意位置的经纬度坐标，该方法具有全球覆盖的特点，是最常用的导航定位技术。

(2) 北斗导航系统。

北斗导航系统是中国自主研发的卫星导航系统，类似于 GPS。北斗系统在全球范围内提供定位、导航和时间同步服务，具有高精度和强鲁棒性。北斗导航系统主要应用于交通运输、海洋渔业、灾害应急和航空航天等领域。

(3) 蓝牙定位。

蓝牙定位是一种基于蓝牙技术的定位导航方法。这种方法通过检测蓝牙信号强度和距离来确定设备与蓝牙信标之间的位置关系。蓝牙定位主要应用于室内定位和导航，可以在商场、博物馆和医院等场所提供定位服务。

(4) Wi-Fi 定位。

Wi-Fi 定位是通过扫描周围的 Wi-Fi 信号，确定设备所处位置的一种技术。这种方法通过比较设备接收到的 Wi-Fi 信号强度和已知位置的 Wi-Fi 信号强度数据库，进行定位计算。Wi-Fi 定位常用于室内导航、位置服务和广告推荐等领域。

(5) 惯性导航。

惯性导航是一种基于传感器测量和运动学原理的导航技术。这种方法通过测量加速度和角速度来估计设备的位置和方向。惯性导航适用于无法接收卫星信号的环境，如地下室、密闭空间和深海等场景。

由于智能车迷宫地图尺寸较小(为 4 m×4 m)，并且需要实时感知小车距离迷宫墙、真伪宝藏的距离，因此可以采用惯性导航的方法对宝藏位置进行导航。

2) 位置测量

假设智能车以恒定速度直线行驶，已知小车的初始位置、速度及行驶时长，可以计算出小车的当前位置。再进一步,可以使用加速度、初始速度和初始位置计算小车在任何时间点的车速和位置。在这个计算过程中,需要解决的一个问题是如何测量加速度。当前位置＝初始位置＋速度×时间,为了测量加速度,需要使用"三轴加速度计"传感器,它可以精确测量加速度。但加速度计本身并不能计算小车的位置和速度,其原理是记录小车坐标系的测量结果,而后将这些测量值转换成世界坐标系,得到位置进而求得速度、加速度,而实现上述坐标系转换需要借助"陀螺仪"传感器。

如图 8.23 所示,三轴陀螺仪的三个外部平衡环一直在旋转,但在三轴陀螺仪的旋转轴始终固定在世界坐标系中,小车通过测量旋转轴和三个外部平衡环的相对位置来计算其在世界坐标系中的位置。

加速度计和陀螺仪是 IMU(惯性测量单元)的主要组件。IMU 的一个重要特征在于它能以高频率更新,其刷新频率可达到 1000 Hz,所以 IMU 可以提供接近实时的位置信息。惯性测量单元的缺点在于其运动误差随时间增加而增

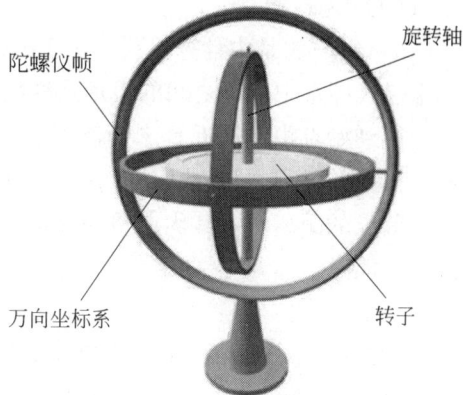

图 8.23　三轴陀螺仪结构示意图

加,只能依靠惯性测量单元在尽可能短的时间范围内进行定位。对本次实验而言,迷宫较小且智能车运动时间较短,因而误差较小。

陀螺仪可以测量车辆的角速度和角度变化,可用于姿态感知,并通过获取车辆的姿态信息,进行精确定位和导航控制。

3) 坐标获取

实验中所用的 IMU963RA 是具备三轴加速度计、三轴陀螺仪和三轴磁力计的传感器组合,具备全面提供小车实时姿态感知和运动测量能力。利用陀螺仪和编码器,使用航迹推算法,计算出小车相对于初始时刻的位移与小车运动姿态变化,得到小车当前实时坐标和运动姿态。

首先,通过编码器获得小车车轮的瞬时脉冲,基于这个脉冲对小车进行速度闭环控制。随后,利用陀螺仪传感器检测小车偏航角,并将检测结果返回给编码器,以实现小车实时定位和控制。

其次,通过陀螺仪辅助直线循迹,智能小车可以利用陀螺仪来检测和维持自身的姿态和方向,从而更准确地实现直线行驶。陀螺仪能测量智能小车的角速度和角度变化,读取陀螺仪数据即可实时监测智能小车是否偏离了预定的直线路径。如果偏离了,则通过调整车轮的速度或方向来纠正偏差,使智能小车能够保持沿直线运行。

4) 路径规划

路径规划是指智能车为了到达目的地而做出决策和制订计划的过程,其规划出来的轨迹是带速度信息的路径。对于智能车而言,包括从起始地到达目的地整个过程,既要避开障碍物,同时还要不断优化行车路线和轨迹的行为,以保证车辆安全快速地到达目的地。

根据这两点要求可将路径规划分为全局路径规划和局部路径规划。全局路径规划为静态规划,局部路径规划为动态规划。全局路径规划需要掌握所有的环境(迷宫)信息,根据环

境地图所提供的全部信息进行路径规划；局部路径规划只需要调用传感器实时采集到的环境(迷宫)信息,与已知迷宫地图信息比对,确定智能车在地图所处位置及其附近宝藏的分布情况,从而选出从当前位置节点到某一子目标节点的最优路径。常用的路径规划经典算法大致可以分为以下几类：

(1) Dijkstra 算法。

Dijkstra 算法是由计算机科学家 Edsger W. Dijkstra 在 1956 年提出的。Dijkstra 算法是用来寻找图形中节点之间的最短路径的算法。采用贪心算法(greedy algorithm)的策略,每次遍历到始点距离最近且未访问过的顶点的邻接节点,直到扩展到终点为止。Dijkstra 算法在扩展的过程中,都是取未访问节点中距离该点距离最小的节点,然后利用该节点去更新其他节点的距离值。其优点是如果最优路径存在,那么一定能找到最优路径;缺点是有权图中可能是负边,扩展的节点很多,效率低。

(2) A* 算法。

A* 算法发表于 1968 年,A* 算法是 Dijkstra 算法与广度优先搜索算法(breadth first search,BFS)二者结合而成,通过借助启发式函数的作用,使该算法能够更快地找到最优路径。A* 算法是静态路网中求解最短路径最有效的直接搜索方法。

贪婪最佳优先搜索算法(greedy bcst frist search,GBFS)与 Dijkstra 算法有类似的工作方式,不同的是 GBFS 算法使用顺序是以当前节点到达终点的距离作为优先级,而 Dijkstra 算法是以每个节点距离起点的移动代价进行优先级排序的,优先选择代价最小的作为下一个遍历的节点。

最佳优先搜索算法(best frist search,常见于启发式搜索算法,如 GBFS 算法和 A* 算法)比 Dijkstra 算法运行更快。与 Dijkstra 算法不同之处在于,A* 算法是一个"启发式"算法,它已经有了一些我们告诉它的先验知识,如"朝着终点的方向走更可能走到"。它不仅关注已走过的路径,还会对未走过的点或状态进行预测。相较于 Dijkstra 而言,A* 算法调整了进行 BFS 的顺序,少搜索了那些"不太可能经过的点",能更快地找到目标点的最短路径。

A* 算法的优点是：利用启发式函数,缩小了搜索范围,提高了搜索效率;如果最优路径存在,那么一定能找到最优路径。其缺点是：A* 算法不适用于动态环境;不适用于高维空间(计算量过大);目标点不可达时会造成大量性能消耗。

(3) D* 算法。

D* 算法(Dynamic A Star)是卡耐基梅隆机器人中心的 Stentz 在 1994 年提出的主要用于机器人探路的算法,美国火星探测器上应用的就是 D* 路径规划算法。A* 算法适用于在静态路网中寻路,在环境变化后,往往需要 replan(重规划),即 A* 算法不能有效利用上次的计算信息,故计算效率较低。而 D* 算法储存了空间中每个点到终点的最短路径信息,故在重规划时效率大大提升。A* 算法是正向搜索,而 D* 算法特点是反向搜索,即从目标点开始搜索。在初次遍历时,与 Dijkstra 算法一致,它能将每个节点的信息都保存下来。D* 算法的优点是适用于动态环境的路径规划,搜索效率高;缺点是不适用于高维空间,计算量大。

除了上述经典算法,还有人工势场法、基于图搜索的运动规划方法、基于随机采样的路径规划算法等,均可实现路径规划。

（4）多目标 A* 算法。

本实验采用智能 A* 算法进行路径规划和宝藏搜索。在迷宫问题中,可以将起始点设置为迷宫的入口,将宝藏位置设置为目标点,使用 A* 算法找到最短路径。考虑到实际迷宫中存在多个宝藏,实验中采用多目标 A* 算法(MOA 算法)。MOA 算法能够同时考虑多个目标,在一次搜索中找到最优解,从而减少搜索次数和计算量。

首先,需要定义一个目标集合,其中包含所有宝藏点的位置,可以将每个宝藏点视为一个独立的目标。其次,在传统的 A* 算法中,启发式函数用于评估节点到目标节点的估计代价。在多目标 A* 算法中,启发式函数需要根据多个目标点来进行定义。可以采用一些综合策略来估计节点到目标集合的代价,如节点到目标集合中所有目标点的平均距离。在传统的 A* 算法中,使用优先级队列来存储待扩展的节点,并按照估计代价的顺序进行扩展。在多目标 A* 算法中,则要使用一种适应多目标的优先级队列。例如,使用多目标优先级队列来存储节点,该队列可以根据节点到每个目标的估计代价进行排序,以支持多目标的搜索。最后,路径选择,在多目标 A* 算法中,可能存在多个最短路径,每个路径都能覆盖所有目标点。此时根据特定的目标选择相应的策略,如最短路径长度,确定最终的路径。

实验中由于迷宫中真宝藏的位置未知,藏宝图上显示的宝藏信息并非全部都是真宝藏。因此,从起点出发,选择一定数量的宝藏作为目标,进行多目标 A* 算法规划路径,所经过的路径不一定包含全部真宝藏,还需事先规划多目标 A* 算法的最后一个宝藏到下一个宝藏的路径。在这个过程中,需要重复使用 A* 算法,根据智能小车在迷宫中实时运行情况,统计找到的真宝藏个数,以此决定中间路径,即直接去往终点还是去找下一个宝藏。

假设总共有 8 个宝藏,其中红方真宝藏有 3 个,蓝方真宝藏有 3 个,双方各有伪宝藏 1 个。利用多目标 A* 算法规划了从起点到三个宝藏以及到达终点的路径,还规划了第三个宝藏到下一个待探索宝藏的路径以及待探索宝藏到终点的路径,并将这些路径都存储起来。当小车进入迷宫后,它会前往这三个宝藏,并根据找到的真宝藏数量来判断是继续前往下一个宝藏,还是直接前往终点。

4. 实训内容

（1）进行迷宫和宝藏的图像识别,并进行坐标转换,获得宝藏坐标位置。

（2）定位宝藏结束后,对图像进行预处理。先采用高斯模糊滤波和均值滤波,再对图像进行二值化处理,根据图像的分辨率对迷宫边缘进行一定的腐蚀和膨胀,得到一个较为理想的黑白迷宫图。

（3）根据黑白迷宫的像素值,对迷宫进行遍历,将迷宫转化成一个二维矩阵(二维矩阵的大小在不丢失元素特征和不占用过多内存的前提下自定义)。

（4）利用多目标 A* 算法进行路径规划,确保小车能够以最短路径快速到达目的地。

5. 实测数据及结果

宝藏坐标定位及预处理后的藏宝图分别如图 8.24 和图 8.25 所示。

6. 思考与讨论

（1）请列举其他几种路径规划算法,并比较其优缺点。

（2）请列举其他坐标定位的方法,并比较其优缺点。

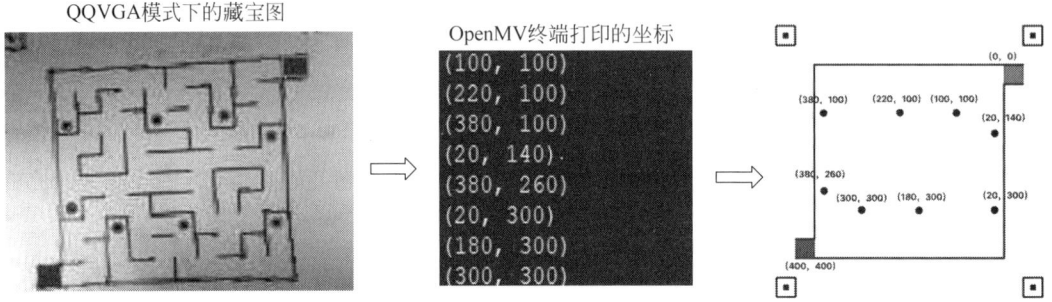

QQVGA模式下的藏宝图

OpenMV终端打印的坐标

(100, 100)
(220, 100)
(380, 100)
(20, 140)
(380, 260)
(20, 300)
(180, 300)
(300, 300)

图 8.24　OpenMV 定位宝藏坐标

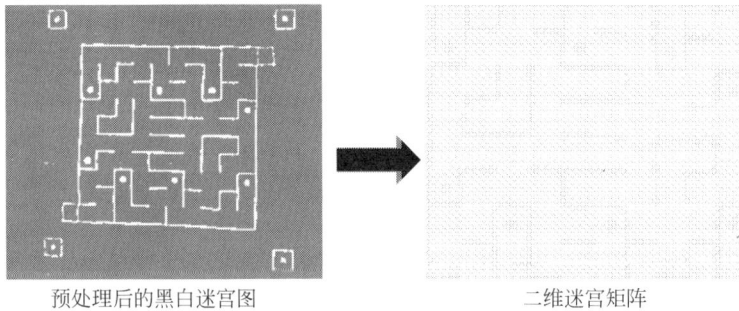

预处理后的黑白迷宫图　　　　　　　　二维迷宫矩阵

图 8.25　经预处理后的藏宝图

实训项目4　智能车寻迹

1. 实训目标

（1）了解智能车寻迹的工作原理。

（2）掌握利用 OpenMV 实现寻迹的方法。

2. 器材设备

智能小车（外接锂电池供电），TC264 单片机，90°彩色摄像头，2.0 英寸并口液晶屏（IPS），1024 线编码器，彩色液晶屏，光纤陀螺仪等。

3. 工作原理

智能车寻迹的原理是通过传感器来检测和跟踪地面上的轨道线或者寻迹线。常用的传感器包括红外线传感器和摄像头。

红外线传感器能发射红外线光束，当光束遇到黑色轨迹线时会被吸收，而遇到白色背景时会被反射回来。通过测量反射光的强度，智能车可以确定自身相对于寻迹线的位置，从而进行动态调整。

摄像头能拍摄地面上的寻迹线图像，随后用图像处理算法来实现图像识别和跟踪寻迹线。常用的图像处理算法包括边缘检测、颜色过滤和模式匹配等。通过实时分析摄像头捕获的图像，智能车也可以确定自身相对于寻迹线的位置和方向，进行动态调整。

本实验中采用摄像头拍摄法进行寻迹。

4. 实训内容

（1）OpenMV 通过摄像头采集迷宫的图像数据，对赛道进行滤波、二值化等操作，提取车道线的信息。

（2）使用 OpenMV 的线性回归算法，对迷宫的黑线进行二值化处理，将其拟合成一条直线，以获得直线的偏差和角度。

（3）智能车根据循迹线的位置和方向进行转向控制，实现沿着循迹线行驶。

5. 实测数据及结果

经处理后的迷宫寻迹线如图 8.26 所示。

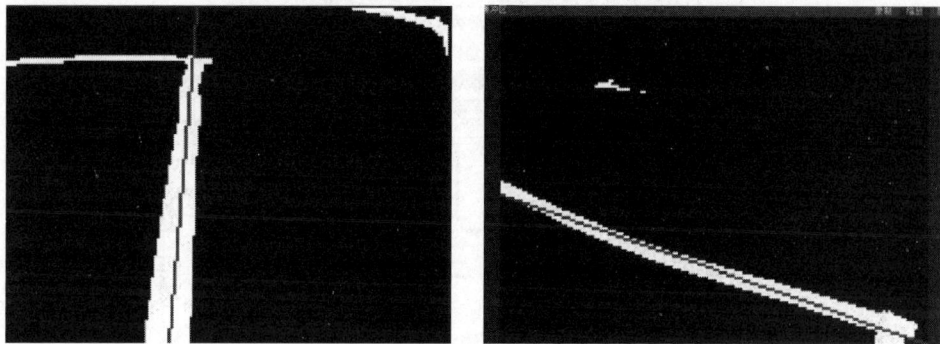

图 8.26　OpenMV 寻迹示意图

6. 思考与讨论

（1）OpenMV 摄像头的角度是否会影响智能车寻迹精度？

（2）如何提高智能车寻迹精度？

实训项目 5　超声波测距及避障

1. 实训目标

（1）了解超声波测距及避障的工作原理。

（2）掌握智能车超声波避障的方法和程序设计。

2. 器材设备

智能小车（外接锂电池供电），TC264 单片机，90°彩色摄像头，2.0 英寸并口液晶屏（IPS），1024 线编码器，彩色液晶屏，陀螺仪，HC-SR04 超声波模块等。

3. 工作原理

1）超声波测距原理

超声波测距的工作原理为超声波发射器向某一方向发射超声波，在发射时刻的同时开始计时。超声波在空气中传播，途中碰到障碍物立即返回，超声波接收器收到反射波就立即停止计时。根据时间差和超声波的速度可以估算出发射位置到障碍物所在位置的距离。

超声波发生器包括电气式和机械式发生器，常用的为电气式发生器，包括压电型、磁致伸缩型和电动型等。

2）HC-SR04 超声波模块

本实验中采用的超声波模块为 HC-SR04，如图 8.27 所示，它是一款压电式超声波发生器，利用电致伸缩现象而制成。HC-SR04 超声波测距模块可提供 2～400 cm 的非接触式距离感测功能，测距精度可达 3 mm，包括发射器、接收器与控制电路。在压电材料切片上（如

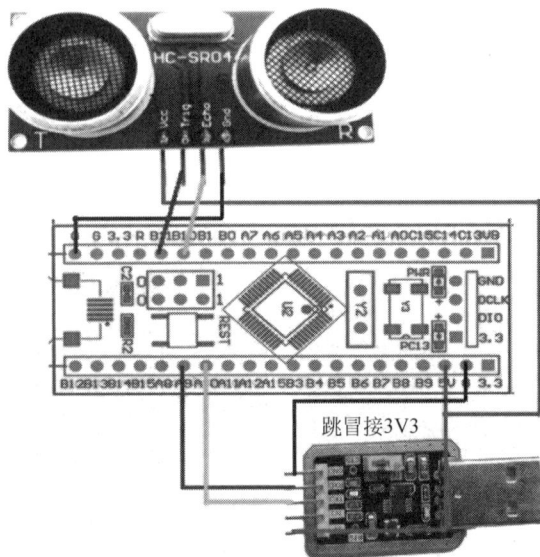

图 8.27　HC-SR04 超声波模块

石英晶体、压电陶瓷、钛酸铅钡等)施加交变电压,利用它的电致伸缩振动产生超声波。当外加的交变电压频率等于晶片的固有频率时会发生共振,产生的超声波最强。压电式超声波接收器一般是利用超声波发生器的逆效应进行工作的,其结构和超声波发生器基本相同,有时共用同一个换能器兼作发生器和接收器两种用途。作为接收器时,超声波作用到压电晶片上会使晶片伸缩,在晶片的两个界面上便产生交变电荷,随后被转换成电压,经放大送到测量电路,最后记录或显示出来。

HC-SR04 超声波模块工作原理:①采用 IO 口 TRIG 触发测距,给最少 10 μs 的高电平信号。②模块自动发送 8 个 40 kHz 的方波,自动检测是否有信号返回。③若有信号返回,通过 IO 口 ECHO 输出一个高电平,同时开定时器计时(当此口变为低电平时就可以读定时器的值),高电平持续的时间就是超声波从发射到返回的时间。超声波时序图如图 8.28 所示,所测距离即为:测试距离＝(高电平持续时间×超声波速(空气中为 340 m/s))/2。

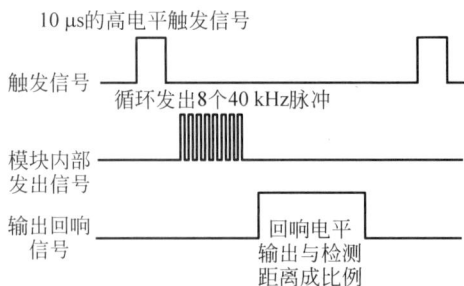

图 8.28　超声波时序图

4. 实训内容

(1) 利用超声波在空气中的传播速度,测量超声波在发射后遇到障碍物反射回来的时间,根据发射和接收的时间差计算出发射点到障碍物的实际距离。

(2) 在小车前进过程中,利用超声波测距避障模块检测小车左右两端及前端到障碍物的距离,并设置:如果小车前端距离障碍物小于 3 cm 或 4 cm,小车优先拐弯,同时设置延时使小车远离障碍物,在远离障碍物之后控制智能车回正,实现避障目的。

5. 思考与讨论

（1）采用超声波模块实现避障有何缺点？

（2）是否可以采用激光雷达实现测距和避障？

复杂结构光学现象研究

自然界中广泛存在着复杂结构复杂的光学现象，例如绚丽夺目的贝壳、五彩斑斓的孔雀羽毛、五颜六色的昆虫翅膀、万紫千红的花朵等，这些颜色美丽的物质基础均与其精细结构有关，在微观尺度下对其结构进行观察会发现，它们的微结构虽然复杂，但几何分形有规律可循，这些复杂而又规律的微结构在太阳光的照耀下，发生复杂的干涉衍射现象，呈现出五彩斑斓的光芒。本组的实训主题是研究复杂结构的光学现象，揭示其中规律，并利用干涉衍射图样对复杂结构的基本参数进行测量或结构判断。

实训项目 1　复杂环形结构的干涉聚焦

1. 实训目标

（1）观察等缝多环的干涉衍射现象。

（2）观察类牛顿环的干涉衍射现象。

（3）结合有限时域差分法（FDTD）模拟和实验，分别在近场和远场条件下研究复杂环干涉衍射的规律，获取能实现干涉聚焦的复杂结构。

2. 器材设备

光具座，氦氖激光器，基座，扩束仪，透镜，光屏，光强探测器，胶片，电脑等。

3. 实验原理

1）夫琅禾费单缝衍射原理

当一束单色平面光波垂直入射到单狭缝平面上，在其后透镜焦平面上得到单狭缝的夫琅禾费衍射花样，其光强分布规律如下：

$$I_\theta = I_0 \cdot \frac{\sin^2 u}{u^2} \tag{8.25}$$

其中

$$u = \frac{\pi a \sin\theta}{\lambda} \tag{8.26}$$

式中，λ 为单色光波长；a 为单缝宽度；θ 为考察点相应的衍射角；I_0 为衍射场中心点的光强。

图 8.29 所示为单缝衍射的光强分布图，随着衍射角的增大，衍射光强会变弱。

由式（8.26）可见，当 $\theta=0$ 时，光强具有极大值：$I_\theta = I_0$，称为中央主极大（中央亮条纹）。随着 θ 的增大，I 有一系列极大值和极小值。极小值条件是：

$$a\sin\theta = k\lambda, \quad k = \pm 1, \pm 2, \cdots \tag{8.27}$$

可见，测得某一级极值的位置，即可求得单缝的宽度。

2）单圆环结构的干涉衍射现象

当单缝变为圆环时，环上单点的衍射也遵循单缝衍射基本规律。如图 8.30 所示，当平

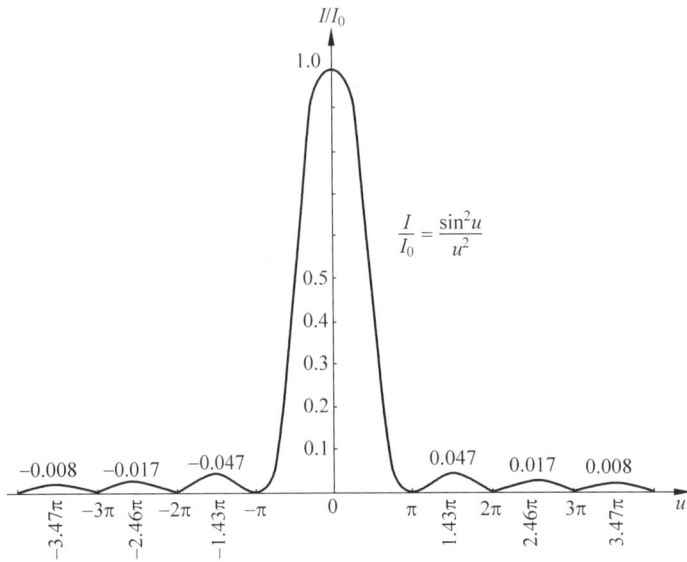

图 8.29　单缝衍射光强分布

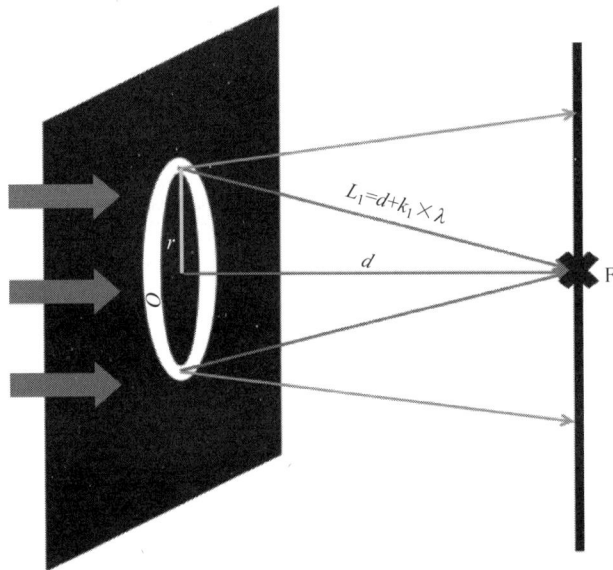

图 8.30　单环干涉衍射光路图

行光入射至波长量级的单环后,环上各点会发生衍射,各点的衍射光在环后区域发生干涉。由于圆环上各点到环的轴线上某点 F 的距离相等,因此在 F 点能观察到干涉增强点。但从图 8.29 可知,衍射角越大,衍射光越弱,所以在轴线上也只有一段范围内可观察到干涉增强点。

3) 等缝多环的干涉衍射现象

设现在有一组等缝宽的同心圆环,如果能控制每一个环到 F 点的光程差等于波长的整数倍,即 $L_n = d + k_n \lambda$,则可实现平行光经该等缝同心圆环后在 F 点聚焦,其干涉聚焦的原理如图 8.31 所示,此时各圆环半径:

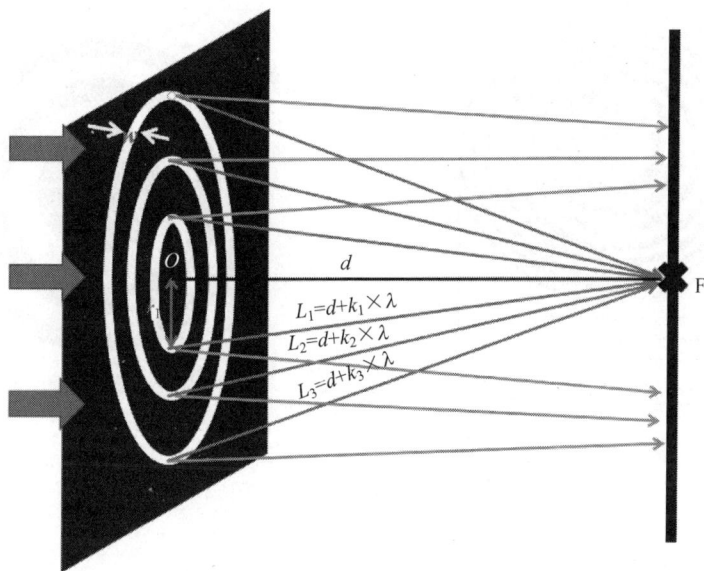

图 8.31　等缝宽干涉衍射光路图

$$r_n = \sqrt{2dk_n\lambda + (k_n\lambda)^2} \tag{8.28}$$

此时,不同圆环上的点到 F 距离之差为 $\Delta L = \Delta k\lambda$,满足干涉增强条件。随着参与干涉的环数增加,F 点聚焦的光强随之增大。

4) 类牛顿环的干涉衍射现象

牛顿环具有内疏外紧的特点,如图 8.32(a)所示,根据等厚干涉原理,可推导得明纹和暗纹半径分别为

$$r_{白k} = \sqrt{(2k-1)R\lambda/2} \tag{8.29}$$

$$r_{黑k} = \sqrt{kR\lambda} \tag{8.30}$$

式中,R 为牛顿环的曲率半径;k 为干涉条纹级数;λ 为波长。

基于上述牛顿环干涉条纹的分布特点,可设计一个类牛顿环的结构,用于研究类牛顿环结构对光的干涉衍射现象。为了明确类牛顿环挡光环和透光环的宽度,以牛顿环相邻明条纹中央和暗条纹中央之间的中点确定为类牛顿环透光环和挡光环的边界,如图 8.32(b)所示,则透光环缝宽为

$$W_{白k} = (\sqrt{(k+1)R\lambda} - \sqrt{kR\lambda})/2 \tag{8.31}$$

挡光环缝宽为

$$W_{黑k} = (\sqrt{(2k+1)R\lambda/2} - \sqrt{(2k-1)R\lambda/2})/2 \tag{8.32}$$

则任意两透光环 m 和 n 到 F 点的距离满足下列公式:

$$L_m^2 - L_n^2 = r_m^2 - r_n^2 = (m-n)R\lambda \tag{8.33}$$

在远场条件下($d \gg r$),$L_m \approx L_n \approx d$,则两环引起的光程差为

$$\Delta L_{mn} = L_m - L_n = \frac{(m-n)R\lambda}{L_m + L_n} \approx \frac{(m-n)R\lambda}{2d} \tag{8.34}$$

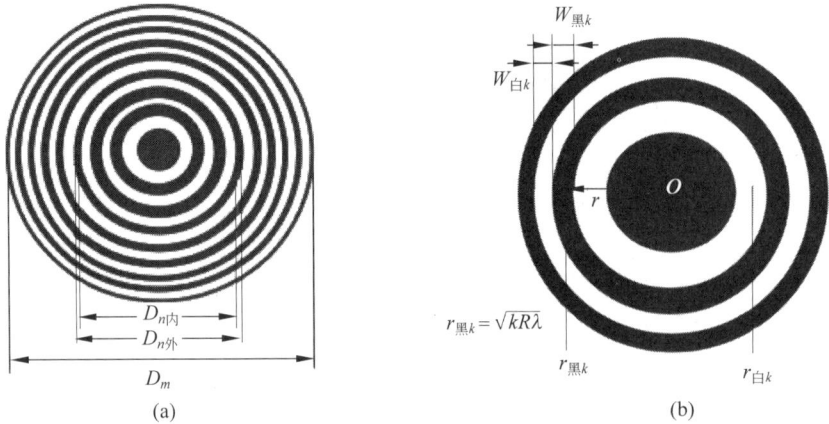

图 8.32　类牛顿环结构

（a）类牛顿环条纹；（b）类牛顿环设计示意图

因此相邻两环的光程差近似为

$$\Delta L \approx \frac{R\lambda}{2d} \tag{8.35}$$

因此，当 $R/d = 2k$（k 为整数）时，在 F 点即会出现干涉增强，如图 8.33 所示。即平行光照射到类牛顿环上，在环的另一侧轴线上会有规律地出现干涉增强点，分别在 $d = R/2$、$R/4$、$R/6$ 等处。但越靠近圆环结构处（d 小），衍射角越大，衍射光强越弱，因此总干涉光强也弱。因此在 $d = R/2$ 处是干涉增强现象最强的位置。

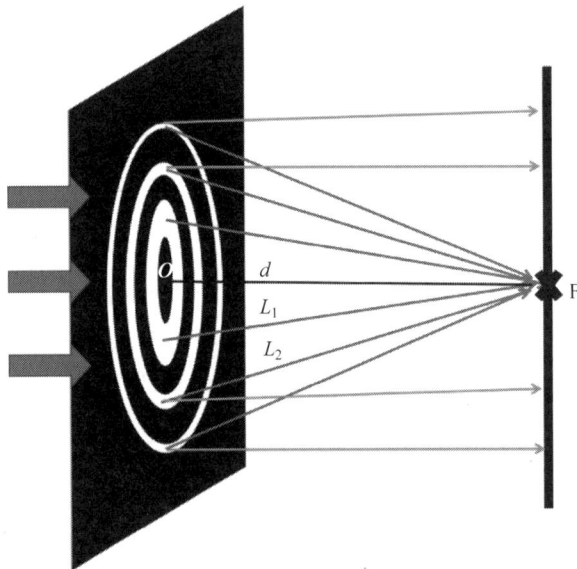

图 8.33　类牛顿环干涉衍射光路图

4. 实训内容

1）FDTD 理论模拟

分别对等缝环和类牛顿环进行模拟仿真，研究其干涉衍射规律。

（1）FDTD 仿真系统建模。

① 根据上述圆环设计原理，利用 MATLAB 程序设计好各环半径、缝宽等参数。

② 结构（structures）建立：建立圆环结构，输入其中心点位置以及内外径数据。

③ 添加结构材料：在透光环处选择透光材料，在其他位置挡光。

④ 添加仿真区域：设置区域大小（稍大于结构模型即可）。

⑤ 添加光源（source）：本实验用平行光，则添加平行光（plane wave），调整光源位置使其照射到整个结构，波长设置为 632.8 nm。

⑥ 设置监视器（X，Y，Z）：本实验需要观察光经过同心圆环结构在某平面上的干涉衍射效果，添加场强及能量监视器，分别对其在 XY 和 XZ 平面进行监视，观察干涉增强位置。

⑦ 验证调用是否成功，通过 check 检测其运行内存以及所需要的时间。图 8.34 为建立的仿真结构示例。

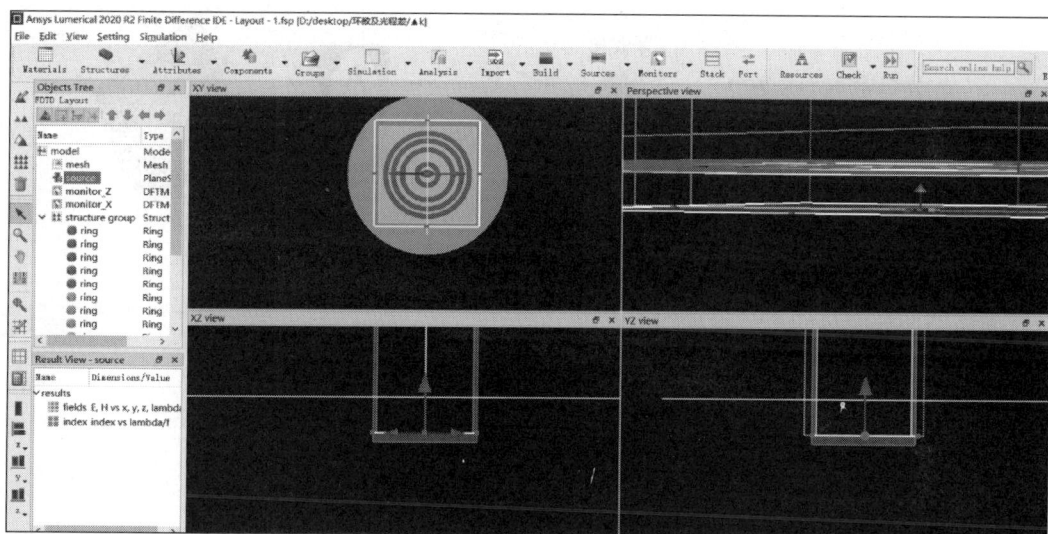

图 8.34　FDTD 仿真界面

⑧ 运行模拟，分析规律。

（2）等缝同心圆环的干涉衍射现象模拟。

分别通过改变缝宽、环密度，对干涉增强聚焦的影响因素进行理论研究。

（3）类牛顿环的干涉衍射现象模拟。

设计不同曲率半径 R 的类牛顿环，验证参数 R 与聚焦位置和光强之间的关系。

（4）其他复杂环的干涉衍射现象模拟。

可设计其他复杂环（如：等倾条纹环、洋葱切片环）的干涉，验证结构参数与聚焦位置的关系。

2）实验研究

（1）复杂环结构的制作。

① 利用 MATLAB 编程根据式（8.28）和式（8.29）对等缝环与类牛顿环进行结构设计，确定等缝环与类牛顿环各环的中心位置。

② 环缝宽由线宽（linewidth）进行控制，要注意线宽与厘米之间的换算。等缝环的缝宽

直接输入缝宽数据即可；类牛顿环的缝宽由式(8.31)确定。

③ 检查输出的环结构，确定无误后将其保存成高分辨率图(16 889×8313)。

④ 将复杂环结构图片进行 UV 打印。

(2) 光强探测器的制作。

① 购置 Arduino 单片机、BH1750 感光芯片和 NOKIA5110 显示屏。

② 编写代码并烧录到单片机中。

③ 链接单片机、芯片和显示屏。

④ 打开电源测试光强探测器是否正常运作。

(3) 实验装置搭建。

按图 8.35 所示组建好的装置示意图，自左向右依次摆放氦氖激光器，扩束镜，透镜，复杂结构，光屏(含光电传感器)。

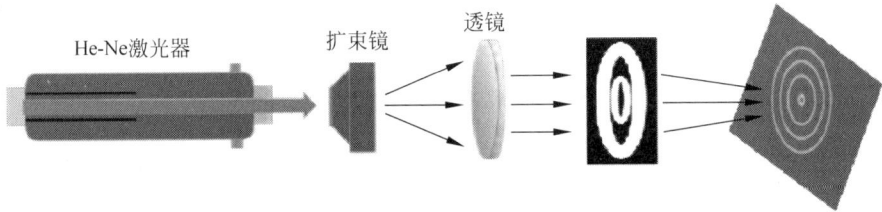

图 8.35　实验装置图

光路调节和测量的主要步骤如下：

① 打开氦氖激光器(632.8 nm)，适当调整光源亮度。

② 调整扩束镜，将激光进行扩束。

③ 调整凸透镜，将扩束光转换为平行光。

④ 移动光屏，观察光斑大小是否发生变化，验证其是否为平行光。

⑤ 安装打印好的复杂结构，调整结构中心使之与光源中心等高共轴。

⑥ 移动光强探测器至干涉增强点位置附近，移动光强探测器，观察光强值的变化，找到光强最强点，用左右逼近法确定干涉最强点的位置及误差，并记录数据。

⑦ 更换不同结构重复以上实验步骤，将结果填入表格中。

5. 数据及处理要求

1) 等缝宽同心圆环干涉衍射规律

(1) 改变缝宽 W。

填写表 8.13。

表 8.13　改变 W 时干涉增强点的位置与光强值

W/mm	0.30	0.36	0.42	0.48	0.54	0.60	0.66	0.72	0.78	…
$d\pm\Delta d$/m										
F 点相对光强										

(2) 改变环数 m。

在其他参数不变时，改变 Δk 的值，实际就是在改变环的疏密度。填写表 8.14。

表 8.14　改变 m 时干涉增强点的位置与光强值

m	100	110	120	130	140	150	160	170	180	190	200
$d\pm\Delta d/m$											
F 点相对光强											

（3）改变环的疏密度 Δk。

在其他参数不变时，改变 Δk 的值，实际就是在改变环的疏密度。填写表 8.15。

表 8.15　改变 Δk 时干涉增强点的位置与光强值

Δk	1	2	3	4	5	6	7	8	9	10
$d\pm\Delta d/m$										
F 点相对光强										

2）类牛顿环干涉衍射规律——改变曲率半径 R

填写表 8.16。

表 8.16　改变 R 时干涉增强点的位置与光强值

R/m	1.0	1.5	2.0	2.5	3.0	3.5	4.0	4.5	5.0
$d\pm\Delta d/m$									
F 点相对光强									
d/R									

改变曲率半径 R，对光束聚焦实验位置规律进行总结。

6. 注意事项

（1）实验中要使用激光，注意不要让激光直射眼睛。

（2）光强探测器不能长期暴露在强光下，在调整光路和换结构测量时均要注意遮挡保护。

（3）因光强探测器易受外界环境因素影响，所以测量的光强应该取相对光强，即没有结构和有结构的光强比。

7. 思考与讨论

（1）请列举聚焦效果较好的平面聚焦透镜结构。

（2）如何提高平面聚焦透镜结构的干涉聚焦效率？

（3）试探讨类洋葱斜切面环、等倾干涉环是否会出现干涉聚焦现象。如果会，聚焦点和结构参数的关系如何？

实训项目 2　复杂螺旋结构的干涉衍射

1. 实训目标

（1）研究单螺旋结构的衍射现象。

（2）研究双螺旋结构的衍射现象。

（3）根据衍射原理，分析衍射图样，解释复杂衍射图样的产生机理。

（4）结合理论模拟和实验,获得类 DNA 双螺旋结构的结构参数与衍射图样的关系。

2. 器材设备

光具座,He-Ne 激光器,基座,光屏,扩束镜,光阑,准直镜,聚焦透镜,弹簧若干,游标卡尺,卷尺,坐标纸,竹竿（固定弹簧用）等。

3. 实验原理

1) 多缝夫琅禾费衍射干涉原理

当一组缝宽为 a（透光部分）、不透光部分宽为 b 的狭缝平行等间距排列,就构成了一个光栅。而每相邻狭缝间的距离 d 就是光栅常数,$d=a+b$,如图 8.36 所示。

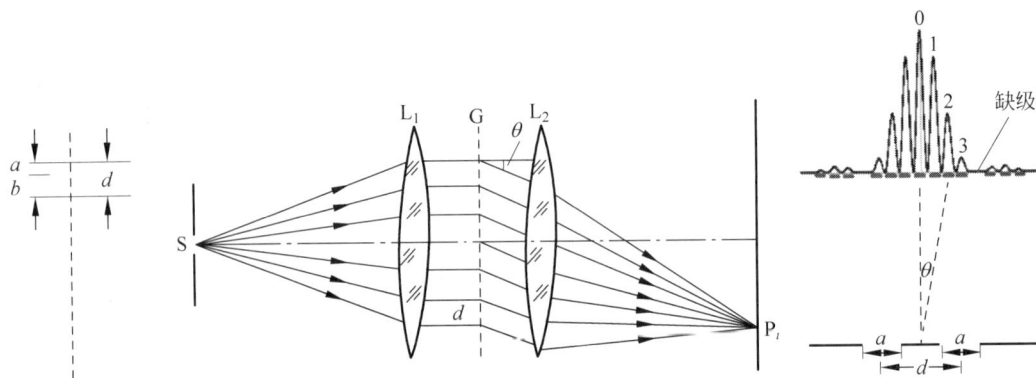

图 8.36　多缝夫琅禾费衍射干涉示意图

从衍射理论可知,在多缝夫琅禾费衍射条件下,当平行光正入射时,产生衍射亮条纹（衍射光的主极大位置）时的光栅方程为

$$d\sin\theta = m\lambda, \quad m = 0, \pm 1, \pm 2, \cdots \tag{8.36}$$

式中,d 为光栅常数,θ 为衍射角,λ 为入射光波长,m 为光谱级次,"＋"号对应于入射光与衍射光处在光栅法线的同侧,"－"号对应于入射光与衍射光分别处在光栅法线的两侧。

由上一节可知单缝衍射的极小值条件是 $a\sin\theta = k\lambda (k = \pm 1, \pm 2, \cdots)$,当光栅干涉增强的次极大的级次 m 恰好与单缝衍射极小值的级次 k 对应的衍射角 θ 相同时,此时这些主极大明条纹将消失,即出现缺级现象。联立两个方程可得缺级位置满足 $m = kd/a$,如 $d/a = 4$ 则 $m = 4k$ 的位置缺级,可见衍射光斑是一组一组出现的。

2) 单弹簧衍射干涉

（1）X 型光栅模型。

根据巴比涅原理,可将弹簧的衍射近似等效为其平面投影的衍射,其投影类似于正弦曲线,如图 8.37(a)。进一步进行简化,弹簧在受到水平光照时,可将其简化为两组斜向相交的 X 型光栅模型,如图 8.37(b),其中,a 为螺丝直径,P 为螺距,d 为法向螺距,D 为弹簧外径,2θ 为正反向螺纹的夹角。

（2）X 型光栅衍射。

X 型光栅的衍射图样也是成 X 状的两串光斑,两串衍射光斑的夹角反应的是螺纹旋转的梯度。由于弹簧螺线旋转具有对称性,因此正反向螺纹的夹角 2θ 与弹簧衍射图的两串衍射光斑的夹角相同,如图 8.37(b)、(c)所示。

设光屏与弹簧之间的距离为 L,光屏上衍射条纹距中心点的距离为 x,由于 $x \ll L$,因此

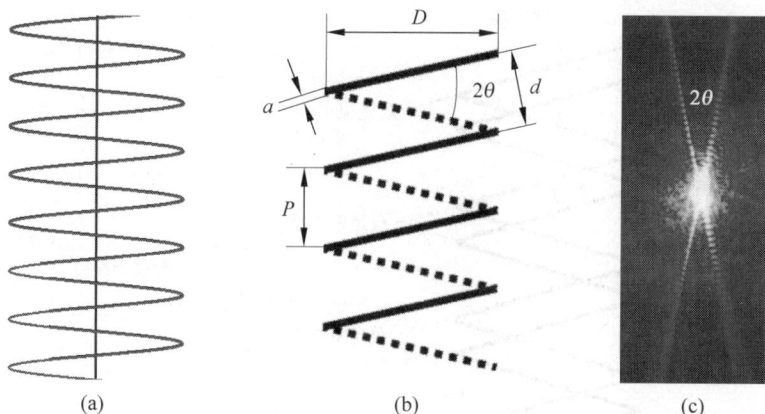

图 8.37　单弹簧衍射模型图

(a) 弹簧的二维投影；(b) 弹簧二维简化模型；(c) 弹簧衍射图样

$\sin\theta \approx \dfrac{x}{L}$，由 $a\sin\theta = k\lambda$ 得到因弹簧粗细引起的极小值（缺级）位置为 $x_1 = \dfrac{kL\lambda}{a}$，由式(8.36)

可知因弹簧周期常数（法向螺距 d）引起的干涉主极大位置为 $x_3 = \dfrac{mL\lambda}{d}$，通过测量主极大的

间距，即可求得 d。同理，根据缺级位置可推算出弹簧螺丝直径 a。

（3）横向衍射及弹簧外径 D。

对于螺旋结构的直径 D，可通过测量其横向衍射的暗条纹间距来测量。当光照射到弹簧上时，只有弹簧整体尺寸较小，才可观察到横向衍射。若照射到弹簧外径 D 远大于激光波长和光斑直径的弹簧上，其横向衍射图样很难被观察到，此时，弹簧直径较大，可直接用游标卡尺进行测量。

可见，通过衍射图样可精准测量微小螺旋结构的各项参数。

3）双弹簧二次干涉模型

选取两个相同的弹簧，让其中一个弹簧相对另一弹簧的法向位移为 l，设 $f = l/d$，该值反映的是这两个弹簧的相对偏移。可将双弹簧的衍射看作其二维投影的衍射，其干涉原理如图 8.38 所示。可分解为三个过程：弹簧丝的单缝衍射，两弹簧之间双光束干涉，再发生多光束干涉。

若经过单缝衍射后的光强均为

$$I_{01} = I_0 \cdot \frac{\sin^2\alpha}{\alpha^2}, \quad \alpha = \frac{\pi a \sin\theta}{\lambda} \tag{8.37}$$

式中，a 为螺丝直径；θ 为考察点相应的衍射角；I_0 为衍射场中心点的光强。则经过双光束干涉后的光强为

$$I_{02} = I_{01} \cdot \left(\frac{\sin 2\beta}{\sin\beta}\right)^2, \quad \beta = \frac{\pi l \sin\theta}{\lambda} \tag{8.38}$$

最后经过多光束干涉（假设照射 N 个周期），得

$$I_{总} = I_0 \cdot \frac{\sin^2\alpha}{\alpha^2} \cdot \left(\frac{\sin 2\beta}{\sin\beta}\right)^2 \cdot \left(\frac{\sin N\gamma}{\sin\gamma}\right)^2, \quad \gamma = \frac{\pi d \sin\theta}{\lambda} \tag{8.39}$$

可见，双弹簧的衍射光强分布由三个光程差决定，相比单弹簧模型而言，仅仅多了一个

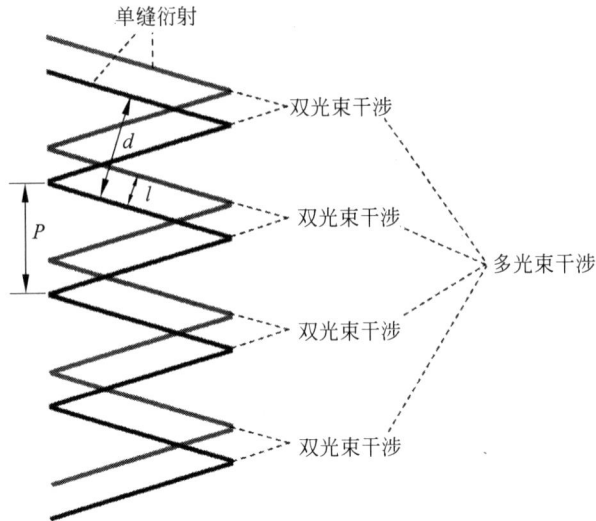

图 8.38　双弹簧的干涉衍射过程分解

双光干涉系数 $(\sin 2\beta / \sin \beta)^2$。故大暗纹间距 Δx_1 依旧对应弹簧丝的直径 a，无缺级处均匀光斑间距 Δx_3 依旧对应着弹簧的周期法向螺纹间距 d，另多了一组双光干涉的光斑间距 Δx_2 是对应于两组弹簧的位移 l 的，只有满足特定比例时会发生缺级现象，比如 l/d 正好在 $1/2$ 附近。

4. 实训内容

1）单弹簧干涉衍射规律研究

组建好装置，自右向左依次摆放氦氖激光器，扩束镜(带光阑)，准直镜，弹簧结构，聚焦透镜，光屏，坐标纸。

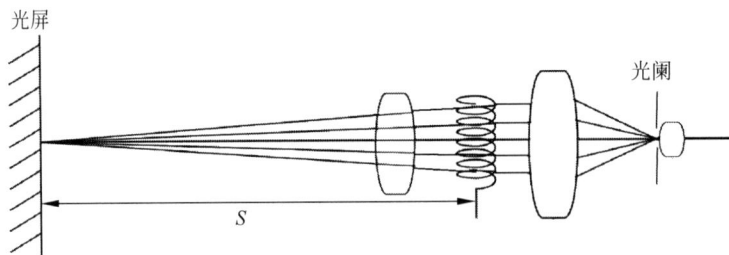

图 8.39　实验光路示意图

光路调节和测量的主要步骤如下：

(1) 打开氦氖激光器(632.8 nm)，适当调整光源亮度。

(2) 调整扩束镜，将激光进行扩束，调整准直镜，将扩束光转换为平行光。移动光屏，观察光斑大小是否发生变化，验证其是否为平行光。

(3) 安装被测弹簧，让光平行照射在弹簧上。

(4) 在弹簧后面加上一凸透镜对衍射光束进行聚焦，调整聚焦透镜，直至能够在光屏上看到清晰的衍射图样。

(5) 将坐标纸贴在光屏上。

（6）拍摄衍射图样，并测量数据，测出大暗纹（缺级位置）间距 Δx_1 和相邻大暗纹间的一组光斑间距 Δx_3、横向条纹间距 Δx_4，填入表 8.17。

表 8.17　单弹簧几何参数测量平均值结果

弹簧型号	A	B	C	D	E
螺线直径 a/mm					
弹簧外径 $2R$/mm					
弹簧螺距 P/mm					
螺线角度 θ/(°)					
大暗纹间隔 Δx_1/mm					
干涉光斑间隔 Δx_3/mm					
横向光斑间距 Δx_4/mm					
弹簧距光屏 S/cm					

（7）更换弹簧，重复上述步骤。

（8）用游标卡尺测量弹簧的各项数据，填入表 8.17 相应位置。

（9）分析计算弹簧结构参数和条纹间距的关联性。

2）双弹簧干涉衍射规律研究

（1）将一个弹簧从中间剪断，用竹签引导弹簧的一端旋入另一端，剪去竹签多余部分，如图 8.40(a)所示，即制作好了一组双螺旋弹簧。分别用此法制作几组不同偏移比的双螺旋弹簧。

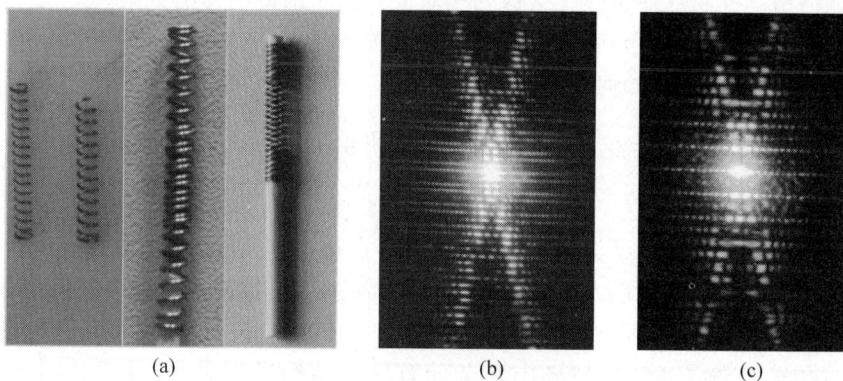

(a) (b) (c)

图 8.40　双螺旋结构及干涉图样

(a) 双螺旋结构的制作；(b) 无缺级干涉图；(c) 有缺级干涉图

（2）拍摄双螺旋弹簧，使用 MATLAB 编程读取像素点，计算相对偏移 $f = l/d$。

（3）按照 1）中的实验步骤，获取双弹簧衍射图样的数据。

（4）仔细分析衍射图样，将大暗纹（缺级位置）间距 Δx_1、双光干涉条纹间距 Δx_2 和多光束干涉均匀光斑（最强的）间距 Δx_3 测出，并填入表 8.18。

表 8.18　双弹簧几何参数测量平均值结果

弹簧型号	A	B	C	D	E
相对偏移 f					
螺线直径 a/mm					
弹簧法向螺纹间距 d/mm					
弹簧间法向位移 l/mm					
螺线角度 θ/(°)					
大暗纹间隔 Δx_1/mm					
干涉光斑间隔 Δx_3/mm					
双光干涉光斑间隔 Δx_2/mm					
弹簧距光屏 S/cm					

5. 数据及处理要求

1）单弹簧干涉衍射规律

2）双弹簧干涉衍射规律

6. 注意事项

（1）因实验要使用激光，不宜长时间直视，分析数据应通过拍摄图片进行。

（2）双弹簧干涉衍射实验中，主要弹簧不宜过长，否则竖直测量时容易变形。

7. 思考与讨论

（1）如何克服在测量过程中弹簧形变问题？

（2）如何精确控制双弹簧螺旋结构的相对偏移量？请说明你的方案。

（3）横向衍射条纹间距与弹簧的直径是什么关系？

（4）弹簧螺丝倾角 2θ 如何求出？

实训项目 3　其他复杂结构的光学现象研究

1. 实训目标

（1）观察液晶屏的衍射干涉现象，探究其像素点排列与衍射图样的关系。

（2）观察液晶屏在展示图文信息时衍射图样的变化，反推液晶像素颗粒的变化情况。

（3）对液晶的 Mura 缺陷进行检测。

（4）对孔雀羽毛或其他自然界中复杂而有序的结构进行研究，寻找其结构和色彩的关系。

2. 实验原理

液晶屏幕是由液晶颗粒按一定的规律排列而成的。通过研究液晶屏的干涉衍射规律，分析衍射条纹的特点，可反推出像素颗粒的排列规则。图 8.41 是一种液晶屏的放大图及其衍射花样。液晶屏的每个像素点都受电压控制，不同电压的通过率不同，从而精准地控制展示图文信息。分析液晶不同状态下的衍射条纹不仅可以反推液晶像素颗粒的变化情况，还可检测液晶的良率。

除了前面两组实训项目的结构和上面提到的诸如液晶屏、光盘面等人造复杂结构外，我

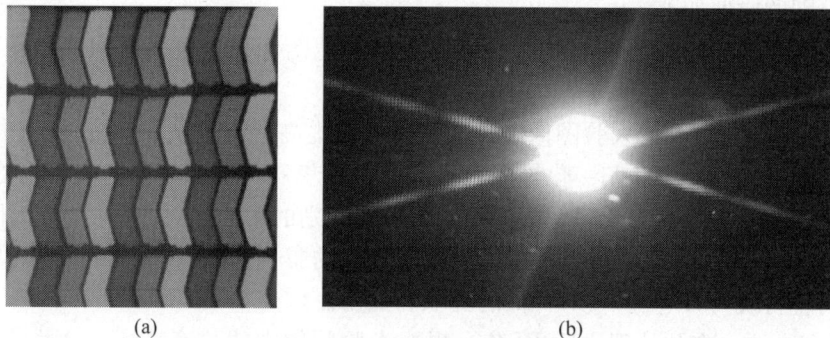

图 8.41 液晶屏的衍射图样

(a) 液晶屏的放大图；(b) 衍射图

们可以对自然界中复杂而有序的结构进行研究，探索其光学现象与内部的精细结构的关系，例如蝴蝶翅膀、孔雀羽毛、贝壳、植物的叶子和花朵等，都可以作为光学现象的研究对象寻找其结构和色彩背后的关联。

对于这些结构的研究，可使用类似方法，在此为节省篇幅就不展开赘述，请读者参考前两节的内容自行开展研究。

8.4 研发具备人脸识别功能的病毒检测装置

受复杂螺旋结构的干涉衍射实验启发，运用光电检测技术探索生物大分子的内部精细结构（如 DNA 的双螺旋结构、RNA 的单螺旋结构，以及病毒和抗体的独特折叠结构等），以实现病毒检测等功能。因病毒样品具有一定传染性，故使用特定波长的光源代替病毒特征的荧光信号，再用光电传感器测量荧光信号的强度和特征，来识别病毒是否存在，并进行定量分析。本组实训主题是以新冠病毒检测为例，自行搭建新冠病毒检测系统，辅以人脸识别系统，研发基于光电传感检测技术的具备人脸识别功能的一整套新冠病毒检测装置。

实训项目 1 搭建人脸识别系统

人脸识别是一种基于光电检测技术进行身份识别的生物识别技术，它通过采集人脸图像，并利用计算机视觉和模式识别算法对人脸进行特征提取和匹配，从而实现对个体身份的准确识别和验证。

1. 实训目标

（1）了解人脸识别技术的原理。

（2）搭建一套人脸识别系统的装置。

2. 器材设备

OrangePi4 LTS，TLC5615 数模转换器，USB 显示设备等。

3. 工作原理

人脸识别是一种通过分析和识别人脸图像来进行身份验证或身份识别的技术。它通过提取和分析面部的独特特征和模式，运用计算机视觉和模式识别以及数据库等技术来完成识别和验证个体身份。

人脸识别的原理如下：

（1）图像采集：首先，系统需要通过摄像头或其他图像采集设备获取人脸图像。这些图像可以是静态的照片，也可以是实时的视频流。

（2）预处理：获取到的人脸图像经过预处理可以提高后续识别的准确性。预处理包括图像的灰度化、去噪、对齐和归一化等操作。灰度化是将彩色图像转换为灰度图像，以简化后续的处理步骤。去噪是为了降低图像中的噪声对识别的影响。对齐是将人脸图像中的关键特征点对齐到一个标准位置，以减少人脸姿态变化的影响。归一化是将人脸图像的大小、尺度和方向进行统一，以便后续对特征的提取和比对。

（3）特征提取：在预处理之后，系统会提取人脸图像中的关键特征。这些特征可以是人脸的形状、纹理、颜色等信息。常用的特征提取方法包括主成分分析（PCA）、线性判别分析（LDA）、局部二值模式（LBP）等。这些方法可以将高维的人脸图像数据转换为低维的特征向量。

（4）特征匹配：在特征提取之后，系统会将提取得到的特征与已知的人脸特征进行比对。这需要建立一个人脸特征数据库，其中包含了已知的人脸图像及其对应的特征向量。比对的方法有欧几里得距离、余弦相似度等。系统会计算待识别人脸特征与库中人脸特征之间的相似度，根据相似度来判断是否匹配成功。

（5）决策和输出：最后，根据特征匹配的结果，系统会做出决策，并输出识别结果。如果待识别人脸与库中的某个人脸特征相似度较高，系统会判定为匹配成功，输出对应的身份信息；如果相似度较低，则判定为匹配失败。

总体来说，人脸识别系统的原理是通过采集人脸图像，经过预处理和特征提取得到人脸特征，再与已知的人脸特征进行比对，最终确定待识别人脸的身份。这一过程涉及图像采集、预处理、特征提取、特征匹配和决策输出等多个步骤，需要借助计算机视觉和模式识别等技术的支持。

4. 装置搭建

OrangePi4 LTS 硬件是新一代的 arm64 开发板，主板的外观如图 8.42 所示。

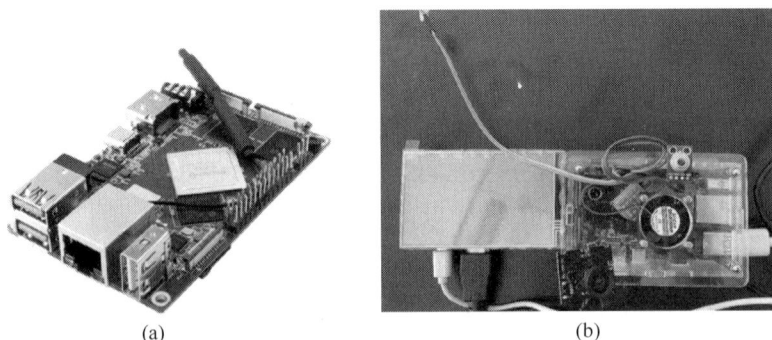

(a)   (b)

图 8.42　OrangePi4 LTS

（a）外观图；（b）实物图

在开发板上我们安装有 Debian11 操作系统，OrangePi4 LTS 电路结构如图 8.43 所示。

OrangePi4 LTS 拥有 26 个 GPIO 接口，用于和增加的外部设备之间进行通信处理，本

RK3399电源图

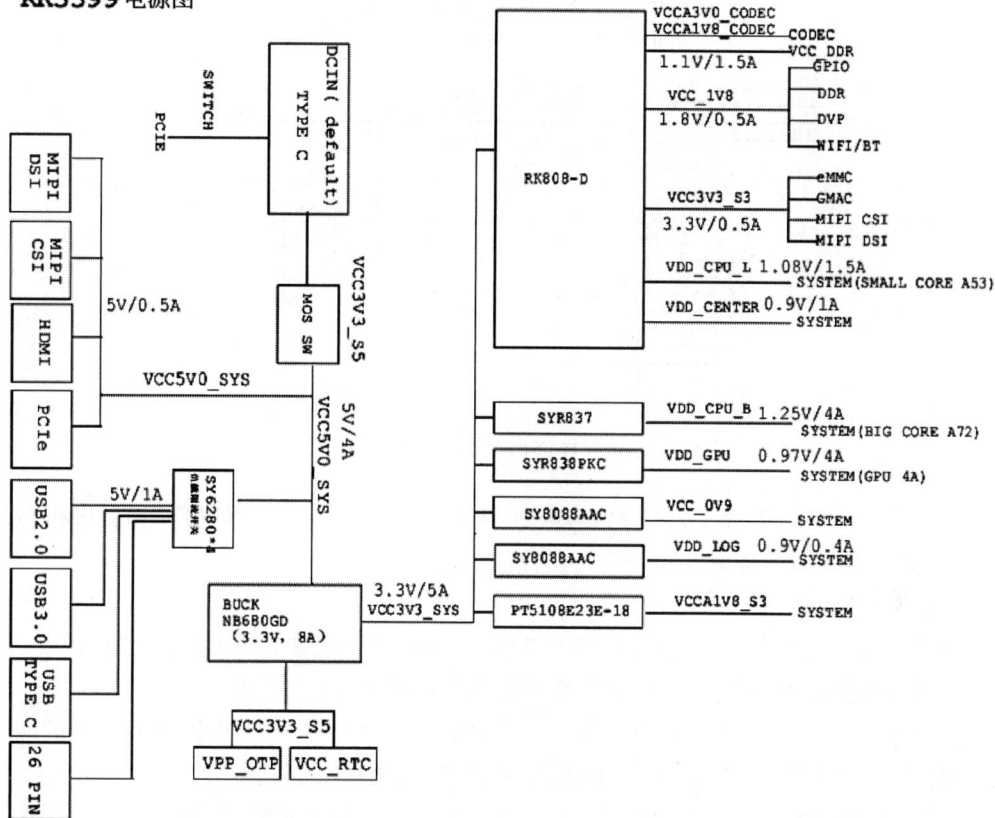

图 8.43　OrangePi4 LTS 电路结构

项目中,使用 GPIOC1、GPIOC0 接入核酸检测模块,GPIOA7、GPIOB0 接入测温模块,GPIO 结构如图 8.44 所示。

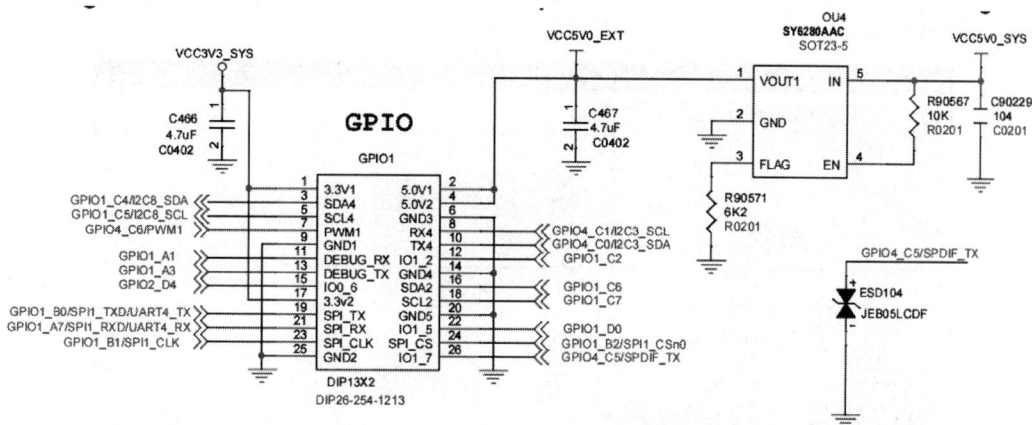

图 8.44　OrangePi4 LTS GPIO 结构

由于检测病毒的硅光电池输入的信号是模拟信号,因此本产品设计采用 TLC5615 数模转换器对输入的信号进行处理之后,再输入 GPIO 核酸检测信号,数模转换器结构如图 8.45 所示。

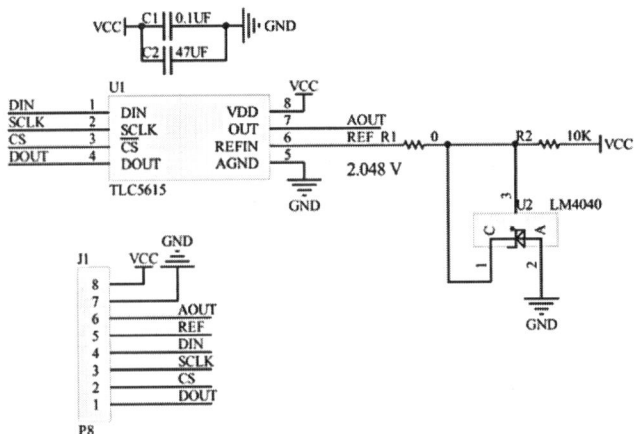

图 8.45　TLC5615 数模转换器结构

此外,本产品硬件配置了对应的屏幕(HDMI 接口接入一个小型屏幕)和摄像机(USB 接口接入摄像机),用于检测人脸和实时监控输出信号。

5. 操作步骤

(1) 硬件连接:连接 OrangePi4 LTS,TLC5615 数模转换器,USB 显示设备。

(2) 软件安装:按照说明书安装人脸识别算法库和相关的开发环境。

(3) 数据采集:通过摄像头采集人脸图像数据。需要使用摄像头拍摄多个人的照片,确保照片中包含每个人不同角度、不同表情、不同光照条件下的人脸图像。

(4) 数据预处理:对采集到的人脸图像进行预处理。包括对图像进行裁剪、灰度化、归一化等处理。

(5) 特征提取:使用人脸识别算法库提取人脸图像中的特征向量。

(6) 特征匹配:将提取到的人脸特征与已知的人脸特征进行匹配。

(7) 识别结果输出:根据匹配结果判断人脸是否匹配成功,并输出相应的识别结果。将识别结果显示在计算机屏幕上或者通过其他方式进行输出。

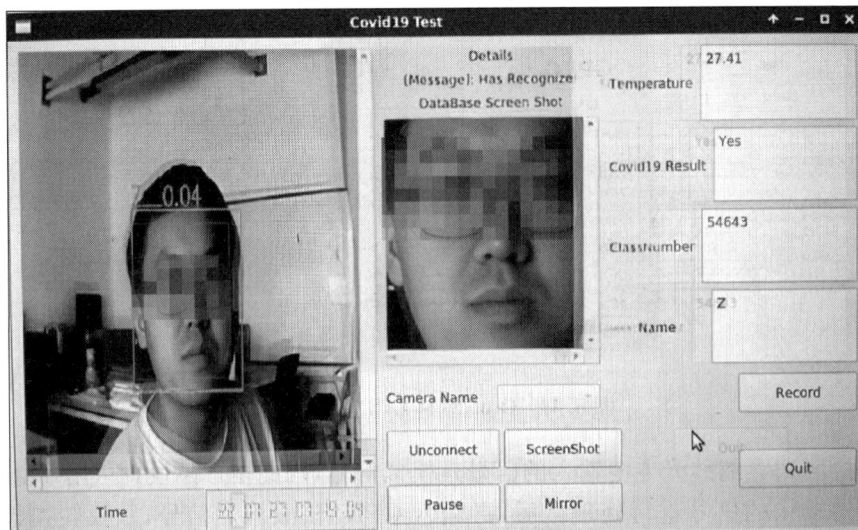

图 8.46　人脸识别结果输出图

6. 数据及结果

填写表 8.19。

表 8.19 人脸识别结果记录表

人脸识别成功	匹配姓名	体温/℃	分组号码	核酸检测结果

7. 注意事项

(1) 实验中要确保数据集的质量和多样性。收集包含不同角度、光照条件、表情和遮挡的人脸图像,以便训练模型能够准确地识别各种情况下的人脸并确定其身份。

(2) 注意保护用户隐私和数据安全,采取适当的措施来防止模型被滥用或攻击。

8. 思考与讨论

(1) 人脸识别涉及多种算法和技术,如特征提取、人脸检测、人脸比对等,不同算法有何优缺点?

(2) 数据规模、数据质量、数据多样性等对人脸识别算法有什么影响?

实训项目 2 搭建新冠病毒光电检测系统

光电检测仪的工作原理是通过采集样本中的病毒核酸或抗体,并使用特定的荧光标记物来标记目标病毒。然后,用光电传感器测量荧光信号的强度和特征,来定性识别和定量分析病毒。

1. 实训目标

(1) 了解新冠病毒光电检测技术的原理。

(2) 搭建一套新冠病毒的光电检测装置。

2. 器材设备

光源,透镜,二向色镜,激发滤光片,发射滤光片以及硅光电池等。

3. 工作原理

光电检测模块分为光源、透镜组以及信号检测部分。光源采用 470 nm、带宽为 ±5 nm 的 LED 灯珠。透镜组包括焦距为 30 mm 的凸透镜、470 nm 的滤光片、二向色镜、520 nm 的滤光片。信号检测部分由硅光电池和 1 V 信号放大器组成。用凸透镜把 470 nm 的 LED 灯发出的会聚光转化为平行光后,再经过 470 nm 的滤光片进行滤波,提高荧光激发效率,并利用二向色镜使激发光路与收集光路共用一套光学系统而互不影响,最终将反射的平行单色光均匀照射到样品上,激发核酸中的 SYBR GREENI 荧光染料与双链 DNA 结合,从而发出荧光。荧光通过二向色镜,再经过 520 nm 的滤光片进行滤波(此处因为没有新冠病毒检测呈阳性的样品,所以用波长为 520 nm 的光源代替),当 520 nm 的光照射到硅光电池上,经过 1 V 信号放大器实现光电转换,所得电信号再经过数模转换后与 OrangePi4 LTS 硬件结合,最终可在显示屏上输出结果。

4. 装置搭建

如图 8.47 所示,荧光激发光路主要由 LED 光源、透镜、激发滤光片、二向色镜组成。选择 470 nm、带宽 ±5 nm 的 LED 光源作为荧光检测光源,每个单元 LED 小片是 3~5 mm

的正方形,方便制备各种形状的器件,能有效减少检测仪占用空间,且不含有害金属汞,是环境友好型器件。用准直透镜把 LED 光源转化为平行光,再用 470 nm 的窄带滤光片滤去多余波段,提高荧光激发效率,利用二向色镜使得入射光路与发射光路共用一套光学系统而互不影响,最终使得 470 nm 的平行单色光均匀照射到样品上,激发荧光染料发出荧光。

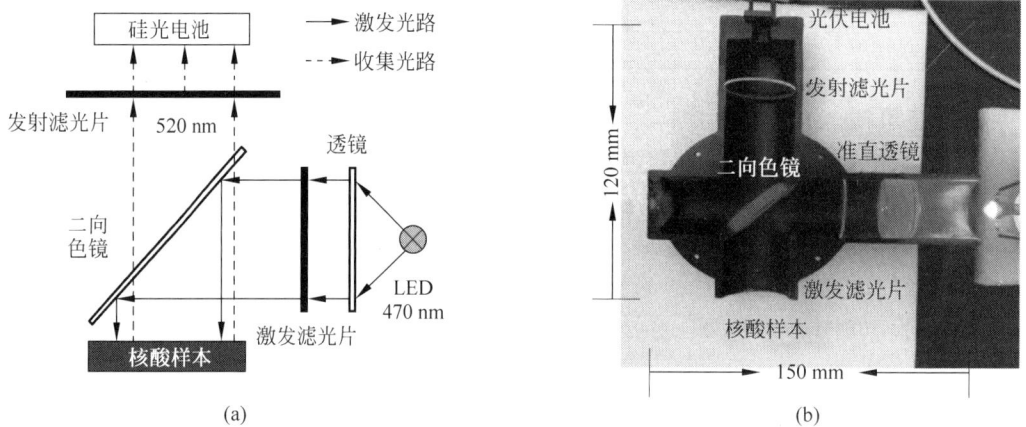

图 8.47　光电模块

(a) 光路图;(b) 实物图

荧光收集光路主要由二向色镜、滤光片、发射滤光片、硅光电池组成。荧光通过二向色镜,经过 520 nm 的滤光片消除杂散光(此处因为没有新冠病毒检测呈阳性的样品,所以用荧光染料激发波长为 520 nm 的光源代替),并由硅光电池实现光信号转换为电信号的处理过程。由于硅光电池接收面积大、响应范围广,且激发的荧光波长在硅光电池的响应范围之内,因此无须外加透镜聚焦收集。

5. 操作步骤

(1) 如图 8.47(b)所示,连接 LED 光源、透镜、激发滤光片、二向色镜。

(2) 打开 470 nm 光源,观察硅光电池信号输出。

(3) 打开 520 nm 光源,观察硅光电池信号输出。

(4) 记录实验结果。

6. 数据及处理要求

填写表 8.20。

表 8.20　核酸检测结果记录

470 nm 光源	520 nm 光源	核酸检测结果(阳性/阴性)
开	开	
开	关	
关	开	
关	关	

根据硅光电池信号,记录检测结果。

7. 注意事项

（1）实验要在黑暗的环境中进行，避免外界环境光照干扰。

（2）硅光电池探测灵敏度应在 520 nm 光源激发强度范围内。

8. 思考与讨论

（1）设计光电便携式核酸检测仪的样品处理方法和操作流程，思考是否符合实际应用需求，是否简便易行。

（2）思考光电便携式核酸检测仪的局限性和不足之处，讨论如何优化和改进。

实训项目 3　组建具备人脸识别功能的新冠病毒检测装置

将人脸识别模块和光电检测模块结合，实现新冠病毒检测仪的人脸识别功能，可广泛应用于公共场所、企事业单位、学校等场所，在提高检测效率的同时，精准匹配检测对象与检测结果。

1. 实训目标

（1）了解新冠病毒光电检测技术的原理。

（2）搭建一套具备人脸识别功能的新冠病毒检测的光电装置。

2. 器材设备

OrangePi4 LTS，TLC5615 数模转换器，USB 显示设备，光源，透镜，二向色镜，激发滤光片，发射滤光片以及硅光电池等。

3. 工作原理

可人脸识别的新冠病毒检测仪分为人脸识别模块和光电检测模块，旨在实现快速、准确地检测并确认新冠病毒感染人员。人脸识别模块使用人脸识别算法，通过摄像头采集人脸图像，对其进行特征提取和比对，确保只有经过认证的个体才能使用检测仪，增强了安全性和可控性。光电检测模块则用于检测新冠病毒的存在与否，该模块利用光电传感器及其他相关技术，对采集到的样本进行检测。可能的方法包括检测呼吸道中的病毒颗粒、检测病毒相关的抗体或核酸等。通过光电检测模块，可以实现快速、准确地检测是否感染新冠病毒，为疫情防控提供支持。

4. 装置搭建

本项目设计产品检测流程如图 8.48 所示，主要包括光电检测模块和人脸识别模块。光电模块采用波长 470 nm、功率 3W 的 LED 灯珠作为光源，光电转换装置采用 SP606 硅光电池作为探测器，将荧光信号转换为电信号。

为了实现检测结果与身份信息的一对一绑定，我们引入人脸识别模块，主要使用 MTCNN 和 FaceNet 模型对人脸图像进行分割与识别。MTCNN（multi-task cascaded convolutional networks，多任务级联卷积神经网络），是 2016 年由 Kaipeng Zhang 等提出的一种多任务人脸检测和人脸对齐模型，MTCNN 网络中使用到了 P-Net、R-Net 和 O-Net 连级对图形进行分割处理，该模型使用 3 个 CNN 级联算法结构，能够同时完成人脸检测和人脸特征点提取。在分割完成人脸图像之后，对其进行识别对比。这里我们使用 ResNet101 处理人脸图像，得到对应的特征向量。由于直接使用到 ResNet101 得到的人脸特征向量准确度不高，所以使用 FaceNet 对 ResNet101 生成的人脸特征向量进行模型微调训练，以便将人脸图像映射到同一个欧氏空间中且可度量。FaceNet 采用端对端对人脸图像直接从图

连接摄像头、核酸检测设备、温度测量设备

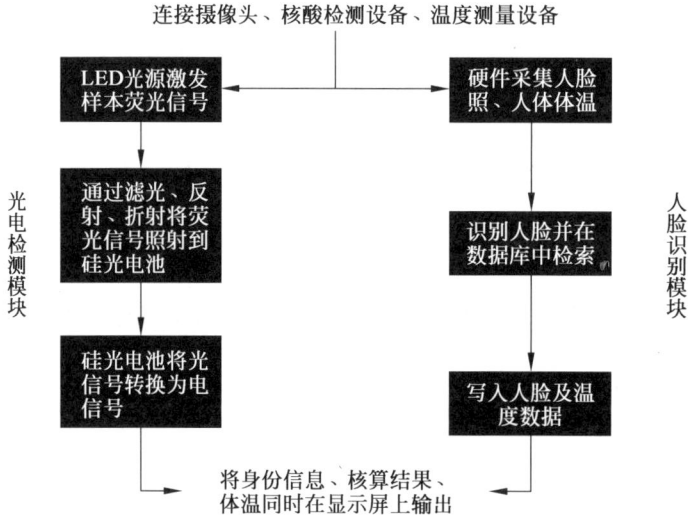

图 8.48　核酸检测流程图

像到欧氏空间的编码方法进行模型训练,模型训练好后,可与 ResNet101 生成的人脸特征向量进行编码对比实现人脸验证等功能。本项目是基于 ResNet 的 InceptionV2 模型。该产品使用的 InceptionV2 网络结构与传统的深度学习模型非常相似,创新设计在于 InceptionV2 中去掉了分类模型 Softmax,植入了 L2 归一化从而获得识别到的人脸特征。该设计的优势主要是能将识别到的人脸向量约束在同一量纲下,方便更进一步精准获取人脸标识。

5. 操作步骤

(1) 如图 8.48 所示,连接人脸识别模块和光电检测模块。

(2) 打开 470 nm 光源,观察硅光电池信号输出。

(3) 打开 520 nm 光源,观察硅光电池信号输出。

(4) 将检测结果与人脸识别结果一一对应。

(5) 记录实验结果。

6. 数据及处理要求

填写表 8.21。

表 8.21　核酸检测结果记录

470 nm 光源	520 nm 光源	检测对象 1	检测对象 2	检测对象 3
开	开			
开	关			
关	开			
关	关			

根据硅光电池信号,记录测得的检测结果。

7. 注意事项

(1) 实验要在黑暗的环境中进行,避免外界环境光照干扰。

（2）硅光电池探测的最大灵敏度应在 520 nm 附近。

8. 思考与讨论

（1）设计光电便携式核酸检测仪的样品处理方法和操作流程，思考是否符合实际应用需求，是否简便易行。

（2）思考光电便携式核酸检测仪的局限性和不足之处，讨论如何优化和改进。

参考文献 ////

[1] 胡凯琦,王慧琴,赖盛英,等.透明液体质量分数与折射率关系的居家实验[J].物理实验,2023,43(2): 49-53.

[2] 谢鑫鑫,赖盛英,王慧琴,等.利用梯形液膜干涉法实现液体浓度的自动检测[J].大学物理实验, 2023,36(4): 10-16.

[3] 许常红,吴江涛,刘翔.酒精密度浓度测量及速算公式研究[J].中国测试.2021,47(S2): 1-5.

[4] 付兴丽,冯杰,范晓辉,等.基于最小偏向角法的高精度液体折射率测量装置的优化设计与测量研究 [J].中国光学,2022,15(4): 789-796.

[5] 陈代兵,张佳伟,李金玉.利用劈尖的等厚干涉测量液体的折射率[J].大学物理实验,2016,29(5): 41-43.

[6] 罗怡,宁媛.酒精浓度在线检测仪设计[J].智能计算机与应用,2022,12(12): 218-220.

[7] 汪晓春,杨博文,何冬慧.一种基于迈克耳孙干涉仪测量透明液体折射率的方法[J].光学器材,2012, 34(05): 1-4.

[8] 苗润才,朱京涛,杨宗立.液体表面的遮光效应及其应用[J].光子学报,2002,31(4): 489-491.

[9] 卫芬芬,徐铭,刘志存,等.基于遮光效应测量液体折射率[J].物理实验,2018,38(2): 15-18.

[10] 蔡爱平,王海晖.基于光谱分析的液体浓度检测系统[J].仪表技术与传感器,2019,(11): 74-77.

[11] 耿辉,刘建国,张玉钧,等.基于可调谐半导体激光吸收光谱的酒精蒸汽检测方法[J].物理学报, 2014,63(04): 114-119.

[12] 赵雷红,潘冬宁,李英杰,等.基于神经网络校正算法的酒精非接触测量方法[J].红外技术,2021, 43(02): 192-197.

[13] 张沫,吴一卓.基于 A* 算法的搬运机器人路径规划优化[J].现代电子技术,2023,46(13): 135-139.

[14] 邢强,虞凯西,谷玉之.基于测距超声波传感器的间距平衡避障策略[J].现代电子技术,2018,41 (20): 97-99.

[15] 邹泽兰,徐同旭,徐祥,等.基于两步修正法的 MEMS 三轴陀螺仪标定方法[J].器材仪表学报,2022, 43(4): 191-198.

[16] 刘春,刘滔,张海燕,等.小波变换法在姿态解算中的应用[J].电子测量与器材学报,2021,35(1): 183-190.

[17] 蔡梦姚,王鹏.空间转换的鱼眼图像畸变校正[J].国外电子测量技术,2022,41(3): 9-13.

[18] 李一航,周东兴,韩东升.一种基于透视变换的远距离双目测距方法[J].电子测量技术,2021,44(7): 93-99.

[19] 邓开连,周芳管,崔灿,等.基于 KEA 的智能循迹小车[J].现代电子技术,2020,43(16): 13-17.

[20] 翟瑞,周静雷.基于 STM32 的 USB 转串口通信端口设计[J].国外电子测量技术,2021,40(1): 92-95.

[21] 李喆,吴君,王顺森,等.采用 A*-遗传算法的船舶管路智能布置[J].西安交通大学学报,2023, 57(6): 172-180.

[22] 徐淦,李文超,刘美如.基于概率 A* 的智能车路径规划算法[J].电子测量技术,2023,46(8): 92-98.

[23] 张徐玮,鲍其莲,孙朔冬,等.陀螺仪辅助星敏感器星跟踪算法设计[J].电子测量与器材学报,2021,

35(4)：23-29.

[24] 曹万民，陈飞明，韩苏雷.定量测量衍射光强分布规律的两种新方法[J].2000,13(20)：42-44 .

[25] 蒋进，赵阳，阳成熙，等.几何相位调控的表面等离激元透镜的近场模式及其聚焦优化[J].科学通报,2019,64(26)：2710-2716.

[26] 马敏，靳琳，秦华，等.基于高阻硅超表面结构的太赫兹聚焦透镜设计[J].光电工程,2022,49(07)：83-93.

[27] RYO T, MASARU K, KODAI Y, et al. Point-diffraction interferometer wavefront sensor with birefringent crystal[J]. APPLIED OPTICS,2020,59(27)：8370-8379.

[28] 冯明春，王玉杰.牛顿环实验的 MATLAB 仿真及分析研究[J].大学物理实验,2019,32(05)：74-78.

[29] WATSON J D,CRICK F H C. Molecular Structure of Nucleic Acids：A Structure for Deoxyribose Nucleic Acid[J]. Nature,1953,171：737-738.

[30] THOMPSON J, BRAUN G, TIERNEY D, et al. Rosalind Franklin's X-ray photo of DNA as an undergraduate optical diffraction experiment[J]. American Journal of Physics,2018,86：95-104.

[31] 蒋晨康，顾鑫.如何从 X 射线衍射图中计算出 DNA 结构[J].生物学教学,2022,47：87-89.

[32] XIAN M,LUO H,XIA X,et al. Fast SARS-CoV-2 virus detection using disposable cartridge strips and a semiconductor-based biosensor platform[J]. Journal of Vacuum Science & Technology B,Nanotechnology and Microelectronics：Materials,Processing,Measurement,and Phenomena,2021,39(3)：033202.

[33] FOZOUNI P,SON S,DE LEÓN DERBY M D,et al. Amplification-free detection of SARS-CoV-2 with CRISPR-Cas13a and mobile phone microscopy[J]. Cell,2021,184(2)：323-333. e9.

[34] SCHROFF F,KALENICHENKO D,PHILBIN J,et al. A unified embedding for face recognition and clustering[C]//2015 IEEE Conference on Computer Vision and Pattern Recognition(CVPR). IEEE, 2015.

[35] ZHANG K, ZHANG Z, LI Z, et al. Joint face detection and alignment using multitask cascaded convolutional networks[J]. IEEE Signal Processing Letters,2016,23(10)：1499-1503.